高等学校计算机应用规划教材

单片机原理与 C51

程序设计教程

(第 2 版)

张欣　张金君　编著

清华大学出版社

北　京

内 容 简 介

单片机作为微型计算机的一个重要分支，应用面很广，发展也很快。尽管目前单片机种类繁多，但其中最为典型、应用最广泛的仍当属 Intel 公司的 51 系列单片机。本书介绍了单片机技术、C 语言使用和应用系统开发等相关知识，内容包括单片机的内部结构、指令系统、C 语言及编译器 Keil μVision4 的使用、内部各模块的开发、接口编程和扩展技术，以及单片机应用系统的开发。

本书体系结构严谨，内容由浅入深，案例取材广泛，书中所有示例均给出了设计源程序和仿真验证结果。

本书可供高等院校电子、通信、自动化、计算机等信息工程类相关专业的本科生或研究生使用，也适用于从事单片机技术应用与研究的专业技术人员。

图书在版编目(CIP)数据

单片机原理与 C51 程序设计教程/ 张欣，张金君 编著. —2 版. —北京：清华大学出版社，2014
（2024.8重印）
(高等学校计算机应用规划教材)
ISBN 978-7-302-36414-6

Ⅰ. ①单… Ⅱ. ①张… ②张… Ⅲ. ①单片微型计算机—高等学校—教材 Ⅳ. ①TP368.1

中国版本图书馆 CIP 数据核字(2014)第 098094 号

责任编辑：刘金喜
装帧设计：牛静敏
责任校对：邱晓玉
责任印制：沈 露

出版发行：清华大学出版社
　　　　　网　　址：https://www.tup.com.cn, https://www.wqxuetang.com
　　　　　地　　址：北京清华大学学研大厦 A 座　　　　邮　　编：100084
　　　　　社 总 机：010-83470000　　　　　　　　　邮　　购：010-62786544
　　　　　投稿与读者服务：010-62776969，c-service@tup.tsinghua.edu.cn
　　　　　质量反馈：010-62772015，zhiliang@tup.tsinghua.edu.cn
　　　　　课件下载：https://www.tup.com.cn，010-62794504
印 装 者：涿州市般润文化传播有限公司
经　　销：全国新华书店
开　　本：185mm×260mm　　　　印　张：23.75　　　　字　数：548 千字
版　　次：2010年7月第1版　　2014 年 7 月第 2 版　　印　次：2024 年 8 月第 7 次印刷
定　　价：79.00 元

产品编号：056555-03

前　　言

随着科学技术的发展日新月异，单片机也从一开始的 8 位单片机发展到 16 位、32 位等诸多系列，其中 51 系列单片机由于其灵活方便、价格便宜等优点，在众多制造厂商的支持下已经发展成为具有上百个品种的大家族。如今 51 系列单片机是应用最广泛的单片机，是大学里电子、自动化及相关专业的必修科目。

在目前的单片机教学中，程序设计以 C 语言为主，汇编语言为辅。对汇编语言只要掌握到可以读懂程序，在时间要求比较严格的模块中进行程序的优化即可。采用 C 语言也不必对单片机和硬件接口的结构有很深入的了解，编译器可以自动完成变量存储单元的分配，编程人员只需专注于应用软件部分的设计，就可大大加快软件的开发速度。采用 C 语言可以很容易地进行单片机的程序移植工作，有利于产品中对单片机的重新选型。

Keil μVision4 是目前最高效、灵活的 51 单片机开发平台。本书以 Windows 集成开发环境 Keil μVision4 为基础，结合强大的电子电路设计软件和仿真器，介绍了单片机的基本原理、内部模块使用、C 语言开发和应用系统的设计。全书共 14 章，分为三个部分。

第 1 部分为基础部分，主要介绍了单片机系统、硬件部分和软件部分。其中，第 1 章简单介绍了单片机技术，第 2 章介绍了单片机基础以及 51 单片机的硬件结构，第 3 章介绍了 51 单片机的指令系统，第 4 章介绍了 51 单片机的 C 语言编译器 Keil μVision4 以及项目工程的建立方法，第 5 章介绍了单片机 C 语言的基本知识及基础实例，第 6 章介绍了 C 语言的进阶应用。

第 2 部分为功能模块部分，详细讲述了 51 单片机的内部模块及其应用。其中，第 7 章介绍了中断系统、定时/计数器以及工作方式，第 8 章详细介绍了单片机常用的扩展接口，第 9 章讲解了在实际应用中使用较多的串行通信接口，第 10 章介绍了 A/D、D/A 技术，第 11 章介绍了单片机的输入设备，第 12 章介绍了单片机的输出设备。

第 3 部分为高级应用部分，详细介绍了系统的设计。其中，第 13 章介绍了单片机系统的开发及注意事项，第 14 章通过设计投票系统对本书的内容进行了全面的综合应用。全书的最后介绍了 10 个单片机应用系统，可作为学生课程设计之用。

本书附赠的 PPT 教学课件和案例源文件可通过 http://www.tup.com.cn/downpage 下载。

本书内容由浅入深，读者按顺序阅读即可，若对其中的某些章节比较熟悉则可以跳过不读，在学习的同时进行编程实践，遇到困难的地方再参考相关部分。

本课程总学时为 52 学时，各章学时分配见下表(供参考)：

学时分配建议表

课 程 内 容	学 时 数			
	合　计	讲　授	实　验	机　动
第1章　绪论	1	1		
第2章　单片机硬件基础	3	3		
第3章　单片机的指令系统	3	2	1	
第4章　单片机的Keil μVision4软件开发环境	3	2	1	
第5章　C51程序设计基础及实例剖析	10	6	4	
第6章　C51语言的进阶应用	4	2	2	
第7章　51单片机的内部资源	4	3	1	
第8章　51单片机的系统扩展	6	4	2	
第9章　51单片机的串行通信接口	5	2	1	2
第10章　51单片机的A/D与D/A转换	3	2	1	
第11章　输入设备	2	1	1	
第12章　输出设备	2	1	1	
第13章　51单片机系统开发基础	1	1		
第14章　单片机系统综合实例——投票系统	5	2	2	1
合　　计	52	32	17	3

　　本书由张欣、张金君(编写第6~9章)编著,在本书的编写过程中,参考引用了相关领域专家学者的著作和文献,在此向他们表示真诚的谢意。此外,陈建伟、许小荣、张泽、刘荣、张璐、王统、王东、周艳丽、刘波、苏静等也参与了本书的编写和修改,在此,同样致以诚挚的谢意!

　　由于时间仓促、作者水平有限,书中难免存在疏漏和不当之处,恳请广大读者批评指正。

作　者
2014年2月

目　　录

第1章 绪　　论

单片机又称微控制器，在工业控制中占据了很重要的地位。那么到底什么是单片机，它与我们日常生活所接触的计算机又有什么联系和区别，单片机以后的发展趋势如何，这些都在本章进行讲解。本章的最后就单片机的厂家和型号做了介绍，以便读者在以后的设计中有所参考。

1.1　单片机概论

目前广泛应用的微型计算机属于第 4 代计算机，而本书所要讲述的单片机也属于微型计算机的范畴。它们两者在原理和技术上是紧密联系的。

1.1.1　微处理器、微型计算机与单片机

一般而言，微型计算机包括运算器、控制器、存储器、输入/输出接口四个基本组成部分。如果把运算器和控制器封装在一块芯片上，则称该芯片为微处理器(MPU, Micro Processing Unit)或者中央处理器(CPU, Central Processing Unit)。如果将它与大规模集成电路制成的存储器、输入/输出接口电路在印制电路板上用总线连接起来，就构成了微型计算机。一个只集成了中央处理器的集成电路封装，只是微型计算机的一个组成部分。

如果在一块芯片上集成了一台微型计算机的四个组成部分，则称其为单片微型计算机，简称单片机。换句话而言，单片机是一块芯片上的微型计算机。以单片机为核心的硬件电路称为单片机系统，它属于嵌入式系统的应用范畴。

为了进一步突出单片机在嵌入式系统中的主导地位，许多半导体公司在单片机内部还集成了许多外围功能电路和外设接口，如定时/计数、串行通信、模拟/数字转换、PWM(Pulse Width Modulation，脉冲宽度调制)等单元。所有这些单元都突出了单片机的控制特性。尽管单片机主要是为了控制目的而设计的，但它仍然具备微型计算机的全部特征，因此，单片机的功能部件和工作原理与微型计算机也基本相同，可以通过参照微型计算机的基本组成和工作原理逐步接近并了解单片机。

单片机通常有多种不同的封装形式，图 1.1 所示是 DIP-40(Dual In-line Package，双列直插)封装和 PLCC-44(Plastic Leaded Chip Carrier，带引线的塑料芯片载体)封装的 AT89S52 实物示意。

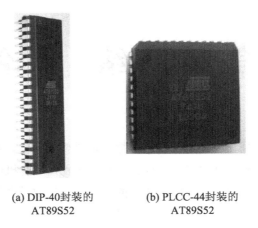

(a) DIP-40封装的
AT89S52 　　　(b) PLCC-44封装的
AT89S52

图 1.1　单片机外形

单片机的体积小、质量轻、价格便宜，为学习、应用和开发提供了便利条件。同时，学习使用单片机是了解计算机原理与结构的最佳选择。因此单片机作为微机的一种，它具有如下特点：

● 优异的性价比。

● 集成度高，体积小，可靠性高。

● 控制功能强，开发应用方便。

● 低电压、低功耗。

单片机应用系统是以单片机为核心，配以输入、输出、显示、控制等外围电路和软件，能实现一种或多种功能的实用系统。所以说，单片机应用系统是由硬件和软件组成的，硬件是应用系统的基础，软件则在硬件的基础上对其资源进行合理调配和使用，从而完成应用系统所要求的任务，两者相互依赖，缺一不可。单片机应用系统的组成如图 1.2 所示。

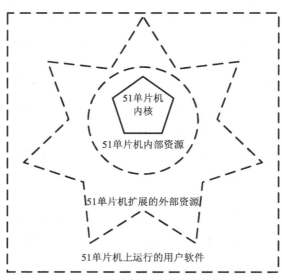

图 1.2　单片机应用系统的组成

由此可见，单片机应用系统的设计人员必须从硬件和软件两个角度来深入了解单片机，并将两者有机结合起来，才能形成具有特定功能的应用系统或整机产品。

1.1.2　单片机的分类和指标

单片机从用途上可分为专用型单片机和通用型单片机两大类。专用型单片机是为某种专门用途而设计的，如 DVD 控制器和数码摄像机控制器芯片等。在用量不大的情况下，设计和制造这样的专用芯片成本很高，而且设计和制造的周期也很长。通常所用的都是通用型单片机，通用型单片机把所有资源(如 ROM、I/O 等)全部提供给用户使用。当今通用型单片机的生产厂家已不下几十家，种类有几百种之多。下面就从单片机的几个重要指标进行介绍。

- 位数：即单片机能够一次处理的数据的宽度，有 1 位机(如 PD7502)、4 位机(如 MSM64155A)、8 位机(如 MCS-51)、16 位机(如 MCS-96)、32 位机(如 IMST414)。
- 存储器：包括程序存储器和数据存储器，程序存储器空间较大，字节数一般从几 KB 到几十 KB($1KB=2^{10}B=1024B$)。另外，还有不同的类型，如 ROM、EPROM、EEPROM、Flash ROM 和 OTP ROM 等。数据存储器的字节数通常为几十字节到几百字节之间。
- I/O 口：即输入/输出口，一般有几个到几十个，用户可以根据自己的需要进行选择。
- 速度：指的是 CPU 的处理速度，以每秒执行多少条指令衡量，常用单位是 MIPS(百万条指令每秒)，如目前最快的单片机可达到 100MIPS。单片机的速度通常是和系统时钟(相当于 PC 的主频)相联系的，但并不是频率高的处理速度就一定快；对于同一种型号的单片机来说，采用频率高的时钟一般比频率低的速度要快。
- 工作电压：通常工作电压是 5V，范围是±5%或±10%，也有 3V/3.3V 电压的产品，更低的可在 1.5V 工作。现代单片机又出现了宽比电压范围型，即在 2.5～6.5V 内都可正常工作。
- 功耗：低功耗是现代单片机追求的一个目标，目前低功耗单片机的静态电流可以低至 μA(微安，$10^{-6}A$)或 nA(纳安，$10^{-9}A$)级。有的单片机还具有等待、关断、睡眠等多种工作模式，以此来降低功耗。
- 温度：单片机根据工作温度可分为民用级(商业级)、工业级和军用级三种。民用级的温度范围是 0～70℃，工业级的是-40～85℃，军用级的是-55～125℃(不同厂家的划分标准可能不同)。
- 附加功能：有的单片机有更多的功能，用户可根据自己的需要选择最适合自己的产品。例如，有的单片机内部有 A/D、D/A、串口、LCD 驱动等，使用这种单片机可减少外部器件，提高系统的可靠性。

1.1.3　单片机的内部结构

单片机经过几十年的发展，功能和组成结构基本固定，其内部结构示意图如图 1.3 所示。

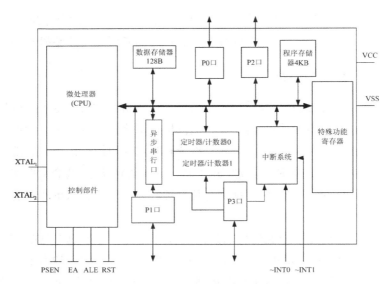

图 1.3　单片机内部结构图

一般兼容 51 内核的单片机都具有以下的内部资源：

- 8 位 CPU；
- 4KB 乃至更多的 ROM 程序存储器；
- 128B 乃至更多的内部 RAM 数据存储器；
- 2～3 个 16 位的定时器/计数器；
- 1 个以上全双工的异步串行口；
- 特殊功能寄存器；
- 4 个或更多个 8 位并行 I/O 口(如图 1.3 中的 P0、P1、P2 和 P3 口)；
- 5 个以上中断源、2 级中断优先级的中断系统。

如图 1.3 所示的内部结构按功能分成了以下 8 个组成部分，它是通过片内单一总线连接起来的。

- 控制部件；
- 微处理器(CPU)；
- 数据存储器(RAM)；
- 程序存储器(ROM/EPROM)；
- 特殊功能寄存器(SFR)；
- I/O 口；
- 定时器/计数器及中断系统；
- 串行口。

对本部分的详细介绍请参阅第 2 章的内容。

1.1.4　单片机的应用领域及趋势

目前单片机已渗透到我们生活的各个领域，几乎很难找到哪个领域没有单片机的踪迹。

导弹的导航装置，飞机上各种仪表的控制，计算机的网络通信与数据传输，工业自动化过程的实时控制和数据处理，广泛使用的各种智能 IC 卡，民用豪华轿车的安全保障系统，录像机、摄像机、全自动洗衣机的控制，以及程控玩具、电子宠物等，这些都离不开单片机。更不用说自动控制领域的机器人、智能仪表、医疗器械了。

1. 应用领域

单片机广泛应用于仪器仪表、家用电器、医用设备、航空航天、专用设备的智能化管理及过程控制等领域，大致可分为如下几个范畴。

(1) 在智能仪器仪表上的应用

单片机具有体积小、功耗低、控制功能强、扩展灵活、微型化和使用方便等优点，广泛应用于仪器仪表中。结合不同类型的传感器，可实现诸如电压、功率、频率、湿度、温度、流量、速度、厚度、角度、长度、硬度、元素、压力等物理量的测量。采用单片机控制使得仪器仪表数字化、智能化、微型化，且功能比起采用电子器件或数字电路更加强大，如精密的测量设备(功率计、示波器、各种分析仪)。

(2) 在工业控制中的应用

用单片机可以构成形式多样的控制系统、数据采集系统。例如，工厂流水线的智能化管理，电梯智能化控制、各种报警系统，与计算机联网构成二级控制系统等。

(3) 在家用电器中的应用

可以这样说，现在的家用电器基本上都采用了单片机控制，从电饭煲、洗衣机、电冰箱、空调机、彩电、其他音响视频器材，再到电子称量设备等，无所不在。

(4) 在计算机网络和通信领域中的应用

现代的单片机普遍具备通信接口，可以很方便地与计算机进行数据通信，为在计算机网络和通信设备间的应用提供了极好的物质条件，现在的通信设备基本上都实现了单片机智能控制，从手机、电话机、小型程控交换机、楼宇自动通信呼叫系统、列车无线通信，再到日常工作中随处可见的移动电话、集群移动通信、无线电对讲机等。

(5) 在医用设备领域中的应用

单片机在医用设备中的用途亦相当广泛，如医用呼吸机、各种分析仪、监护仪、超声诊断设备及病床呼叫系统等。

此外，单片机在工商、金融、科研、教育、国防航空航天等领域也有着十分广泛的用途。

2. 发展趋势

随着科学技术的发展，单片机正朝着高性能和多品种方向发展，具体来说，就是进一步向着 CMOS 化、低功耗、小体积、大容量、高性能、低价格和外围电路内装化等几个方面发展。下面是单片机的主要发展趋势。

(1) CMOS 技术

近年，CHMOS 技术的进步，大大加快了单片机芯片采用 CMOS 技术进行设计和生产的过程。CMOS 芯片除了低功耗特性之外，还具有功耗的可控性，使单片机可以工作在功耗精细管理状态。单片机芯片多数采用 CMOS(金属栅氧化物)半导体工艺生产。

CMOS 电路的特点是低功耗、高密度、低速度、低价格。采用 CMOS 半导体工艺的 TTL 电路速度快，但功耗和芯片面积较大。随着技术和工艺水平的提高，又出现了 HMOS(高密度、高速度 MOS)和 CHMOS 工艺，以及 CHMOS 和 HMOS 结合的工艺。目前生产的 CHMOS 电路已达到 LSTTL 的速度，传输延迟时间小于 2ns，它的综合优势已优于 TTL 电路。因而，在单片机领域 CMOS 正在逐渐取代 TTL 电路。

(2) 低功耗

单片机的功耗已下降了许多，静态电流甚至降到 1μA 以下；使用电压在 3~6V 之间，完全能够适应于电池工作。低功耗化的效应不仅是功耗低，而且带来了产品的高可靠性、高抗干扰能力以及产品的便携化。

(3) 低电压

几乎所有的单片机都有 WAIT、STOP 等省电运行方式。允许使用的电压范围越来越宽，一般在 3~6V 范围内工作，低电压供电的单片机电源下限已可达 1~2V。目前 0.8V 供电的单片机已经问世。

(4) 低噪声与高可靠性

为提高单片机的抗电磁干扰能力，使产品能适应恶劣的工作环境，满足电磁兼容性方面更高标准的要求，各单片机厂家在单片机内部电路中都采用了新的技术措施。

(5) 大容量

以往单片机内的 ROM 为 1~4KB、RAM 为 64~128B。但在需要复杂控制的场合，该存储容量是不够的，必须进行外接扩充。为了适应这种领域的要求，需运用新的工艺，使片内存储器大容量化。目前大部分型号 51 单片机都采用了 Flash 作为内部 ROM(程序存储器)，并且将许多原本独立扩展于外部的 RAM(数据存储器)也集成到了芯片上，这些单片机的程序存储器高达 64KB(乃至更高)，数据存储器高达 2KB(乃至更高)。

(6) 高性能

高性能主要是指进一步改变 CPU 的性能，加快指令运算的速度和提高系统控制的可靠性。采用精简指令集(RISC)结构和流水线技术，可以大幅度提高运行速度。现指令速度最高者已达 100MIPS(Million Instruction Per Seconds，兆指令每秒)，并加强了位处理、中断和定时控制功能。这类单片机的运算速度比标准的单片机高出 10 倍以上。由于这类单片机有极高的指令速度，可以使用软件模拟其 I/O 功能，由此引入了虚拟外设的新概念。

(7) 小容量、低价格

与上述相反，以 4 位、8 位机为中心的小容量、低价格化也是目前的发展动向之一。这类单片机的用途是把以往用数字逻辑集成电路组成的控制电路单片化，可广泛用于家电产品。

(8) 外围电路内装

这也是单片机发展的主要方向。随着集成度的不断提高，有可能把众多的各种外围功能器件集成在片内。除了一般必须具有的 CPU、ROM、RAM、定时器/计数器等以外，片内集成的部件还有模/数转换器、DMA 控制器、声音发生器、监视定时器、液晶显示驱动器、彩色电视机和录像机用的锁相电路等。

(9) 串行扩展技术

在很长一段时间里,通用型单片机通过三总线结构扩展外围器件成为单片机应用的主流结构。随着低价位一次性可编程 ROM 及各种特殊类型片内程序存储器的发展,加之外围接口不断进入片内,推动了单片机"单片"应用结构的发展。特别是 I^2C、SPI 等串行总线的引入,可以使单片机的引脚设计得更少,单片机系统结构更加简化及规范化。

随着半导体集成工艺的不断发展,单片机的集成度将更高、体积将更小、功能将更强。在单片机家族中,80C51 系列是其中的佼佼者,加之 Intel 公司将其 MCS-51 系列中的 80C51 内核使用权以专利互换或出售形式转让给全世界许多著名 IC 设计厂商,如 Philips、NEC、Atmel、AMD、华邦等,这些公司都在保持与 80C51 单片机兼容的基础上改善了 80C51 的许多特性。这样,80C51 就变成有众多制造厂商支持的、发展出上百品种的大家族,现在统称为 80C51 系列,且成为单片机发展的主流。专家认为,虽然世界上的微控制器品种繁多,功能各异,开发装置也互不兼容,但是客观发展表明,80C51 可能最终形成事实上的标准微控制器芯片。

1.1.5 单片机的编程语言概述

对于 51 系列单片机,现有四种语言支持,即汇编、PL/M、C51 和 Basic。

1. Basic

Basic 语言通常附在 PC 上,是初学编程的第一种语言。一个新变量名定义之后可在程序中作变量使用,非常易学,根据解释的行可以找到错误而不是当程序执行完才能显现出来。Basic 的逐行解释使程序运行较慢,每一行必须在执行时转换成机器代码,需要花费许多时间,不能做到实时性。Basic 为简化使用变量,所有变量都用浮点值。Basic 适用于要求编程简单而对编程效率和运行速度要求不高的场合。

2. PL/M

PL/M 语言是 Intel 从 8080 微处理器开始为其系列产品开发的编程语言。它很像 Pascal,是一种结构化语言,但它使用关键字定义结构。PL/M 编译器好像汇编器一样可产生紧凑代码。PL/M 总的来说是"高级汇编语言",可详细控制代码的生成。但对 51 单片机系列,PL/M 不支持复杂的算术运算、浮点变量,且无丰富的库函数支持。学习 PL/M 无异于学习一种新语言。

3. 汇编语言

汇编语言是一种用助记符来表示机器指令的符号语言,是最接近于机器码的一种语言。其主要优点是占用资源少,程序执行效率高。它一条指令就对应一条机器码,每一步的执行动作都很清楚,并且程序大小和堆栈调用情况都容易控制,调试起来也比较方便,但是不同类型的单片机,其汇编语言可能有点差异,所以不易移植。

4. C51 语言

C51 语言是在 C 语言的基础上发展起来的，其继承了 C 语言的大部分使用方法，同时也提供了许多属于 51 单片机的独特特性，本书将在第 5 章中对 C51 语言进行详细介绍。

1.1.6　如何学习单片机这门技术

进入 21 世纪，更高性能的 8 位 RISC 结构单片机 AVR 和 32 位的 ARM 等嵌入式芯片已进入了实用阶段，那么是不是现在学习 51 单片机就没有用武之处了呢？其实不然，在大部分的工控或测控设备中，51 单片机已经足够满足控制要求，加之物美价廉，且 8 位增强型单片机在速度和功能上向现在的 16 位单片机挑战，因此在未来相当长的时期内，8 位单片机仍是单片机的主流机型。因此，学习 51 单片机，是从事控制行业一个不错的选择。下面主要介绍要如何学习这门课程。

首先，大概了解单片机的机构，本书的第 2 章主要讲述了单片机的内部结构以及资源。对单片机的内部结构有了初步了解之后，读者就可以进行简单的实例练习，从而加深对单片机的认识。

其次，要有大量的实例练习。其实，对于单片机，主要是软件设计，也就是编程。目前最流行的用于 51 系列单片机的编程软件是 Keil。Keil 提供了包括 C 编译器、宏汇编、连接器、库管理和一个功能强大的仿真调试器等在内的完整开发方案，通过一个集成开发环境(μVision)将这些部分组合在一起。掌握这一软件的使用，对于 51 系列单片机的爱好者来说是十分必要的，如果使用 C 语言编程，那么 Keil 几乎就是你的不二之选，即使不使用 C 语言而仅用汇编语言编程，其方便易用的集成环境、强大的软件仿真调试工具也会事半功倍。

第三，要多结合外围电路，如流水灯、数码管、独立键盘、矩阵键盘、AD 或 DA(原理一样)、液晶、蜂鸣器进行练习，因为这样可以直观地看到程序运行的结果。当然，也可以用 Proteus 这个软件对硬件进行仿真，这样也可以直观地看到结果。在实际学习过程中，可以根据自己的项目需求去选择，从而缩短学习周期。

最后，就是结合自己的实际情况，开发一个完全具有个人风格、功能完善的电子产品，尽情享受单片机开发带来的欢乐和成就感。

同时，读者也不必为软件、硬件基础知识不扎实而烦恼，单片机中用到的编程语言很简单，可以说主要是配置一些寄存器，不涉及太复杂的算法和语法，电子元器件也以简单应用居多。本书接下来的几章将主要介绍硬件和软件基础知识，这些对于单片机开发来说基本已经够用了。另外，在做单片机实验的过程中会慢慢地积累、一步步地巩固相关的基础知识，在实践中有针对性地学习肯定比纯粹看书效果更好。所以，读者完全不必担心你的基础不够扎实。

1.2　常用的 51 单片机

常用的 8 位单片机有三个系列：AVR、PIC、51。其中，应用最广泛的 8 位单片机首推 Intel 的 51 系列。其产品硬件结构合理，指令系统规范，加之生产历史"悠久"，有先入为主的优势。世界上有许多著名的芯片公司都购买了 51 芯片的核心专利技术，并在其基础上进行性能的扩充，使得芯片得到进一步的完善，形成了一个庞大的体系。目前所说的8051 或 51 单片机，是泛指一切以 8051 为内核的单片机，而不仅仅是指英特尔的 8051 这一特定型号的芯片。

51 系列单片机种类繁多，大体上分为 51 子系列和 52 子系列。51 子系列是指标准型51 单片机系列，如 8051、AT89S51 等；52 子系列是指增加型 51 单片机系列，如 8052、AT89S52 等。增加型 51 系列与标准型完全兼容，另外还增加或增强了一些功能。本节将列出一些主要厂商及其产品，读者在选型时可以从芯片的通用性和系统的需求等方面考虑。

1.2.1　Intel 公司系列单片机

Intel 公司于 1980 年推出 8 位的高性能 MCS-51 系列，在工业控制领域引起不小的轰动，并迅速确立了其不可动摇的地位。MCS-51 系列的产品已经发展到几十种型号，8051是最早的、最典型的产品。之后不久，Intel 公司彻底开放了 8051 单片机的技术，引来世界上很多半导体厂商加入开发和改造 8051 单片机的行列中，相继推出了以 8051 为基核的，具有优异性能的、各具特色的单片机。Intel 的 MCS-51 系列单片机性能如表 1.1 所示。

表 1.1　MCS-51 系列单片机性能

型　　号		程序存储器	RAM(B)	I/O 口线	定时/计数器	中断源	晶振(MHz)
8051	8051AH	4KB ROM	128	32	2	5	2～12
	8751AH	4KB PROM	128	32	2	5	2～12
8052	8052AH	8KB ROM	256	32	3	6	2～12
	8752AH	8KB PROM	256	32	3	6	2～12
80C51	80C51BH	4KB ROM	128	32	2	5	2～12
	87C51BH	4KB PROM	128	32	2	5	2～12
80C52	80C52	8KB ROM	256	32	3	6	2～12
80C54	80C54	16KB ROM	256	32	3	6	2～20
	87C54	16KB ROM	256	32	3	6	2～20
80C58	87C58	32KB ROM	256	32	3	6	2～20

1.2.2　Atmel 公司系列单片机

Atmel 公司生产的 CMOS 型 51 系列单片机，具有 MCS-51 内核，用 Flash ROM 代替ROM 作为程序存储器，可擦除 1000 次以上，具有价格低、编程方便等优点，成为当今最流行的单片机。表 1.2 所示是目前最常用的单片机型号，这些单片机除了表中列出的功能外，还有一些共同的功能，如都支持 ISP 在线编程，都有看门狗定时器。

表 1.2　常用的 Atmel 51 系列单片机

型　号	程序存储器 (Flash)(KB)	数据存 储器(B)	定时/ 计数器	工作频率 (MHz)	工作电压(V)	其他功能
AT89S51	4	128	2	24	4.0～6.0	
AT89S52	8	256	3	24	4.0～6.0	
AT89S53	12	256	3	24	4.0～6.0	
AT89LS51	4	128	2	16	2.7～6.0	
AT89LS52	8	256	3	12	2.7～6.0	
AT89LS53	12	256	3	12	2.7～6.0	
AT89C51ED2	64	256	3	40	2.7～6.0	
AT89C51RB2	16	256	3	33	2.7～6.0	
T89C51AC2	32	256	3	40	2.75～5.5	8 位 A/D
T89C51IC2	32	256	3	40	2.75～5.5	SPI
T89C51RD2	64	256	3	40	2.75～5.5	
T89C5115	16	256	2	40	2.75～5.5	8 位 A/D

1.2.3　Philips 公司系列单片机

Philips 公司生产与 MCS-51 兼容的 80C51 系列单片机，片内具有 I^2C 总线、A/D 转换器、定时监视器、CRT 控制器(OSD)等丰富的外围部件。其主要产品有 LPC900 系列、LPC76x系列、P8xC5x 系列、增强型 80C51 系列。以 P87C552 为例，它具有 8KB ROM、256B RAM、48 个 I/O 口、3 个 16 位定时/计数器、15 个中断源、16MHz 的工作频率，UART，I^2C 通道，8 路 10 位 A/D 转换器，工作电压为 2.7～5.5V。

Philips 单片机独特的创造是具有 I^2C 总线，这是一种集成电路和集成电路之间的串行通信总线。可以通过总线对系统进行扩展，使单片机系统结构更简单，体积更小。I^2C 总线也可以用于多机通信。

1.2.4　STC 公司系列单片机

STC(宏晶科技)是大陆本土的 51 单片机生产企业，其在 51 单片机内核上集成了大量各种诸如 I^2C 总线接口、ADC 转换模块、PWM 控制模块之类的外围器件，提供了大量拥有不同扩展功能的型号以供用户选择，并且这些单片机都支持串口下载，可以很方便地修改内部软件，非常适合制作开发板和系统原型。

1.3　本 章 小 结

本章通过对微处理器、微型计算机和单片机的比较介绍，详细介绍了单片机的各方面知识，如分类和指标、内部结构、编程语言、应用、趋势以及常用单片机。通过对这些内容的学习，大家对单片机就有了初步的印象，为以后的学习打下了基础。

通过本章的学习，读者应该掌握以下几个知识点：

- 了解单片机和微处理器以及微型计算机的不同。
- 理解单片机的内部结构和 4 种编程语言的优缺点。
- 知道常用的几种 51 单片机。
- 掌握单片机的学习方法。

习　　题

简答题

1. 单片机的特点有哪些？
2. 简要叙述单片机的常用指标。
3. 简要叙述单片机由哪几个部分组成。
4. 简要叙述微处理器、微型计算机与单片机的联系与区别。
5. 列举常用的典型单片机系列。

第2章　单片机硬件基础

对于一个单片机的初学者，单片机的内部结构、各种资源以及单片机的指令系统是值得探讨学习的。本章以51系列单片机为例主要介绍了单片机的内部结构、引脚功能、工作方式以及单片机的最小系统等单片机硬件基础知识，而作为程序设计的基础——指令系统，将在第3章进行介绍。

2.1　单片机内部结构

掌握单片机的内部结构和外部封装等硬件知识是学习、应用单片机的第一步。下面详细进行介绍。

2.1.1　中央处理器(CPU)

51单片机内部有一个8位的面向控制、功能强大的微处理器，其主要功能是运算并控制整个系统协调工作。它由运算器和控制器两部分组成。

1. 运算器

运算器主要实现对操作数的算术运算、逻辑运算和位操作。主要包括算术逻辑运算部件(ALU)、累加器A、寄存器B、程序状态字(PSW)、暂存器、布尔处理器以及十进制调整电路等部件。

(1) 算术逻辑部件(ALU，Arithmetical Logic Unit)

算术逻辑单元(ALU)是计算机中必不可少的数据处理单元之一，主要对数据进行算术逻辑运算。从结构上看，该单元实质是一个全加器，它的运算结果将对程序状态字(PSW)产生影响。该单元主要完成以下操作：

- 加、减、乘、除运算；
- 增量(加1)、减量(减1)运算；
- 十进制数调整；
- 位操作中的置位、复位和取反操作；
- 与、或、异或等运算操作；
- 数据传送操作。

(2) 累加器A

累加器A是CPU中最繁忙、使用频度最高的一个特殊功能寄存器，简称为ACC或A寄存器。其作用为：

- 累加器 A 作为 ALU 的输入数据源之一，也是 ALU 的输出；
- CPU 中的数据传送大多数都通过累加器，累加器 A 是一个非常重要的数据中转站。

(3) 寄存器 B

寄存器 B 是一个 8 位寄存器，是为 ALU 进行乘、除运算而设置的。在执行乘法运算指令的时候，寄存器 B 用于存放其中的一个乘数和乘积的高 8 位数。在执行除法运算的时候，寄存器 B 用于存放除数和余数。在其他情况下，B 寄存器可以作为一个普通的寄存器使用。

(4) 程序状态字

程序状态字(PSW，Program Status Words)是一个 8 位的专用寄存器，用于存储程序运行中的各种状态信息。它被逐位定义，可以位寻址，其格式如表 2.1 所示。

表 2.1　程序状态字寄存器

D7	D6	D5	D4	D3	D2	D1	D0
CY	AC	F0	RS1	RS0	OV	—	P

下面逐一介绍各位的用途。

- CY(Carry Flag)：进位标志。进行算术运算时，由硬件置位或复位，表示运算过程中，最高位是否有进位或借位的状态。进行位操作时，CY 被认为是位累加器，它的作用相当于 CPU 中的累加器 A。
- AC(Auxiliary Carry Flag)：辅助进位标志。进行加法或减法运算时，若低 4 位向高 4 位有进位或借位，AC 将被硬件置 1，否则置 0。AC 位常用于十进制调整指令和压缩 BCD 运算等。
- F0(Flag 0, Available to the user for general purposes)：用户标志位。由用户置位或复位，可以作为一个用户自定义的状态标志。
- RS1、RS0(Working Register Bank and Address)：工作寄存器组选择位。通过对 RS1、RS0 置位、复位，选择当前工作寄存器区，如表 2.2 所示。

表 2.2　RS1 和 RS0 赋值和对应的工作寄存器

RS1，RS0	寄存器组(地址单元)
00	寄存器组 0(00H～07H)
01	寄存器组 1(08H～0FH)
10	寄存器组 2(10H～17H)
11	寄存器组 3(18H～1FH)

- OV(Overflow Flag)：溢出标志位。进行算术运算时，如果产生溢出，则由硬件将 OV 置 1，溢出为真，表示运算结果超出了目的寄存器 A 所能表示的有符号数范围 ($-128\sim+127$)，否则 OV 清 0，溢出为假。进行加减运算时，常采用双进位的状态标志来判断，双进位标志是指 C_P 和 C_S。若 $C_P \oplus C_S=0$($\oplus$ 表示逻辑异或操作)，表示无溢出，OV=0；若 $C_P \oplus C_S=1$，表示有溢出，OV=1。

- P(Parity Flag)：奇偶标志位。每个机器周期都由硬件来复位。该位用以表示累加器 A 中为 1 的位数是奇数还是偶数。若累加器 A 中为 1 的位数是奇数，则 P 标志位置 1，否则 P 标志位清 0。在串行通信中，此标志位具有重要定义。用来传送奇偶校验位，以检验传输数据的可靠性，应用时将 P 置入串行帧中的奇偶校验位即可。

(5) 暂存器

用以暂存进入运算器之前的数据。

(6) 布尔处理器

布尔处理器(位处理器)是 51 单片机 ALU 所具有的一种功能。单片机指令系统的位处理指令集(17 条位操作指令)、存储器中的位地址空间，以及借用程序状态寄存器 PSW 中的进位标志 CY 作为位操作"累加器"，构成了 51 单片机内的布尔处理器。它可对直接寻址的位(bit)变量进行位处理，如置位、清零、取反、测试转移以及逻辑"与"、"或"等位操作，使用户在编程时可以利用指令完成原来单凭复杂的硬件逻辑锁完成的功能，并可方便地设置标志等。

(7) 十进制调整电路

顾名思义，用来进行十进制调整的电路。

2. 控制器

控制器是控制计算机系统各种操作的部件，其功能是控制指令的读取、译码和执行，对指令的执行过程进行定时控制，并根据执行结果决定其后的操作。它包括时钟发生器、定时控制逻辑、复位电路、指令寄存器(IR)、指令译码器(ID)、程序计数器(PC)、程序地址寄存器、数据指针(DPTR)、堆栈指针(SP)等。下面将着重介绍部分内容。

(1) 程序计数器

程序计数器是一个独立的计数寄存器，存放下一条将要从程序存储器中取出指令的地址。其基本工作过程为：在读取指令时，程序计数器将其保存的内容作为所取指令的地址输出给程序存储器，然后程序存储器按此地址将 1 字节指令送出，同时程序计数器自身自动加 1，指向下一条将要取出的指令或指令后续字节的地址。

程序计数器的位数决定了 CPU 对程序存储器的直接寻址范围。51 系列单片机的程序计数器为 16 位，可直接寻址 64KB(2^{16})。程序计数器的工作不完全是顺序的，因为在指令中，存在转移、子程序调用、中断调用返回等工作，程序计数器就不再是自动加"1"了。

(2) 数据指针

数据指针是一个 16 位专用寄存器，主要作用是在执行片外数据存储器或 I/O 端口访问时，确定访问地址，所以称为数据存储器地址指针，简称数据指针。除此之外，数据指针寄存器也可用做访问程序存储器时的基址寄存器，还可作为一个通用的 16 位寄存器或两个 8 位寄存器使用。

(3) 指令寄存器、指令译码器及控制逻辑

指令寄存器是用来存放操作码的专用寄存器。指令译码器译码识别 IR 中指令的操作类型。控制逻辑从取指令开始，直至指令执行控制各部件协调工作。

指令的执行分为三个阶段：取指令、分析指令和执行指令。具体步骤为：首先，进行程序存储器读操作，也就是根据程序计数器给出的地址从程序存储器中取出指令，送至指令寄存器，指令寄存器输出到指令译码器；然后，指令译码器对该指令进行译码。控制逻辑产生一系列控制信号，送到单片机的各部件中，控制执行这一指令，如图 2.1 所示。

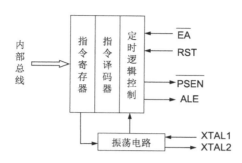

图 2.1 指令寄存、译码控制逻辑图

整个程序执行过程就是在控制器控制下将指令从程序存储器中逐条取出，进行译码，然后由定时控制逻辑电路发送相应的定时控制信号，控制指令的执行，执行的结果影响程序状态标志寄存器(PSW)的内容。

(4) 程序地址寄存器

程序地址寄存器用来保存当前 CPU 所访问的内存单元的地址。由于在内存和 CPU 之间存在着操作速度上的差别，所以必须使用地址寄存器来保持地址信息，直到内存的读/写操作完成为止。

对于时钟发生器、复位电路和堆栈指针(DPTR)，这些内容将在后面陆续进行介绍。

2.1.2 存储器结构

51 系列单片机的存储组织采用的是哈佛(Harvard)结构，即将程序存储器和数据存储器截然分开，程序存储器和数据存储器具有各自独立的寻址方式、寻址空间和控制系统。这种结构对于单片机"面向控制"的实际应用极为方便。

在物理结构上，51 系统单片机有 4 个存储器空间，其内部组织结构如图 2.2 所示。

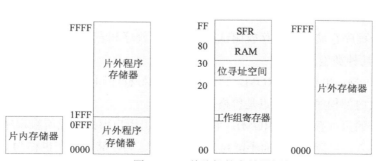

图 2.2 51 单片机的存储器组织

- 程序存储器：片内程序存储器和片外程序存储器。
- 数据存储器：片内数据存储器和片外数据存储器。

本节将主要介绍片内程序存储器和片内数据存储器，片外部分属于后续章节的内容，这里不再赘述。

> **注意**：51单片机的存储器包含有很多存储单元，为区分不同的内存单元，单片机对每个存储器单元进行编号，存储器单元的编号就称为存储器单元的地址，每个存储器单元存储的若干位二进制数据成为存储器单元的数据。

1. 存储原理

为了探讨计算机的存储原理，先来做一个实验。这里有两盏灯，我们知道灯只有亮和灭两种状态，我们用"0"和"1"来代替这两种状态，规定亮为"1"，灭为"0"。现在这两盏灯总共有几种状态呢？我们列表来看一下，如图2.3所示。

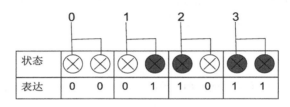

图2.3　存储状态图

上面已列出，两盏灯可以表达成00、01、10、11四种状态。同样地，三盏灯应该就是可以表达成000、001、010、011、100、101、110、111八种状态。本来，灯的亮和灭只是一种物理现象，可当我们把它们按一定的顺序排列好后，灯的亮和灭就代表了数字。灯之所以亮，是因为电路输出高电平，相反，灯灭是因为电路输出低电平。这样，数字就和电平的高、低联系上了。

存储器是利用电平的高低来存放数据的。它是由大量寄存器组成的，其中每一个寄存器就称为一个存储单元。它可存放一个有独立意义的二进制代码。一个代码由若干位(bit)组成，代码的位数称为位长，习惯上也称为字长。

2. 内部程序存储器

51单片机程序存储器用来存放调试正确的应用程序和表格之类的固定数据。片内程序存储器有以下几种类型。

- 掩膜ROM：也称固定ROM，它是由厂家编好程序写入ROM供用户使用，用户不能更改内部程序。其特点是价格便宜。
- 可编程的只读存储器(PROM)：它的内容可由用户根据自己所编程序一次性写入。一旦写入，只能读出，而不能再进行更改，这类存储器现在也称为OTP(Only Time Programmable)。

- 可改写的只读存储器(EPROM)：它的内容可以通过紫外线照射而被彻底擦除，擦除后又可重新写入新的程序。
- 可电改写只读存储器(EEPROM)：可用电的方法写入和清除其内容，其编程电压和清除电压均与微机 CPU 的 5V 工作电压相同，不需另加电压。它既有与 RAM 一样读写操作简便，又有数据不会因掉电而丢失的优点，因而使用极为方便。现在这种存储器的使用最为广泛。
- 快擦写存储器(Flash)：这种存储器是在 EPROM 和 EEPROM 的基础上产生的一种非易失性存储器。其集成度高，制造成本低，既具有读写的灵活性和较快的访问速度，又具有 ROM 在断电后可不丢失信息的特点，所以发展迅速。

AT89S52 具有 8KB 可反复擦写 1000 次的(Flash)程序存储器，如果 $\overline{EA}$ 引脚接地，程序读取只从外部存储器开始。如果 $\overline{EA}$ 接至 VCC，程序读写先从内部存储器(地址为 0000H～1FFFH)开始，接着从外部寻址，寻址地址为 2000H～FFFFH。

3. 内部数据存储器

数据存储器由随机存储器 RAM 组成，这种存储器又叫读写存储器。它不仅能读取存放在存储单元中的数据，还能随时写入新的数据，写入后原来的数据就丢失了。断电后 RAM 中的信息全部丢失。因此，RAM 用来存放运算中的数据、中间结果及最终结果。

AT89S52 有 256 字节片内数据存储器，单片机的内部数据存储器在物理上和逻辑上都分为两个地址空间，即低 128 字节(30H～7FH)的数据存储器空间和高 128 字节(80H～FFH)的特殊功能寄存器空间。从图 2.4 中可清楚地看出它们的结构分布。

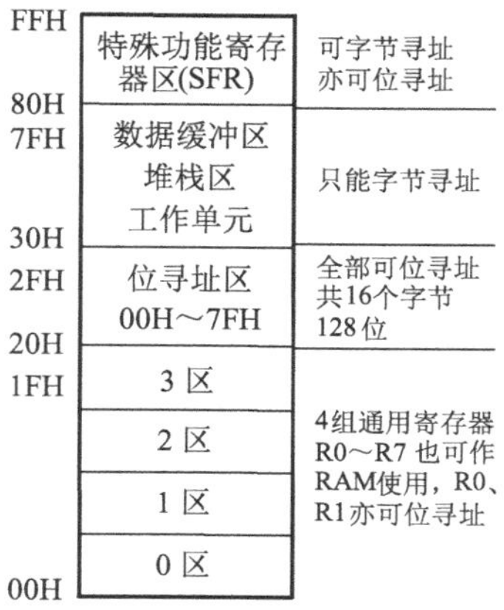

图 2.4　数据存储器结构

高 128 字节与特殊功能寄存器地址上重叠，而物理上是分开的。当一条指令访问高于 7FH 的地址时，寻址方式决定 CPU 访问高 128 字节 RAM 还是特殊功能寄存器空间。直接寻址方式访问特殊功能寄存器(SFR)，间接寻址方式访问高 128 字节 RAM。下面来看一下 RAM 中的低 128 字节区。

(1) 通用寄存器区(00H~1FH)

00H~1FH 共 32 个单元被均匀地分为四块，每块包含 8 个 8 位寄存器，均以 R0~R7 来命名，我们常称这些寄存器为通用寄存器。使用程序状态字寄存器(PSW)来统一管理它们，CPU 只要定义程序状态字寄存器的 D3 和 D4 位(RS0 和 RS1)，即可选中这 4 组通用寄存器。对应的编码关系如表 2.3 所示。程序中并不需要用 4 组，其余的可用做一般的数据缓冲器，CPU 在复位后，选中第 0 组工作寄存器。

表 2.3　通用寄存器的选用

组	RS1	RS0	R0	R1	R2	R3	R4	R5	R6	R7
0	0	0	00H	01H	02H	03H	04H	05H	06H	07H
1	0	1	08H	09H	0AH	0BH	0CH	0DH	0EH	0FH
2	1	0	10H	11H	12H	13H	14H	15H	16H	17H
3	1	1	18H	19H	1AH	1BH	1CH	1DH	1EH	1FH

(2) 位寻址区(20H~2FH)

片内 RAM 的 20H~2FH 单元为位寻址区，既可作为一般单元用字节寻址，也可对它们的位进行寻址。位寻址区共有 16 个字节，128 个位，位地址为 00H~7FH。位地址分配如表 2.4 所示。

表 2.4　RAM 位寻址区地址表

单 元 地 址	位　地　址							
2FH	7FH	7EH	7DH	7CH	7BH	7AH	79H	78H
2EH	77H	76H	75H	74H	73H	72H	71H	70H
2DH	6FH	6EH	6DH	6CH	6BH	6AH	69H	68H
2CH	67H	66H	65H	64H	63H	62H	61H	60H
2BH	5FH	5EH	5DH	5CH	5BH	5AH	59H	58H
2AH	57H	56H	55H	54H	53H	52H	51H	50H
29H	4FH	4EH	4DH	4CH	4BH	4AH	49H	48H
28H	47H	46H	45H	44H	43H	42H	41H	40H
27H	3FH	3EH	3DH	3CH	3BH	3AH	39H	38H
26H	37H	36H	35H	34H	33H	32H	31H	30H
25H	2FH	2EH	2DH	2CH	2BH	2AH	29H	28H
24H	27H	26H	25H	24H	23H	22H	21H	20H
23H	1FH	1EH	1DH	1CH	1BH	1AH	19H	18H
22H	17H	16H	15H	14H	13H	12H	11H	10H
21H	0FH	0EH	0DH	0CH	0BH	0AH	09H	08H
20H	07H	06H	05H	04H	03H	02H	01H	00H

CPU 能直接寻址这些位，执行例如置"1"、清"0"、求"反"、转移、传送和逻辑等操作。我们常称 51 单片机具有布尔处理功能,布尔处理的存储空间指的就是这些位寻址区。

(3) 数据缓冲器区(30H~7FH)

片内数据区地址共 80 个字节单元，是单片机内部的数据缓冲器，用于存放用户数据和各种字节标志，以采用直接或间接寻址方式访问。数据缓冲区中的 80 个字节中有一部分给堆栈使用。

(4) 堆栈指针

堆栈是一种后进先出(LIFO)的线性表，使用单片机内部 RAM 单元存储一些需要回避的数值数据或地址数据。堆栈就像堆放货物的仓库一样，存取数据时采用"后进先出"(即"先进后出")的原则。它主要是为子程序调用和中断操作而设立的。堆栈指针(SP)是用来存放当前堆栈栈顶指向的存储单元地址的一个 8 位特殊功能寄存器，地址是 81H。

堆栈只有两种操作：入栈和出栈。不论数据是入栈还是出栈，都是对栈顶单元(SP 指向的单元)进行操作的。堆栈是向上生成的。入栈时 SP 内容是增加的，出栈时 SP 的内容是减少的。堆栈区域的大小可用软件对 SP 重新定义初值来改变，但堆栈深度以不超过片内 RAM 空间为限。系统复位后，SP 的值为 07H，若不重新定义，则以 07H 单元为栈底，入栈的内容从地址为 08H 的单元开始存放。

堆栈主要是为子程序调用和中断操作而设立的，常用的功能有两个：保护断点和保护现场。在单片机系统中，既有与子程序调用和中断调用相伴随的自动入栈和出栈，又有堆栈的入栈和出栈指令(PUSH 和 POP)。此外，堆栈还具有传递参数等功能。

堆栈可有两种类型：向上生长型和向下生长型，如图 2.5 所示。

- 向上生长型堆栈，栈底在低地址单元。51 系列单片机属于向上生长型堆栈，这种堆栈的操作规则如下：

  ◇ 进栈操作：先 SP 加 1，后写入数据。

  ◇ 出栈操作：先读出数据，后 SP 减 1。

- 向下生长型堆栈，栈底设在高地址单元。随着数据进栈，地址递减，SP 内容越来越小，指针下移；反之，随着数据的出栈，地址递增，SP 内容越来越大，指针上移。其堆栈操作规则与向上生长型正好相反。

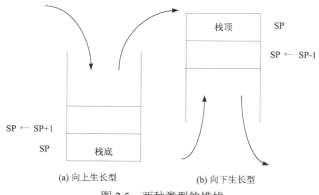

图 2.5　两种类型的堆栈

堆栈的使用有两种方式。一种是自动方式，即在调用子程序或中断时，返回地址(断点)自动进栈。程序返回时，断点再自动弹回 PC。这种堆栈操作无需用户干预，因此称为自动方式。另一种是指令方式，即使用专用的堆栈指令，进行进出栈操作。其进栈指令为 PUSH，出栈指令为 POP。例如，现场保护就是指令方式的进栈操作；而现场恢复则是指令方式的出栈操作。

4. 特殊功能寄存器

通过前面的学习，我们已经知道，在 51 单片机内部有一个 CPU 用来运算、控制，有四个并行 I/O 口，有程序存储器，有数据存储器，此外还有定时/计数器、串行 I/O 口、中断系统，以及一个内部的时钟电路。对并行 I/O 口的读写只要将数据送入到相应 I/O 口的锁存器就可以了，那么对于定时/计数器，串行 I/O 口等怎么用呢？在单片机中有一些独立的存储单元是用来控制这些器件的，称为特殊功能寄存器(SFR)。特殊功能寄存器的地址空间映射如表 2.5 所示。

表 2.5　特殊功能寄存器(SFR)地址空间及功能

符　　号	地　　址	功　　能
B	F0H	B 寄存器
ACC	E0H	累加器
PSW	D0H	程序状态字
T2CON	C8H	定时/计数器 2 控制寄存器
T2MOD	C9H	定时/计数器 2 模式寄存器
RCAP2L	CAH	定时器 2 捕捉寄存器低字节
RCAP2H	CBH	定时器 2 捕捉寄存器高字节
TL2	CCH	定时/计数器 2(低 8 位)
TH2	CDH	定时/计数器 2(高 8 位)
IP	B8H	中断优先级控制寄存器
P3	B0H	P3 口锁存器
IE	A8H	中断允许控制寄存器
P2	A0H	P2 口锁存器
AUXR1	A2H	辅助寄存器 1
WDTRST	A6H	看门狗定时器
SCON	98H	串行口控制寄存器
SBUF	99H	串行口锁存器
P1	90H	P1 口锁存器
TCON	88H	定时/计数器控制寄存器
TMOD	89H	定时/计数器模式寄存器
TL0	8AH	定时/计数器 0(低 8 位)
TL1	8BH	定时/计数器 1(低 8 位)
TH0	8CH	定时/计数器 0(高 8 位)
TH1	8DH	定时/计数器 1(高 8 位)
AUXR	8EH	辅助寄存器
P0	80H	P0 口锁存器
SP	81H	堆栈指针
DP0L	82H	数据地址 0(低 8 位)
DP0H	83H	数据地址 0(高 8 位)
DP1L	84H	数据地址 1(低 8 位)

（续表）

符　　号	地　　址	功　　能
DP1H	85H	数据地址 1(高 8 位)
PCON	87H	电源控制寄存器

在前面的章节中已经学习过一些特殊功能寄存器，如 I/O 口、累加器、程序状态字寄存器等。关于中断、定时/计数器、串行口有关的特殊功能寄存器，将在后序章节中详细介绍。现在来介绍电源控制寄存器(PCON)。

电源控制寄存器的地址为 87H，其每一位有不同的控制功能，如表 2.6 所示。电源控制寄存器不可位寻址。

表 2.6　电源控制寄存器的位控制功能

符　　号	位	描　　　　述
SMOD	7	
	6	未定义
	5	未定义
POF	4	掉电标志位。上电期间 POF 置"1"
GF1	3	通用标志位 1
GF0	2	通用标志位 0
PD	1	掉电模式位：置"1"将使单片机进入掉电工作模式，只有复位才可退出此工作模式
IDL	0	待机模式位：置"1"将使单片机进入掉电工作模式，中断或系统复位可退出此工作模式

51 单片机的电源模式有两种，即待机模式和掉电模式。两种电源模式下的引脚状态如表 2.7 所示。

(1) 待机模式

在待机模式下，CPU 处于睡眠状态，而所有片上外部设备保持激活状态。这种状态可以通过软件产生。在这种状态下，片上 RAM 和特殊功能寄存器的内容保持不变。空闲模式可以被任一个中断或硬件复位终止。由硬件复位终止空闲模式只需两个机器周期有效复位信号，在这种情况下，片上硬件禁止访问内部 RAM，而可以访问端口引脚。空闲模式被硬件复位终止后，为了防止预想不到的写端口，激活空闲模式的那一条指令的下一条指令不应该是写端口或外部存储器。

(2) 掉电模式

在掉电模式下，晶振停止工作，激活掉电模式的指令是最后一条执行指令。片上 RAM 和特殊功能寄存器保持原值，直到掉电模式终止。掉电模式可以通过硬件复位和外部中断退出。复位重新定义了 SFR 的值，但不改变片上 RAM 的值。在 VCC 未恢复到正常工作电压时，硬件复位不能无效，并且应保持足够长的时间以使晶振重新工作和初始化。

表 2.7　空闲模式和掉电模式下的外部引脚状态

模　　式	程序存储器	ALE	PSEN	PORT0	PORT1	PORT2	PORT3
待机	内部	1	1	数据	数据	数据	数据
待机	外部	1	1	浮空	数据	地址	数据
掉电	内部	0	0	数据	数据	数据	数据
掉电	外部	0	0	浮空	数据	数据	数据

5. 存储器结构特点

单片机的存储器结构与微型计算机有很大的不同。它的两个重要特点是：一是把数据存储器和程序存储器截然分开，二是存储器有内外之分。对于面向控制应用且又不可能具有磁盘的单片机系统来说，程序存储器是至关重要的，但数据存储器也不可少。为此单片机的存储器分为数据存储器和程序存储器，其地址空间、存取指令和控制信号各有一套。

单片机应用系统的存储器除类型不同外，还有内外之分，即有片内存储器和片外存储器之分。片内存储器的特点是使用方便，对于简单的应用系统，有时只需使用片内存储器就够了。但片内存储器的容量受到限制，程序存储器一般只有 4KB，数据存储器也就有 128 个单元，这对于复杂一点的应用是很不够的。为此，单片机应用系统时常需要扩展存储器，这将在后续章节进行讲述。

2.1.3　I/O 端口结构

51 系列单片机有 1 个 8 位双向并行 I/O 端口 P0 和 3 个 8 位准双向并行 I/O 端口 P1～P3。每一位端口都由口锁存器、输出锁存器和输入缓冲器组成。它们已被归入专用寄存器之列，并且具有字节寻址和位寻址功能。

这 4 个端口在结构上基本相同，但负载能力和功能又各有不同。由于 P1～P3 口上拉电阻较大，负载能力较强，约为 3～4 个 TTL 门电路。作为 I/O 口使用时，P0 口漏极开路，当需要驱动拉电流负载时，必须外接上拉电阻；输出低电平负载能力比 P1～P3 口强，能驱动 8 个 TTL 门电路。

P0 口既可作一般 I/O 端口使用，又可作地址/数据总线使用；P1 口是一个准双向并行口，作通用并行 I/O 口使用；P2 口除了可作为通用 I/O 使用外，还可在 CPU 访问外部存储器时作高 8 位地址线使用；P3 口是一个多功能口，除具有准双向 I/O 功能外，还具有第二功能。

1. P0 端口

图 2.6 表示了 P0 端口中某一位的电路结构。由图 2.6 可见，电路中包含有一个数据输出锁存器、两个三态数据输入缓冲器、一个数据输出的驱动电路和一个输出控制电路。当对 P0 口进行写操作时，由锁存器和驱动电路构成数据输出通路。由于通路中已有输出锁存器，因此数据输出时可以与外设直接连接，而不需再加数据锁存电路。

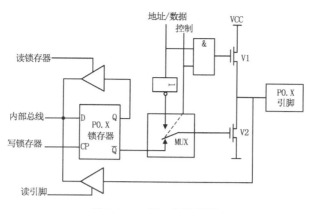

图 2.6　P0 端口电路逻辑

　　考虑到 P0 口既可以作为通用的 I/O 口进行数据的输入/输出，也可以作为单片机系统的地址/数据线使用，为此在 P0 口的电路中有一个多路转接电路(MUX)。在控制信号的作用下，多路转接电路可以分别接通锁存器输出或地址/数据线。当作为通用的 I/O 口使用时，内部的控制信号为低电平，封锁与门，将输出驱动电路的上拉场效应管(FET)截止，同时使多路转接电路 MUX 接通锁存器 Q 端的输出通路。

　　读端口是指通过上面的缓冲器读锁存器 Q 端的状态。在端口已处于输出状态的情况下，Q 端与引脚的信号是一致的，这样安排的目的是适应对口进行"读—>修改—>写"操作指令的需要。例如，"ANL P0,A"就属于这类指令，执行时先读入 P0 口锁存器中的数据，然后与 A 的内容进行逻辑与，再把结果送回 P0 口。对于这类"读—>修改—>写"指令，不直接读引脚而读锁存器是为了避免可能出现的错误。因为在端口已处于输出状态的情况下，如果端口的负载恰是一个晶体管的基极，导通了的 PN 结会把端口引脚的高电平拉低，这样直接读引脚就会把本来的"1"误读为"0"。但若从锁存器 Q 端读，就能避免这样的错误，得到正确的数据。

　　但要注意，当 P0 口进行一般的 I/O 输出时，由于输出电路是漏极开路电路，因此必须外接上拉电阻才能有高电平输出；当 P0 口进行一般的 I/O 输入时，必须先向电路中的锁存器写入"1"，使 FET 截止，以避免锁存器为"0"状态时对引脚读入的干扰。

　　在实际应用中，P0 口绝大多数情况下都是作为单片机系统的地址/数据线使用，这要比作一般 I/O 口应用简单。当输出地址或数据时，由内部发出控制信号，打开上面的与门，并使多路转接电路(MUX)处于内部地址/数据线与驱动场效应管栅极反相接通状态。这时的输出驱动电路由于上、下两个 FET 处于反相，形成推拉式电路结构，使负载能力大为提高。而当输入数据时，数据信号则直接从引脚通过输入缓冲器进入内部总线。

2. P1 端口

　　P1 端口某一位的电路结构如图 2.7 所示。因为 P1 口通常是作为通用 I/O 口使用的，所以在电路结构上与 P0 口有一些不同之处，主要表现在两点：首先它不再需要多路转接电路 MUX；其次是电路的内部有上拉电阻，与场效应管共同组成输出驱动电路。为此，P1

口作为输出口使用时，已经能向外提供推拉电流负载，无需再外接上拉电阻。当 P1 口作为输入口使用时，同样也需先向其锁存器写"1"，使输出驱动电路的 FET 截止。

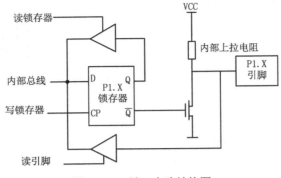

图 2.7　P1 端口电路结构图

3. P2 端口

P2 端口某一位的电路如图 2.8 所示。P2 口电路比 P1 口电路多了一个多路转接电路(MUX)，这又正好与 P0 口一样。P2 口可以作为通用 I/O 口使用，这时多路转接电路开关倒向锁存器 Q 端。通常情况下，P2 口是作为高位地址线使用而不作为数据线使用，此时多路转接电路开关应倒向相反方向。

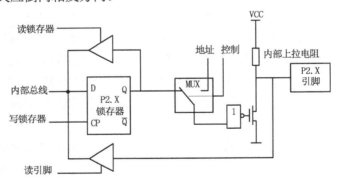

图 2.8　P2 端口某位结构图

4. P3 端口

P3 端口某一位的电路如图 2.9 所示。P3 口的特点在于，为适应引脚信号第二功能的需要，增加了第二功能控制逻辑。对于第二功能信号有输入和输出两类。

对于第二功能为输出的信号引脚，当作为 I/O 使用时，第二功能信号引线应保持高电平，与非门开通，以维持从锁存器到输出端数据输出通路的畅通。当输出第二功能信号时，该位的锁存器应置"1"，使与非门对第二功能信号的输出是畅通的，从而实现第二功能信号的输出。

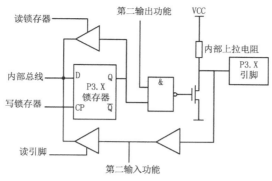

图 2.9　P3 端口某位结构图

对于第二功能为输入的信号引脚，在输入通路上增加了一个缓冲器，输入的第二功能信号就从这个缓冲器的输出端取得。而作为 I/O 使用的数据输入，仍取自三态缓冲器的输出端。不管是作为输入口使用还是第二功能信号输入，输出电路中的锁存器输出和第二功能输出信号线都应保持高电平。

2.1.4　定时器/计数器结构

8051 有两个 16 位定时器/计数器 T0 和 T1，分别与两个 8 位寄存器 T0L、T0H 及 T1L、T1H 对应。8051 的定时器/计数器可以工作在定时方式或计数方式。

1. 定时方式

定时方式实现对单片机内部的时钟脉冲或分频后的脉冲进行计数。

2. 计数方式

实现对外部脉冲的计数，关于定时器/计数器的详细介绍请参阅后续章节的具体内容。

2.1.5　中断系统

在单片机系统设计中，中断是一个必不可少的概念。

在程序的执行过程中，有时候需要停下手头的工作转而执行其他一些重要工作，并在执行完后返回到原来执行的程序中，然后继续执行未完成的任务。这就是中断的一般过程。

8051 有 5 个中断源，两个中断优先级控制，可以实现两个中断服务嵌套。两个外部中断 INT0、INT1，两个定时器中断 T0、T1，还有一个串行口中断。

中断的控制由中断允许寄存器(IE)和中断优先级寄存器(IP)实现。关于中断的设置和实现将在后续章节进行具体讲解。

2.2　单片机引脚功能

51 系列单片机在嵌入式应用中，有的系统需要扩展外围芯片(存储器或 I/O 接口)，这就需要三总线(数据线、地址线和控制线)引脚，这类总线可扩展的单片机的引脚通常在 40 个以上。下面对 51 系列单片机进行介绍。

2.2.1　芯片封装

AT89S51 单片机有 40~44 条功能引脚，芯片的引脚数目也不同。它有如下三种不同的封装形式。

- PDIP
- PLCC
- TQFP

各种封装形式及其引脚如图 2.10 所示。

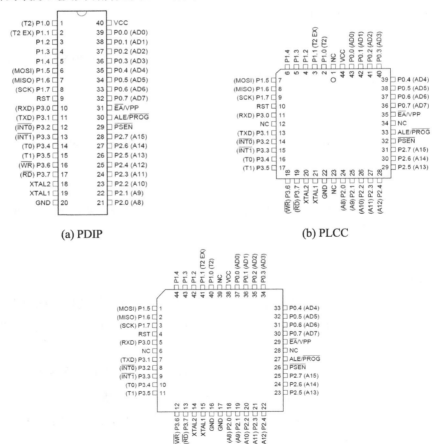

(a) PDIP　　(b) PLCC

(c) TQFP

图 2.10　AT89S51 的三种封装

PDIP 封装在可拆卸或一些实验系统中使用较多，当芯片损坏时可以替换，而 PLCC、TQFP 封装一般为贴片式，在系统中相对固定。

2.2.2　芯片引脚及功能

AT89S52 与其他 PDIP 封装的 51 单片机芯片一样，具有 40 个引脚。下面介绍各引脚的功能：

1. 供电引脚

供电引脚接入 AT89S51 的工作电源。
- VCC：电源正极，一般为+5V。
- GND：电源地。

2. I/O 引脚

顾名思义，I/O 引脚就是输入/输出引脚。
- P0：P0 口是一个 8 位漏极开路的双向 I/O 口。作为输出口，每位能驱动 8 个 TTL 逻辑电平。对 P0 端口写"1"时，引脚用作高阻抗输入。当访问外部程序和数据存储器时，P0 口也被作为低 8 位地址/数据复用。在这种模式下，P0 具有内部上拉电阻。在 Flash 编程时，P0 口也用来接收指令字节；在程序校验时，输出指令字节。程序校验时，需要外部上拉电阻。
- P1：P1 口是一个具有内部上拉电阻的 8 位双向 I/O 口，P1 输出缓冲器能驱动 4 个 TTL 逻辑电平。对 P1 端口写"1"时，内部上拉电阻把端口拉高，此时可以作为输入口使用。作为输入使用时，被外部拉低的引脚由于内部电阻的原因，将输出电流(IIL)。此外，P1.0 和 P1.2 分别作定时器/计数器 T2 的外部计数输入(P1.0/T2)和定时器/计数器 T2 的触发输入(P1.1/T2EX)，具体功能如表 2.8 所示。在 Flash 编程和校验时，P1 口接收低 8 位地址字节。

表 2.8　P1 接口第二功能

引　脚　号	第　二　功　能
P1.0	T2(定时器/计数器 T2 的外部计数输入)，时钟输出
P1.1	T2EX(定时器/计数器 T2 的捕捉/重载触发信号和方向控制)
P1.5	MOSI(在系统编程用)
P1.6	MISO(在系统编程用)
P1.7	SCK(在系统编程用)

- P2：P2 口是一个具有内部上拉电阻的 8 位双向 I/O 口，P2 输出缓冲器能驱动 4 个 TTL 逻辑电平。对 P2 端口写"1"时，内部上拉电阻把端口拉高，此时可以作为输入口使用。作为输入使用时，被外部拉低的引脚由于内部电阻的原因，将输出电流(IIL)。在访问外部程序存储器或用 16 位地址读取外部数据存储器(如执行

MOVX@DPTR)时，P2 口送出高八位地址。在这种应用中，P2 口使用很强的内部上拉发送 1。在使用 8 位地址(如 MOVX@RI)访问外部数据存储器时，P2 口输出 P2 锁存器的内容。在 Flash 编程和校验时，P2 口也接收高 8 位地址字节和一些控制信号。

- P3：P3 口是一个具有内部上拉电阻的 8 位双向 I/O 口，P2 输出缓冲器能驱动 4 个 TTL 逻辑电平。对 P3 端口写"1"时，内部上拉电阻把端口拉高，此时可以作为输入口使用。作为输入使用时，被外部拉低的引脚由于内部电阻的原因，将输出电流(IIL)。P3 口亦作为 AT89S52 特殊功能(第二功能)使用，如表 2.9 所示。在 Flash 编程和校验时，P3 口也接收一些控制信号。

表 2.9　P3 口的第二功能

引　脚　号	第　二　功　能
P3.0	RXD(串行输入)
P3.1	TXD(串行输出)
P3.2	$\overline{\text{INT0}}$(外部中断 0)
P3.3	$\overline{\text{INT1}}$(外部中断 1)
P3.4	T0(定时/计数器 0 外部输入)
P3.5	T1(定时/计数器 1 外部输入)
P3.6	$\overline{\text{WR}}$(外部数据存储器写选通)
P3.7	$\overline{\text{WR}}$(外部数据存储器读选通)

3. 控制引脚

控制引脚包括 RST、ALE、$\overline{\text{PSEN}}$、$\overline{\text{EA}}$，此类引脚提供控制信号，有些引脚具有复用功能。

- RST：复位输入。晶振工作时，RST 脚持续两个机器周期，高电平将使单片机复位。看门狗计时完成后，RST 脚输出 96 个晶振周期的高电平。特殊寄存器 AUXR(地址 8EH)上的 DISRTO 位可以使此功能无效。DISRTO 默认状态下，复位高电平有效。
- ALE/$\overline{\text{PROG}}$：地址锁存控制信号(ALE)是访问外部程序存储器时，锁存低 8 位地址的输出脉冲。在 Flash 编程时，此引脚也用作编程输入脉冲。在一般情况下，ALE 以晶振 1/6 的固定频率输出脉冲，可用来作为外部定时器或时钟使用。然而，特别强调，在每次访问外部数据存储器时，ALE 脉冲将会跳过。如果需要，通过将地址为 8EH 的 SFR 的第 0 位置"1"，ALE 操作将无效。这一位置"1"，ALE 仅在执行 MOVX 或 MOVC 指令时有效。否则，ALE 将被微弱拉高。这个 ALE 使能标志位(地址为 8EH 的 SFR 的第 0 位)的设置对微控制器处于外部执行模式下无效。
- $\overline{\text{PSEN}}$：外部程序存储器选通信号。当 AT89S52 从外部程序存储器执行外部代码时，$\overline{\text{PSEN}}$ 在每个机器周期被激活两次，而在访问外部数据存储器时，$\overline{\text{PSEN}}$ 将不被激活。
- $\overline{\text{EA}}$/VPP：访问外部程序存储器控制信号。为使能从 0000H 到 FFFFH 的外部程序存储器读取指令，EA 必须接 GND。为了执行内部程序指令，$\overline{\text{EA}}$ 应该接 VCC。在 Flash 编程期间，EA 也接收 12V 的 VPP 电压。

4. 外接晶振引脚

外接晶振引脚与片内的反相放大器构成一个振荡器，它提供了单片机的时钟控制信号，也可采用外部晶体振荡器。

- XTAL1：接外部晶体的一个引脚，在单片机内部，它是一个反相放大器的输入端。若采用外部振荡器，该引脚接收振荡器的信号，即把此信号直接接到内部时钟发生器的输入端。
- XTAL2：接外部晶体的另一端，在单片机内部接到反相放大器的输出端，当采用外接晶体振荡器时，此引脚可以不接。

2.3　单片机工作时序

时钟电路是单片机的心脏，它控制着单片机的工作节奏。单片机工作时，是在统一的时钟脉冲控制下一拍一拍地进行的。这个脉冲是由时序电路发出的。单片机的时序就是 CPU 在执行指令时所需控制信号的时间顺序，为了保证各部件间的同步工作，单片机内部的电路应在唯一的时钟信号下严格地按时序进行工作。

2.3.1　时钟电路

时钟模块用于产生 51 单片机工作所需的各个时钟信号，单片机在这些时钟信号的驱动下工作，在工作过程中的各个信号之间的关系称为单片机的时序。

51 单片机的时钟源可以用内部振荡器产生，也可以使用外部时钟源输入产生。前者需要在 XTAL1 和 XTAL2 引脚之间跨接石英晶体(还需要 30pF 左右的微调电容)，让石英晶体和内部振荡器之间组成稳定的自激振荡电路，具体频率由晶体决定，微调电容可以对这个大小略微地调整；后者将晶振等外部时钟源直接连接到 XTAL2 引脚上为单片机提供时钟信号，具体的频率由晶振决定，如图 2.11 所示。

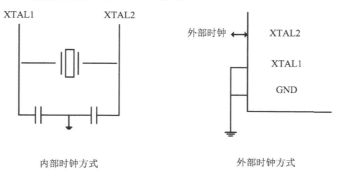

内部时钟方式　　　　　　　　外部时钟方式

图 2.11　51 单片机的时钟源电路

2.3.2　时序定时单位

时序是用定时单位来说明的。51 单片机的时序定时单位共有 4 个,从小到大依次是拍节、状态、机器周期和指令周期。下面分别加以说明。

1. 拍节与状态

把振荡脉冲的周期定义为拍节(用 P 表示)。振荡脉冲经过二分频后,就是单片机的时钟信号的周期,其定义为状态(用 S 表示)。这样,一个状态就包含两个拍节,其前半周期对应的拍节叫拍节 1(P1),后半周期对应的拍节叫拍节 2(P2)。

2. 机器周期

51 单片机采用定时控制方式,因此它有固定的机器周期。规定一个机器周期的宽度为 6 个状态,并依次表示为 S1～S6。由于一个状态又包括两个拍节,因此一个机器周期总共有 12 个拍节,分别记作 S1P1、S1P2、…、S6P2。由于一个机器周期共有 12 个振荡脉冲周期,因此机器周期就是振荡脉冲的十二分频。当振荡脉冲频率为 12MHz 时,一个机器周期为 1μs;当振荡脉冲频率为 6MHz 时,一个机器周期为 2μs。

3. 指令周期

指令周期是最大的时序定时单位,执行一条指令所需要的时间称为指令周期。它一般由若干个机器周期组成。不同的指令所需要的机器周期数也不相同。通常,包含一个机器周期的指令称为单周期指令,包含两个机器周期的指令称为双周期指令,指令的运算速度与指令所包含的机器周期有关,机器周期数越少的指令执行速度越快。MCS-51 单片机通常可以分为单周期指令、双周期指令和四周期指令 3 种。四周期指令只有乘法和除法两条指令,其余均为单周期和双周期指令。

2.3.3　指令的执行时序

单片机执行任何一条指令时都可以分为取指令阶段和执行指令阶段,时序如图 2.12 所示。

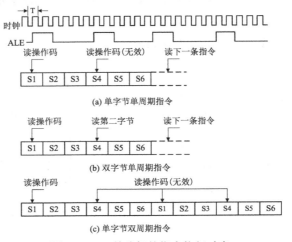

图 2.12　51 单片机的指令执行时序

由图 2.12 可见，ALE 引脚上出现的信号是周期性的，在每个机器周期内出现两次高电平。第一次出现在 S1P2 和 S2P1 期间，第二次出现在 S4P2 和 S5P1 期间，有效宽度为一个状态。ALE 信号每出现一次，CPU 就进行一次取指操作，但由于不同指令的字节数和机器周期数不同，因此取指令操作也随指令不同而有小的差异。

按照指令字节数和机器周期数，8051 的 111 条指令可分为 6 类，分别是单字节单周期指令、单字节双周期指令、单字节四周期指令、双字节单周期指令、双字节双周期指令、三字节双周期指令。

图 2.12(a)、(b)分别给出了单字节单周期和双字节单周期指令的时序。单周期指令的执行始于 S1P2，这时操作码被锁存到指令寄存器内。若是双字节，则在同一机器周期的 S4 读第二字节。若是单字节指令，则在 S4 仍有读操作，但被读入的字节无效，且程序计数器 PC 并不增量。

图 2.12(c)给出了单字节双周期指令的时序，两个机器周期内进行 4 次读操作码操作。因为是单字节指令，所以后三次读操作都是无效的。

2.4　单片机的工作方式

MCS-51 系列单片机有 5 种工作方式，分别为复位方式、程序执行方式、单步执行方式、低功耗方式和编程方式。

2.4.1　复位工作方式

当单片机的 RST 引脚上被加上两个机器周期以上的高电平之后单片机进入复位方式，复位之后单片机的内部各个寄存器进入一个初始化状态，其数值如表 2.10 所示。

表 2.10　复位状态下的单片机内部寄存器值

寄　存　器	数　　值	寄　存　器	数　　值
PC	0x0000H	PSW	0x00H
ACC	0x00H	SP	0x07H
B	0x00H	DPRT	0x0000H
PSW	0x00H	P0～P3	0xFFH
IP	×××00000B	PCON	0×××0000B
IE	0××00000B	TH	0x0000H
TMOD	0x00H	TL	0x0000H
TCON	0x00H	SBUF	随机数
SCON	0x00H		

MCS-51 系列单片机的复位可以分为上电复位和外部电路复位两种方式，图 2.13 所示是这两种复位方式的电路结构示意。

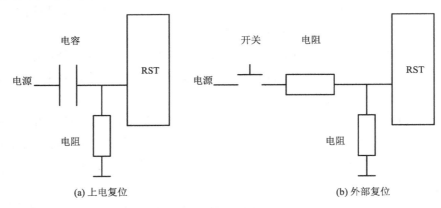

(a) 上电复位　　　　　　　　　　　　(b) 外部复位

图 2.13　51 单片机的复位方式

在上电复位电路中，当电源开始工作的瞬间，RST 引脚电平和电源电平相同，电容开始充电，当电容充电完成之后，RST 引脚电平被下拉到地，在电源开始工作到电容充电完成的过程中 RST 上被加上了一个高电平，选择合适的电阻和电容，让这个时间大于单片机需要的复位时间，即对单片机进行了一次复位，这个时间可以粗略地通过 $t = RC$ 来计算。

在外部复位电路中，RST 引脚通过开关连接到电源，当开关按下时 RST 被拉到电源电平，完成一次复位，开关断开后 RST 引脚恢复低电平，外部复位又被称为手动复位，在实际系统中上电复位和外部复位常常被结合起来使用。

2.4.2　程序执行方式

程序执行方式是 51 单片机最常见的工作方式，单片机在复位后将正常执行放置在单片机程序存储器中的程序。当 EA = 1 的时候从内部程序存储器开始执行，当 EA = 0 时从外部程序存储器开始执行。

2.4.3　低功耗工作方式

CMOS 型的 MCS-51 单片机有待机模式和掉电模式两种低功耗操作方式，可以减少单片机系统所需要的电力。在待机模式下，单片机的处理器停止工作，其他部分保持工作；在掉电模式下单片机仅有 RAM 保持供电，其他部分均不工作。相应的单片机通过设置电源控制寄存器 PCON 的相应位来使得单片机进入相应的工作模式。PCON 的相关位说明如下：

- IDL(PCON.0)：待机模式设置位，当 IDL 被置位后单片机进入待机模式。
- PD(PCON.1)：掉电模式设置位，当 PD 被置位后单片机进入掉电模式。
- GF0(PCON.2)：通用标志位 0，用于判断单片机所处的模式。
- GF1(PCON.3)：通用标志位 1，用于判断单片机所处的模式。

在 IDL 被置位后单片机进入待机模式，在该模式下时钟信号从中央处理器断开，而中断系统、串行口、定时器等其他模块继续在时钟信号下正常工作，RAM 和相应特殊功能寄存器内容都被正常保存。退出待机模式有如下两种方式：

- 在待机模式下，如果有一个事先被允许的中断被触发，IDL 会被硬件清除，单片机结束待机模式，进入程序工作方式，PC 跳转到进入待机模式之前的位置，从启动待机模式指令后一条指令执行。中断服务子程序可以通过查询 GF0 和 GF1 确定中断服务的性质。
- 硬件复位，在复位之后 PCON 中各位均被清除。

在 PD 被置位后单片机进入掉电模式，在该种模式下时钟模块停止工作，时钟信号从各个模块隔离，各个模块都停止工作，只有 RAM 和特殊功能寄存器保持掉电前的数值，各个 IO 外部引脚的电平状态由其对应的特殊功能寄存器的值决定，ALE 和 PSEN 引脚为低电平。退出掉电模式的唯一方式是硬件复位。

> 说明：随着单片机技术的发展，某些高端的 51 系列单片机出现了一些新的低功耗工作模式，具体可参看对应单片机的数据手册。

2.4.4　其他工作方式

单步执行方式是让单片机在一个外部脉冲信号控制下执行一条指令，然后等待下一个脉冲信号，通常用于调试程序。

内部有程序存储器的 51 单片机还有编程模式，在该模式下可以使用编程器、ISP 下载线等工具对该单片机编程。

> 说明：现在 51 系列单片机的内部程序寄存器可以是 E^{E}PROM，也可以是 FLASH；编程方式可以是使用编程器，使用下载线等；具体的情况可以参考对应的单片机数据手册。

2.5　单片机的最小系统

单片机最小系统包括单片机及其所需的必要电源、时钟、复位等部件，它能使单片机处于正常的运行状态。电源、时钟等电路是使单片机能运行的必备条件，可以将最小系统作为应用系统的核心部分，对其进行存储器扩展、A/D 扩展等。51 单片机最小系统的功能主要如下：

- 能够运行用户程序。
- 用户可以复位单片机。
- 具有相对强大的外部扩展功能。

最小系统的结构如图 2.14 所示。

图 2.14　单片机最小系统框图

单片机最小系统电路原理图如图 2.15 所示,单片机各个引脚被引出,电源、时钟和复位等电路与单片机固定连接,实现单片机的正常运行。

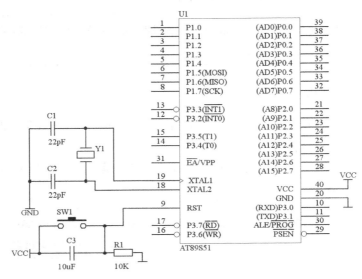

图 2.15　单片机最小系统电路原理图

从图 2.15 可以看出,51 系列单片机最小系统应该包括单片机、晶振电路和复位电路、电源电路。其中,晶振电路和复位电路已经介绍了,电源电路实际上就是在 40 脚处接 5V 电源,20 脚接地线。对于控制引脚 EA 的接法,由于当 EA 为高电平时,单片机从内部程序存储器取指令,当 EA 为低电平时,单片机从外部程序存储器取指令,AT89S51 单片机内部有 4KB 可反复擦写 1000 次以上的程序存储器,因此把 EA 接到+5V 高电平,让单片机运行内部的程序,这样就可以通过反复烧写来验证程序了。

2.6　本　章　小　结

本章主要介绍了单片机的内部结构和基本组成,详细介绍了 MCS-51 单片机的中央处理器、存储器结构、输入/输出接口、引脚、中断系统、定时器/计数器以及单片机工作方式和最小系统等内容，以便为以后的学习打下坚实的基础。

通过本章的学习，读者应该掌握以下几个知识点：

- 了解单片机的基本结构和组成。
- 理解单片机的基本运行原理。
- 了解单片机最小系统的组成。

习　　题

一、填空题

1. MCS-51 单片机内部 RAM 的寄存器区共有_____个单元，分为_____组寄存器，每组_____个单元，以_____作为寄存器名称。

2. _____和_____就可以构成一个最小单片机系统。

3. 控制器是控制计算机系统各种操作的部件，它包括时钟发生器、定时控制逻辑、复位电路、_____、指令译码器 ID、_____、程序地址寄存器、_____、_____等。

4. 51 单片机提供了两个特殊功能寄存器，_____和_____供软件访问串口。

5. MCS-51 单片机引脚信号中，信号名称带上划线的表示该信号_____或者_____有效。

二、选择题

1. 单片机芯片内提供了一定数量的工作寄存器，这样做的好处包括(　　)。

    A. 提高程序运行的可靠性　　　　　　　B. 提高程序运行速度

    C. 为程序设计提供方便　　　　　　　　D. 减少程序长度

2. 下列有关 MCS-51 中断优先级控制的叙述中，错误的是(　　)。

    A. 低优先级不能中断高优先级，但高优先级能中断低优先级

    B. 同级中断不能嵌套

    C. 同级中断请求按时间的先后顺序响应

    D. 同时同级的多中断请求，将形成阻塞，系统无法响应

3. 在使用工作方式为 0 时，计数器是由 TH 的全部和 TL 的 5 位组成，因此其计数范围是(　　)。

    A. 1～8192　　　　　　　　　　　　　　B. 0～8192

    C. 1～8191　　　　　　　　　　　　　　D. 0～8191

4. 在 MCS-51 中(　　)。

    A. 具有独立的专用的地址线　　　　　　B. 由 P0 口和 P1 口的口线作地址线

    C. 由 P0 口和 P2 口的口线作地址线　　　D. 由 P1 口和 P2 口的口线作地址线

5. 在 MCS-51 单片机的运算电路中，不能为 ALU 提供数据的是(　　　)。

　　A. 累加器 A　　　　　　　　　　　　B. 暂存器

　　C. 寄存器 B　　　　　　　　　　　　D. 状态寄存器 PSW

6. 有关 PC 和 DPTR 的结论中错误的是(　　　)。

　　A. DPTR 是可以访问的，而 PC 不能访问

　　B. 它们都是 16 位的寄存器

　　C. 它们都具有加"1"的功能

　　D. DPTR 可以分为两个 8 位的寄存器使用，但 PC 不能

三、简答题

1. 什么叫做中断？中断响应的过程如何？

2. 单片机的 4 个 I/O 口在使用上有哪些分工和特点？试比较各口的特点。

3. 什么叫做堆栈？堆栈有哪几种操作？堆栈有哪些功能？

第3章 单片机的指令系统

指令是供用户使用的单片机的软件资源。一台计算机所能执行的指令的集合就是它的指令系统。指令系统是学习和使用单片机的基础和工具，对单片机用户显得格外重要，是必须掌握的知识。因为不管机器语言还是汇编语言，都要直接使用指令编写程序。

3.1 单片机的指令系统概述

51单片机的指令如按字节数分类，可分为单字节指令、双字节指令和三字节指令。指令一般由两部分组成，即操作码和操作数。单字节指令有两种情况：一种是操作码、操作数均包含在这一个字节之内；另一种情况是只有操作码而无操作数。双字节指令均为一个字节是操作码，另一个字节是操作数。三字节指令一般是一个字节为操作码，另两个字节为操作数。

3.1.1 指令格式

汇编语言是后面所讲的指令系统的一个子集，只要指令按格式书写就构成了程序的基本格式。在程序中，指令格式由以下几部分组成。

操作码[目的操作数], [源操作数]; [注释]

对各部分的解释如下。
- 操作码：操作码用助记符表示，它代表了指令的操作功能。操作码是指令的必需部分，是指令的核心，不可缺少。
- 操作数(目的操作数和源操作数)：是指参加操作的数据或数据的地址。操作数的个数可以是0~3个。操作数与操作码之间用空格分隔，操作数与操作数之间用逗号","分隔。
- 注释：注释属于非必须项，是为便于阅读，对指令功能做的说明和注解。注释必须以";"开始。注释的长度不限，当一行不够时，可以换行后接着书写，但是换行时应以分号";"开始。

3.1.2 符号说明

为了方便后面对指令系统的学习和记忆，需要对51单片机指令系统中的一些常用符号进行了解。常用符号的说明如下。
- #data：8位立即数。

- #data16：16 位立即数。
- Rn：工作寄存器，R0～R7，n 为 0～7。
- Ri：工作寄存器，0 或 1，i=0 或 1。
- @Ri：寄存器 Ri 间接寻址 8 位存储单元 00H～FFH。
- direct：8 位直接寻址，可以是特殊功能寄存器(SFR)的 80H～FFH 或内部存储单元 00H～7FH。
- addr11：11 位目的地址。用于 AJMP 和 ACALL 指令，均在 2KB 地址内转移或调用。
- addr16：16 位目的地址。用于 LJMP 和 LCALL 指令，可在 64KB 地址内转移或调用。
- rel：带符号的 8 位偏移地址，主要应用于所有的条件转移指令和 SJMP。其范围是相对于下一条指令的第一字节地址-128～+127 字节。
- bit：位地址。片内 RAM 中的可寻址位和专用寄存器中的可寻址位。
- DPTR：数据指针，可用于 16 位的地址寄存器。
- @：间接寄存器或基址寄存器的前缀，如@DPTR、@Ri、@A+PC、@A+DPTR。
- A：累加器 ACC。
- B：通用寄存器，常用于乘法 MUL 和除法 DIV 的指令。
- CY：进位标志位或者布尔处理器中的累加器。
- /：位操作数前缀，表示对该位操作数进行取反操作。
- (x)：寄存器或存储单元 x 的内容。
- ((x))：以寄存器或存储单元 x 的内容作为地址的存储单元的内容。
- →：数据传送方式。

3.2　单片机的寻址方式

计算机传送数据，执行算术操作、逻辑操作等都要涉及操作数。一条指令的运行，先从操作数所在地址寻找到本指令有关的操作数，这就是寻址。计算机的指令系统各不相同，其相应的寻址方式也不尽相同。51 系列单片机的指令系统有立即寻址、寄存器寻址、间接寻址、直接寻址、变址寻址、相对寻址、位寻址共 7 种寻址方式。

3.2.1　立即寻址

在直接寻址方式中直接给出了操作数的地址，它们可以是内部数据存储器的用户区，可以是特殊功能寄存器，也可以是位地址空间。直接将需要访问的数据在指令中给出，这样的寻址方式就是立即寻址。立即寻址的方式为：

```
MOV   A, #dataH
```

它是一条立即寻址方式的传送指令，通常把出现在指令中的操作数 data 称为立即数。假如立即数是 0F4H，则指令为：

```
MOV   A, #0F4H
```

指令功能是把数据 0F4H 传送到累加器 A 中。

值得注意的是：在立即数寻址中立即数前面必须加上一个"#"号。

立即寻址可以使用 CY 标志位作为位寻址，例如：

```
MOV C, 0x52H
```

和前一条指令是有区别的，此时源操作数是一个位地址，在这个位地址数据中存放了一个位数据（"0"或者"1"），该指令将这个数据送到进位标志位 CY；而前一条指令的源操作数是一个内存地址，送的数据是一个 8 位字节数据。

3.2.2　直接寻址

直接寻址就是直接在指令中指定操作数的地址。例如：

```
MOV A, 3AH
```

其功能就是将地址为 3AH 的存储单元中的数据取出来传送给累加器 A。这里的操作数就是直接通过数据存储器的地址 3AH 来指定的。

直接寻址方式的寻址范围仅限于内部数据存储器。对于内部数据存储器的低 128 个字节可以直接通过地址的方式来指定，而对于高 128 个字节，除了可以通过地址的方式来指定外，还可以通过特殊功能寄存器的寄存器符号给出。

3.2.3　寄存器寻址

寄存器寻址方式就是操作数存储在寄存器中，指定寄存器就得到了操作数。例如：

```
MOV A, R0
```

其功能是将寄存器 R0 中的数据传送到累加器 A 中，这样通过直接指定寄存器的方式进行寻址即为寄存器寻址。可以采用这种方式进行寻址的寄存器包括通用寄存器和部分专用寄存器，如工作寄存器 R0～R7、累加器 ACC、通用寄存器 B、数据指针 DPTR、位累加器 CY，其中 ACC、B 可以联合起来作为一个 16 位的寄存器参与寻址。

3.2.4　间接寻址(寄存器间接寻址)

寄存器间接寻址就是通过寄存器指定数据存储单元的地址，寄存器中存储的是地址。采用寄存器间接寻址方式时应在寄存器前加上@符号。例如：

```
MOVE  A, @R0
```

它的功能就是将 R0 中所存储的地址所指向的存储单元中的数据取出来传送到累加器中。对于这种寄存器间接寻址，用来存储地址的寄存器只能为 R0、R1 或 DPTR。其中，R0 和 R1 用来访问片内数据存储器的低 128 字节和片外数据存储器的低 256 字节，DPTR 用来访问片外数据存储器。例如：

　　　　MOVX　A, @DPTR

它的功能是将外部 RAM DPTR 所指存储单元中的数据传送至累加器 A 中。

3.2.5　变址寻址

　　变址寻址是以某个寄存器的内容为基础，然后在这个基础上再加上地址偏移量，形成真正的操作数地址，需要特别指出的是用来作为基础的寄存器可以是 PC 或 DPTR，地址偏移量存储在累加器 A 中。例如：

　　　　MOV　A, @A+DPTR
　　　　MOV　A, @A+PC
　　　　JMP　　@A+DPTR

　　前两条的意思就是分别将 DPTR、PC 内存储的地址和累加器 A 里面的偏移量相加，最后根据得到的地址来查找相应的存储单元。最后一条是无条件转移指令。

　　需要注意的是，变址寻址只能用于访问程序寄存器，所以通常用于查表操作。

3.2.6　相对寻址

　　相对寻址主要是针对跳转指令而言的。对于跳转指令，跳转去的目标指令的地址是通过正在执行的指令地址来确定的，一般是采用正在执行的指令地址加上偏移量的方式。也就是

　　　　转移目的地址＝当前 PC 值＋转移指令字节数＋相对偏移量 rel

　　后面所讲的条件转移指令都是相对寻址方式。例如：

JZ	rel	; 若(A)= 0，则 PC←(PC)+2+rel
		; 若(A)≠0，则 PC←(PC)+2
JNZ	rel	; 若(A)≠0，则 PC←(PC)+2+rel
		; 若(A)= 0，则 PC←(PC)+2

　　由于这两条指令都是二字节指令，所以转移指令字节数为 2。

　　偏移量可以是正也可以是负，偏移量是采用有符号数的存储形式即补码的形式来存储的，所以能表示的范围是−128～+128。

　　与变址寻址一样，相对寻址也只能用于访问程序存储器空间，一般用于程序的跳转操作。

3.2.7　位寻址

　　位寻址方式是指将要访问的数据是一个单独的位，指定位数据的方式有通过位地址、通过字节地址加点及位数、通过寄存器名加点及位数、通过位的名称等。例如：

　　MOV　C, 07H

这条指令的功能是把 07H 位的状态送进进位位 C。

位寻址的范围是有限制的，下面将讲述位寻址的寻址范围。

1. 内部 RAM 中的位寻址区

单元地址为 20H～2FH，共 16 个单元 128 位，位地址是 00H～7FH。对这 128 个位的寻址使用直接位地址表示。位寻址区中的位有两种表示方法，一种是位地址；另一种是单元地址加位。

2. 专用寄存器的可寻址位

可供位寻址的专用寄存器共有 11 个，实有寻址位 83 位。对这些寻址位在指令中有如下 4 种表示方法。

- 直接使用位地址。例如，PSW 寄存器位 5 地址为 0D5H。
- 位名称表示方法。例如，PSW 寄存器位 5 是 F0 标志位，则可使用 F0 表示该位。
- 单元地址加位数的表示方法。例如，0D0H 单元(即 PSW 寄存器)位 5，表示为 0D0H.5。
- 专用寄存器符号加位数的表示方法。例如，PSW 寄存器的位 5，表示为 PSW.5。

3.2.8　寻址方式总汇

寻址方式可以做如下小结。

- 对于片内程序存储器只能使用变址寻址方式，或者反过来说，变址寻址是一种专门用于程序存储器的寻址方式。

内部数据存储器由于使用频繁，因此寻址方式多，如表 3.1 所示。

表 3.1　内部数据存储器寻址

寻 址 方 式	高 128 单元 (专用寄存器)	低 128 单元		
		用户 RAM 区	位地址区	通用寄存器区
	0FFH～80h	7FH～30H	2FH～20H	1FH～00H
位寻址方式				全部
直接寻址方式	部分		全部	
间接(寄存器间接)寻址方式	全部			
寄存器寻址方式	全部			

- 对外部数据存储器，只能使用寄存器间接寻址方式，如表 3.2 所示。

表 3.2　外部数据存储器寻址

寄存器间接寻址方式	高地址单元(65 280 个) 0FFFFH～0101H	低地址单元(256 个)0100H～0000H
以 R0 或 R1 做间址寄存器		全部
以 DPTR 做间址寄存器	全部	

- 立即数寻址方式只涉及 8 位或 16 位数据，由于数据已在指令中给出，所以没有在表中列出。
- 相对寻址只解决程序转移问题。
- 在两个操作数的指令中，把左边操作数称为目的操作数，而右边操作数称为源操作数。我们所讲的各种寻址方式都是针对源操作数的。但实际上源操作数和目的操作数都有寻址的问题。

3.3 单片机的指令说明

8051 指令系统有 42 种助记符，代表了 33 种操作功能，这是因为有的功能可以有几种助记符(例如数据传送的助记符有 MOV、MOVC、MOVX)。指令功能助记符与操作数各种可能的寻址方式相结合，共构成 111 种指令。这 111 种指令中，如果按字节分类，单字节指令 49 条，双字节指令 45 条，三字节指令 17 条。若从指令执行的时间看，单机器周期(12 个振荡器周期)指令 64 条，双机器周期指令 45 条，两条(乘、除)四个机器周期指令。

3.3.1 数据传送类指令

数据传送类指令是最常用、最基本的一类指令。这类指令操作一般是把源操作数传送到目的操作数。指令执行后，源操作数不变，目的操作数修改为源操作数。交换型传送指令也属于数据传送类。源操作数可以采用寄存器寻址、寄存器间接寻址、直接寻址、立即寻址、变址寻址 5 种寻址方式，不丢失目的操作数，它只是将源操作数和目的操作数交换了存放单元。传送类指令一般不影响标志位，只有堆栈操作可以直接修改程序状态字(PSW)。另外，传送目的操作数为 ACC 的指令将影响奇偶标志 P。

数据传送类指令用到的助记符有 MOV、MOVX、MOVC、XCH、XCHD、SWAP、PUSH、POP 等。数据传送类指令共 29 条。

1. 内部 RAM 中数据传送指令

单片机内部的数据传送指令运用频率最高。寄存器、累加器、RAM 单元及专用寄存器之间的数据可相互传送。这类指令使用助记符 MOV。

(1) 以累加器 A 为目的字节的传送指令(4 条)

```
MOV   A, @Ri        ; (Ri)→A, i=0、1
MOV   A, Rn         ; Rn→A, n=0~7
MOV   A, #data      ; data→A
MOV   A, direct     ; (direct)→A
```

这组指令的功能是将源操作数所指定的内容送入累加器 A。源操作数可以采用寄存器寻址、直接寻址、寄存器间接寻址和立即寻址 4 种方式。

例如下面四条指令:

MOV	A, @R0	; 以 R0 中的数为地址的存储单元中的内容传送给累加器 A
MOV	A, R	; 把寄存器 R0 中的数据传给累加器 A
MOV	A, #10H	; 把立即数 10H 传给累加器 A
MOV	A, 10H	; 把直接地址 10H 存储单元中的数据传送给累加器 A

(2) 以工作寄存器 Rn 为目的字节的传送指令(3 条)

MOV	R, A	; A→Rn, n=0～7
MOV	Rn, direct	; (direct)→Rn, n=0～7
MOV	Rn, #data	; data→Rn, n=0～7

这组指令的功能是把源操作数所指定的内容送到当前工作寄存器组 R0～R7 中的某个寄存器中。源操作数有寄存器寻址、直接寻址、立即寻址 3 种方式。

例如下面 3 条指令:

MOV	R0, A	; 把累加器 A 的内容传给 R0
MOV	R2, 80H	; 把 80H 单元的内容传给 R2
MOV	R6, #60H	; 把立即数 60H 传给 R6

(3) 以直接地址为目的字节的传送指令(5 条)

MOV	direct, A	; A→(direct)
MOV	direct, Rn	; Rn→(direct), n=0～7
MOV	direct, @Ri	; (Ri)→(direct), i=0、1
MOV	direct1, direct2	; (direct2)→(direct1)
MOV	direct, #data	; data→(direct)

这组指令的功能是把源操作数所指定的内容送入由直接地址 direct 所指出的片内存储单元中。源操作数有寄存器寻址、直接寻址、寄存器间接寻址、立即寻址等方式。

例如下面 5 条指令:

MOV	3FH, #3FH	; 把立即数 3FH 传送给内部 RAM 的 3FH 单元
MOV	3FH, A	; 把累加器 A 中的内容传送给内部 RAM 的 3FH 单元
MOV	3FH, R0	; 把寄存器 R0 中的内容传送给内部 RAM 的 3FH 单元
MOV	3FH, 3EH	; 将内部 RAM 中 3EH 单元的内容传送给 3FH 单元
MOV	3FH, @R0	; 把以 R0 中的数为地址的存储单元的内容传送给内部 RAM 的 3FH 单元

(4) 以寄存器间址为目的字节的传送指令(3 条)

MOV	@Ri, A	; A→(Ri), i=0、1
MOV	@Ri, direct	; (direct)→(Ri), i=0、1
MOV	@Ri, #data	; data→(Ri), i=0、1

这组指令的功能是把源操作数所指定的内容送入以 R0 或 R1 为地址指针的片内存储单

元中。源操作数有寄存器寻址、直接寻址和立即寻址 3 种方式。与上一组指令功能类似，这里不再举例。

(5) 16 位数据传送指令(1 条)

      MOV   DPTR, #data16; data16→DPTR

这是唯一的 16 位立即数传送指令。其功能是把 16 位常数送入 DPTR 中。

2. 外部 RAM 中数据传送指令

累加器 A 与片外数据存储器之间的数据传送是通过 P0 口和 P2 口进行的。片外数据存储器的地址总线低 8 位和高 8 位分别由 P0 口和 P2 口送出，数据总线也是通过 P0 口与低 8 位地址总线分时传送。

外部 RAM 中数据传送均是通过间接寻址的方式来实现的,使用操作码助记符 MOVX，共有 4 条指令：

      MOVX   A, @DPTR   ; A←(DPTR)
      MOVX   A, @Ri   ; A←(Ri)
      MOVX   @DPTR, A   ; (DPTR)←A
      MOVX   @Ri, A   ; (Ri)←A

前两条指令为外部数据存储器读指令，后两条指令为外部数据存储器写指令。这 4 条指令的共同特点都要经过累加器 A，外 RAM 的低 8 位地址均由 P0 传送，高 8 位地址均由 P2 传送，其中 8 位数据也需 P0 传送。

例如下面的两条指令,先把外部 RAM 1000H 单元的内容读入累加器 A 中,设 RAM (1000H) =65H。

      MOV DPTR, #1000H   ; DPTR←1000H
      MOVX A, @DPTR   ; A←(DPTR), A=(1000H)=64H

又如下面 5 条指令，前面 3 条指令先把外部 RAM 2000H 单元的数读出，而后面两条则主要负责把前面读出的数据写到外部 RAM 2010H 单元中，从而实现了数据从片内到片外的传递。

      MOV   R2, #20H   ; 写入单元高 8 位间接地址
      MOV   R0, #00H   ; 写入单元低 8 位间接地址
      MOV   A, @R0   ; 读外 RAM 2000H 单元的数据
      MOV   R1, #10H   ; 写入单元低 8 位间接地址
      MOVX @R1, A   ; 写入外 RAM 2010H 单元

3. 查表指令

51 系列单片机的程序存储器除了存放程序外，还可存放一些常数，称为表格。单片机指令系统提供了两条访问程序存储器的指令，称为查表指令，该指令使用助记符 MOVC，

只能通过累加器 A 来实现。共两条指令：

```
MOVC   A, @A+PC       ; PC←(PC)+1, A←(A)+PC
MOVC   A, @A+DPTR     ; A←(A+DPTR)
```

前一条指令由 PC 作为基址寄存器，它虽然提供 16 位地址，但其基址值是固定的，A+PC 中的 PC 是程序计数器的当前内容(查表指令的地址加 1)，所以它的查表范围是查表指令后 256B 的地址空间。

后一条指令采用 DPTR 作为基址寄存器，它的寻址范围为整个程序存储器的 64KB 空间，所以表格可以放在程序存储器的任何位置。缺点是若 DPTR 已有它用，在使用表首地址之前必须保护现场，执行完查表后再执行恢复。

如果已经在 ROM 2010H 单元开始存放有 0～9 的平方值，要求根据累加器 A 中的值 0～9 来查找对应的平方值。

```
MOV    DPTR, #2010H
MOVC   A, @A+DPTR     ; A+DPTR 的值就是所查平方值存放的地址
```

当采用 PC 作为基址寄存器时，由于表格地址空间分配受到限制，在编程时还需进行偏移量的计算，其公式为：DIS=表首地址-(该指令所在地址+1)。

4. 数据交换指令

数据交换主要用在累加器和其他内部 RAM 中的数据交换，数据交换指令分为两类。

(1) 整字节交换指令

```
XCH    A, Rn          ; A←→Rn
XCH    A, @Ri         ; A←→(Ri)
XCH    A, direct      ; A←→(direct)
```

这些指令的功能是将累加器 A 的内容与源操作数中的内容互换，其中指令中目的操作数只能使用累加器 A，源操作数可以是直接寻址、寄存器寻址、寄存器间接寻址。例如，执行指令 XCH A, @R0 后，实现了累加器 A 和内部数据 RAM 中的 20H 单元内容互换。

(2) 半字节交换指令

```
XCHD A, @Ri          ; A3~0←→(Ri)3~0
SWAP A               ; A_{7-4}←→A_{3-0}
```

第一条指令实现的功能是将累加器 A 中的低 4 位和(Ri)中的低 4 位进行交换，高 4 位不变。例如，A 中的内容为 FFH，R0 中的内容为 5BH，5BH 中内容为 6DH，执行指令 XCHD A, @R0 后，ACC 中的内容变为 FDH，5BH 中的内容变为 6FH。

第二条指令是将累加器 A 的高 4 位字节和低 4 位字节互换。例如，A=4FH，执行指令 "SWAP A" 后，A=F4H。

5. 堆栈操作指令

堆栈操作通常用于临时保护数据及子程序调用时保护/恢复现场,共有两条指令。

```
PUSH   direct              ; SP←SP+1,(SP)←(direct)
POP    direct              ; (direct)←(SP),SP←SP-1
```

PUSH 为压栈指令,将指定的直接寻址单元的内容压入堆栈。先将堆栈指针 SP 的内容 +1,指向栈顶的一个单元,然后把指令指定的直接寻址单元内容送入该单元。

POP 为出栈指令,它是将当前栈指针 SP 所指示的单元内容弹出到指定的内 RAM 单元中,然后再将 SP 减 1。

以上指令结果不影响程序状态字寄存器 PSW 标志。

使用堆栈时需要注意以下几点:

- 堆栈是用户自己设定的内部 RAM 中的一块专用存储区,使用时一定先设堆栈指针;堆栈指针默认为 SP=07H。
- 堆栈遵循"先进后出"的原则安排数据。
- 堆栈操作必须是字节操作,且只能直接寻址。将累加器 A 入栈、出栈指令可以写成 PUSH/POP ACC 或 PUSH/POP 0E0H,而不能写成 PUSH/POP A,因为 A 与 ACC 有微小的区别,A 代表了累加器中的内容,而 ACC 代表的是累加器的地址。

【例 3-1】设堆栈指针为 30H,把累加器 A 和 DPTR 中的内容压入,然后根据需要再把它们弹出,编写实现该功能的程序段。

解:

```
MOV    SP, #30H           ; 设置堆栈指针,SP=30H,为栈底地址
PUSH   ACC                ; SP+1→SP, SP=31H, ACC→(SP)
PUSH   DPH                ; SP+1→SP, SP=32H, DPH→(SP)
PUSH   DPL                ; SP+1→SP, SP=33H, DPL→(SP)
...
POP    DPL                ; (SP)→DPL, SP-1→SP, SP=32H
POP    DPH                ; (SP)→DPH, SP-1→SP, SP=31H
POP    ACC                ; (SP)→ACC, SP-1→SP, SP=30H
```

3.3.2 算术运算类指令

算术运算类指令主要是对 8 位无符号数据进行算术操作,其中包括加法、减法、加 1、减 1 以及乘法和除法运算指令;借助溢出标志,可对有符号数进行补码运算;借助进位标志,可进行多精度加、减运算。

算术运算指令会影响程序状态标志寄存器 PSW 的有关位。例如,加法、减法运算指令执行结果影响 PSW 的进位位 CY、溢出位 OV、半进位位 AC 和奇偶校验位 P;乘法、除法运算指令的执行结果影响 PSW 的溢出位 OV、奇偶校验位 P;加 1、减 1 指令仅当源操作数为 A 时,对 PSW 的奇偶校验位 P 有影响。对这一类指令要特别注意正确地判断结

果对标志位的影响。

算术运算类指令共有 24 条，下面分类进行介绍。

1. 加法指令

加法指令使用助记符 ADD，运算时不带进位位，共有 4 条：

```
ADD   A, #data          ; A←A+data
ADD   A, direct         ; A←A+(direct)
ADD   A, @Ri            ; A←A+(Ri)
ADD   A，Rn             ; A←A+Rn
```

这组指令的功能是把源操作数所指出的内容与累加器 A 的内容相加，执行结果存入 A 中。该运算会影响程序状态字 PSW 中的 CY、AC、OV。如果位 7 有进位，则进位位 CY 置"1"，否则清"0"；如果位 3 有进位，则半进位位 AC 置"1"，否则清"0"。若看做两个带符号数相加，还要判断溢出位 OV。若 OV 为"1"，表示和数溢出。

例如，执行 A=0C3H，执行指令 ADD A, #0AAH，则结果 A=6DH，CY=1，OV=1，AC=0，P=1。

2. 带进位加法指令

带进位的加法指令使用助记符 ADDC，共有 4 条：

```
ADDC A, #data           ; A←A+data+CY
ADDC A, direct          ; A←A+(direct)+CY
ADDC A, @Ri             ; A←A+(Ri)+CY
ADDC A, Rn              ; A←A+Rn+CY
```

这组指令的功能与上一组加法指令 ADD 相似，唯一不同的是计算加法的同时还要加上 CY 中的值。运算结果对 PSW 各位的影响同上述加法指令。

带进位加法指令多用于多字节数的加法运算，低位字节相加时可能产生进位。因此，高位字节运算时，必须使用带进位的加法运算。

例如，设 R0=55H，A=0AAH，CY=1，执行指令 ADDC A, R0 后，结果为：A=00H，CY=0，AC=0，OV=0，P=0。

3. 带借位减法指令

带借位减法指令使用助记符 SUBB，共有 4 条：

```
SUBB    A, #data        ; A←A-data-CY
SUBB    A, Rn           ; A←A-Rn-CY
SUBB    A, direct       ; A←A-(direct)-CY
SUBB    A, @Ri          ; A←A-(Ri)-CY
```

这组指令的功能是将累加器 A 中的数减去源操作数所指出的数和进位位 CY，其差值

存放在累加器A中。减法运算结果对程序状态标志寄存器PSW中的影响如下:

- 减法运算的最高位有借位时,进位位CY置位为1,否则CY为0。
- 减法运算时低4位向高4位有借位时,辅助进位位AC置位为1,否则AC为0。
- 减法运算过程中,位6和位7同时借位时溢出标志位OV为1,否则OV为0。
- 运算结果中"1"的个数为奇数时(注意:不计借CY中的1),奇偶校验位P置1,否则P为0。

由于减法只有带借位减法一条指令,所以在单字节相减时,须先清进位位CY。减法指令执行过程与加法类似,需强调的是,减法运算在计算机中实际上是变成补码相加。

【例3-2】设A=D9H,R0=87H,执行指令:

    SUBB   A, R0

则结果为:A=52H,CY=0,AC=0,P=1,OV=0。

4. 加1指令

加1指令使用助记符INC,共有5条指令:

```
INC   A              ; A←A+1
INC   Rn             ; Rn←Rn+1
INC   @Ri            ; (Ri)←(Ri)+1
INC   direct         ; (direct)+1
INC   DPTR           ; DPTR←DPTR+1
```

这组指令的功能是将操作数所指定单元的内容加1。其操作除第一条指令影响奇偶标志位外,其余指令均不影响PSW。第4条指令,若直接地址是I/O端口,则其功能是修改输出口的内容。指令执行过程中,首先读入端口的内容,然后在CPU中加1,继而输出到端口。

【例3-3】设(R0)=7EH,片内数据RAM中(7EH)=0FFH,(7FH)=40H,执行下列指令:

```
INC   @R0            ; (R0)←(R0)+1=00H
INC   R0             ; R0←R0+1=7FH
INC   @R0            ; (7FH)←41H
```

执行结果为:(R0)=7FH,(7EH)=00H,(7FH)=41H。

5. 减1指令

减1指令使用助记符DEC,对于DPTR只能使用加1指令,不能使用减1指令。因此减1指令比加1指令少一条,即4条:

```
DEC   A              ; A←A-1
DEC   Rn             ; Rn←Rn-1
DEC   direct         ; (direct)←(direct)-1
DEC   @Ri            ; (Ri)←(Ri)-1
```

该指令是将指定变量减 1，结果仍存在原指定单元。这类指令操作除第一条影响奇偶标志值外，其余操作均不影响 PSW 标志。其他情况与加 1 指令类似。

【例3-4】执行下列指令序列：

```
MOV   R1, #7FH        ; R1←7FH
MOV   7FH, #00H       ; (7FH)←00H
MOV   7EH, #40H       ; (7EH)←40H
DEC   @R1             ; (7FH)←0FFH
DEC   R1              ; R1←7EH
DEC   @R1             ; (7EH)←3FH
```

执行结果为：(R1)=7EH，(7FH)=0FFH，(7EH)=3FH。

6. 乘法指令

乘法指令使用助记符 MUL，操作数只能是累加器 A 和寄存器 B。其格式如下：

```
MUL   AB             ; AB←A*B
```

这条指令的功能是把累加器 A 和寄存器 B 中的 8 位无符号整数相乘，乘积为 16 位，积低 8 位存于 A 中，积高 8 位存于 B 中。如果积大于 255(0FFH)，则 OV 置 1，否则清 0，运算结果总使进位位 CY 清 0。

例如，设 A=5BH，B=0ABH，执行指令 MUL AB 后，结果为：乘积 3CC9H，A=0C9H，B=3CH，OV=1，CY=0。

7. 除法指令

除法指令使用助记符 DIV，操作数只能是累加器 A 和寄存器 B。其格式如下：

```
DIV   AB             ; A←A/B 的商，B←余数
```

这条指令的功能是把累加器 A 中的 8 位无符号整数除以寄存器 B 中的 8 位无符号整数，商放在 A 中，余数放在 B 中，标志位 CY 和 OV 均清 0。若除数(B)为 00H，则执行后果为不确定值，OV 置 1，在任何情况下，进位位 CY 清 0。

例如，设 A=87H，B=0CH，执行指令 DIV AB 后，结果为：A=0BH，B=03H，OV=0，CY=0。

8. 十进制调整指令

BCD 码是十位二进制码，也就是将十进制的数字转化为二进制。十进制数 0～9 之间的数字可以用 BCD 码来表示，然而，单片机在进行运算时，是按照二进制规则进行的，对于 4 位二进制数是按逢 16 进位的，不符合十进制的要求，可能导致错误的结果，因此需要用十进制调整指令。

十进制调整指令使用助记符 DA，操作数只能是累加器 A。其格式如下：

　　DA　A

这条指令是在进行 BCD 码加法运算时，跟在 ADD 或 ADDC 指令之后，用于对 BCD 码的加法运算结果自动进行修正，使其仍为 BCD 码表达形式。

在单片机内部，该指令的修正方法如下：

- 如果八位 BCD 码运算中低四位大于 9 或 AC 等于 1，则低四位加上 6，即整个字节加上 06。
- 如果高四位大于 9 或 CY 大于 1，则高四位加上 6，即整个字节加上 60。
- 如果高四位等于 9，低四位大于 9，则高低四位均需要加上 6，即整个字节加上 66。

3.3.3　逻辑运算类指令

逻辑运算指令共 24 条，包括与、或、异或、清零、取反和循环移位等逻辑指令。按操作数也可分为单、双操作数两种。逻辑运算指令涉及累加器 A 时，影响 P，但对 AC、OV 及 CY 没有影响。

1. "与"指令

"与"指令使用助记符 ANL，共有 6 条。其格式如下：

```
ANL   A, #data          ; A←A&data
ANL   A, Rn             ; A←A&Rn
ANL   A, @Ri           ; A←A&(Ri)
ANL   A, direct         ; A←A&(direct)
ANL   direct, #data     ; A←(direct)&data
ANL   direct, A         ; A←(direct)&A
```

这组指令的前 4 条将累加器 A 中的内容与源操作数所指内容进行按位与运算，并将结果送入累加器 A 中，且影响奇偶标志位；后两条将直接地址单元中的内容与操作数所指内容进行按位与运算，将结果送入直接寻址地址单元中。

例如，设 A=00001101B，(40H)=10001111B，执行指令 ANL A, 40H 后，A=00001101B =0DH。

2. "或"指令

"或"指令使用助记符 ORL，共有 6 条。其格式如下：

```
ORL   A, # data         ; A←A|data
ORL   A, Rn            ; A←A|Rn
ORL   A, @Ri          ; A←A|(Ri)
ORL   A, direct        ; A←A|(direct)
ORL   direct, # data    ; (direct)←(direct)|data
ORL   direct, A        ; (direct)←(direct)|A
```

　　这组指令的功能是将两个指定的操作数按位逻辑"或"。其中前 4 条指令的操作结果存放在累加器 A 中，执行后影响奇偶标志位 P；后两条指令的操作结果存放在直接寻址的地址单元中。

　　例如，设 A=1AH，R0=45H，(45H)=39H，当执行指令"ORL A, @R0"，结果为：A=3BH，(45H)=39H，P=0。

3. "异或"指令

　　"异或"指令使用助记符 XRL，共有 6 条，其操作方式与"与、或"指令一样。其格式如下：

```
XRL   A, # data            ; A←A ⊕ data
XRL   A, Rn                ; A←A ⊕ Rn
XRL   A, @Ri              ; A←A ⊕ (Ri)
XRL   A, direct，# data    ; A←A ⊕ (direct)
XRL   direct, #data       ; (direct) ←(direct) ⊕ data
XRL   direct, A           ; (direct) ←(direct) ⊕ A
```

　　这组指令是将两个指定的操作数按位进行异或，前 4 条指令的结果存放在累加器 A 中，后两条指令的操作结果存放在直接地址单元中。其原则是相同为 0，不同为 1。异或指令也常用于修改某工作寄存器、某片内 RAM 单元、某直接寻址字节(包括 P0、P1、P2、P3 端口)或累加器本身的内容。

　　例如，设 P1=01111001B，执行指令 XRL P1, # 00110001B，则结果为 P1=01001000B。

4. 循环移位指令

　　循环移位指令的操作数只能是累加器 A，共有 4 条指令。其格式如下：

```
RL    A                   ; 循环左移
RR    A                   ; 循环右移
RLC   A                   ; 带 CY 循环左移
RRC   A                   ; 带 CY 循环右移
```

　　前两条指令的功能分别是将累加器 A 的内容循环左移或右移一位，执行后不影响 PSW 中的各位；后两条指令的功能分别是将累加器 A 的内容与进位位 CY 位一起循环左移或右移一位，执行后影响 PSW 中的进位位 CY 和奇偶状态标志位 P。

5. 取反指令

　　取反指令使用助记符 CPL，操作数只能是累加器 A。其格式如下：

```
CPL   A
```

本指令的功能是将累加器 A 的内容按位取反。

例如，设 A=F0H，执行指令 CPL A，则结果为 A=0FH。

6. 清零指令

清零指令使用助记符 CLR。其格式如下：

```
CLR   A                    ; A←0
```

本指令的功能是将累加器 A 的内容清"0"。

3.3.4 控制转移类指令

控制转移类指令的功能主要是控制程序从原顺序执行地址转移到指定的指令地址上。单片机在运行过程中，有时因为任务要求，程序不能按顺序逐条执行指令，需要改变程序运行方向，或者需要调用子程序，或需要从子程序中返回，此时都需要改变程序计数器 PC 中的内容，控制转移类指令就可实现这一要求。下面分类介绍。

1. 无条件转移指令

无条件转移指令有 4 条：

```
AJMP   addr11              ; PC←PC+2，PC_{10-0}←addr11
LJMP   addr16              ; PC←addr16
SJMP   rel                 ; PC←PC+2+rel
JMP    @A+DPTR             ; PC←A+DPTR
```

无条件指令是指当程序执行完该指令时，程序就无条件地转到指令所提供的地址上去。

第一条指令称为短转移指令，指令中包含 11 位地址。它是双字节指令，其转移范围为指令地址加 2 后的同一 2KB 内。它把 PC 的高 5 位与操作码的第 7～5 位及操作数的 8 位并在一起，构成 16 位的转移地址。高 5 位保持不变，仅低 11 位发生变化，也就是高 5 位地址相同。本指令不影响标志位。例如，执行指令 2000H AJMP 600H，则执行后 PC 值由 2002H 变为 2600H。

第二条指令是长转移指令。它是三字节指令，机器码的第一字节为 02H，第二字节为地址高 8 位，第三字节为地址的低 8 位。该指令可使程序执行在 0000H～FFFH 的地址范围内无条件转移。指令执行结果将 16 位地址 addr16 送至程序计数器 PC。例如，执行指令 2000H AJMP 3000H 后，PC 值由 2003H 变为 3000H。

第三条指令是相对转移指令，为双字节指令，机器码的第一字节为 80H，第二字节为相对地址值，也称相对偏移量，是一个 8 位带符号的数。该指令的转移范围为+127B～-128B。指令执行后目的地址为：源地址+2+rel。例如，执行指令 2000H SJMP 7 后，PC 值由 2002H 变为 2009H。

第四条指令为间接转移指令，又称散转指令，是一条一字节转移指令。转移的目的地址由累加器 A 的内容和 DPTR 内容之和来确定，即目的地址=(A)+(DPTR)。本指令以 DPTR 内容为基址，而以累加器 A 的内容作变址，因此只要把 DPTR 的值固定，而给累加器 A 赋以不同的值，就可实现程序的多分支转移。指令执行过程对 DPTR、A 和标志位均无影响。本指令的特点是转移地址可以在程序运行中加以改变，这也是和前三条指令的主要区别。

2. 条件转移指令

条件转移指令有 7 条。它们在满足条件的情况下才进行程序转移，条件若不满足，仍按原程序继续执行，故称为条件转移指令或者称判跳指令。

JZ	rel	; 若(A)= 0，则 PC←(PC)+2+rel
		; 若(A)≠0，则 PC←(PC)+2
JNZ	rel	; 若(A)≠0，则 PC←(PC)+2+rel
		; 若(A)= 0，则 PC←(PC)+2
CJNE	A, direct,rel	; PC←PC+3，若 A=(direct)，按顺序执行，且 Cy=0
		; 若 A<(direct)，则 CY=1 且 PC←PC+rel，转移
		; 若 A>(direct)，则 CY=0 且 PC←PC+rel，转移
CJNE	A, #data, rel	; PC←PC+3，若 A=data，按顺序执行，且 CY=0
		; 若 A<data，则 CY=1 且 PC←PC+rel，转移
		; 若 A>data，则 CY=0 且 PC←PC+rel，转移
CJNE	Rn, #data, rel	; PC←PC+3，若 Rn=data，按顺序执行，且 CY=0
		; 若 Rn<data，则 CY=1 且 PC←PC+rel，转移
		; 若 Rn>data，则 CY=0 且 PC←PC+rel，转移
CJNE	@Ri, #data, rel	; PC←PC+3，若(Ri)=data，按顺序执行，且 CY=0
		; 若(Ri)<data，则 CY=1 且 PC←PC+rel，转移
		; 若(Ri)>data，则 CY=0 且 PC←PC+rel，转移
DJNZ	Rn, rel	; PC←PC+2，Rn←Rn-1，若 Rn=0，按顺序执行
		; 若 Rn 不等于 0，则 PC←PC+rel，转移
DJNZ	direct, rel	; PC←PC+3，(direct)←(direct)-1，若(direct)=0
		; 按顺序执行；若(direct)≠0，则 PC←PC+rel，转移

这组指令中前两条是累加器判别转移指令，通过判别累加器 A 中是否为 0，决定该转移是否为顺序执行。第 3～6 条为比较转移指令，比较前两个无符号操作数的大小，若不相等，则转移，否则顺序执行。这 4 条指令影响 CY 位。执行结果不影响任何操作数。最后两条指令是减 1 不等于零转移指令。在实际问题中，经常需要多次重复执行某段程序。这时，在程序设计时，可以设置一个计数值，每执行一次某段程序，计数值减 1。计数值非零则继续执行，直至计数值减至 0 为止。使用此指令前要将计数值预置在工作寄存器或片内 RAM 直接地址中，然后再执行某段程序和该指令。

3. 空操作指令

空操作指令为：

NOP

这是一条单字节指令，它控制 CPU 不进行任何操作而转到下一条指令。这条指令用于产生一个机器周期的延迟，如果反复执行这一指令，则机器处于等待状态。因此该指令通常用于程序的等待或时间延迟。

4. 调用子程序及返回指令

在实际应用中，有时需要多次执行某段子程序，可以使用子程序调用指令来实现此功能。子程序执行完毕需自动返回到原断点地址继续执行，在子程序结尾放一条返回指令，即可实现此功能。调用和返回构成了子程序调用的完整过程。

(1) 子程序调用指令

子程序的调用指令有两条，格式如下：

```
LCALL   addr16          ; (PC)+3→PC，(SP)+1→SP，(PC)0~7→(SP)
                        ; (SP)+1→SP，(PC)8~15→(SP)，addr16→PC
ACALL   addr11          ; (PC)+2→PC，(SP)+1→SP，(PC)0~7→(SP)
                        ; (SP)=1→SP，(PC)8~15→(SP)，addr0~11→PC0~11
```

第一条为长调用指令，为三字节，机器码的第一字节为 12H，第二字节为地址的高 8 位，第三字节为地址的低 8 位。同指令 ACALL 相比，执行 LCALL 指令后的 PC 值完全由指令中的 16 位地址值提供。在执行该指令时先将 PC 值加 3，即得到下一条指令地址 PC 值的低 8 位和高 8 位依次压栈，再将 16 位地址值 addr16 送入 PC。这样便能执行所调用的子程序，其调用范围为 64KB，并且不影响标志位。

第二条为短调用指令，为双字节。该指令可在 2KB 地址范围内寻址，用来调用子程序。它与 AJMP 指令转移范围相同，取决于指令中的 11 位地址值，所不同的是执行该指令后需返回，所以在送入地址前，先将原 PC 值压栈保护起来。再执行指令时，先将 PC 值加上 2，此值为所需保存的返回地址，把 PC 的低 8 位和高 8 位依次压栈，11 位地址值 addr11 送 PC 的低 11 位，其 PC 值的 15~11 位不变。这样 PC 就转到子程序的起始地址，执行子程序。

(2) 返回指令

返回指令有两条：

```
RET                     ; 子程序返回，PC15~8 ←(SP)-1，SP←(SP)-1
                        ; PC7~0 ←(SP)-1，SP←(SP)-1
RETI                    ; 中断返回
```

子程序返回指令执行子程序返回功能，从堆栈中自动取出断点地址送给程序计数器 PC，使程序在主程序断点处继续向下执行。例如(SP) = 62H，(62H) = 07H，(61H) = 30H，执行指令 RET，结果为：(SP) = 60H，(PC) = 0730H，CPU 从 0730H 开始执行程序。

中断服务子程序返回指令，除具有上述子程序返回指令所具有的全部功能之外，还有清除中断响应时被置位的优先级状态、开放较低级中断和恢复中断逻辑等功能。

3.3.5　位操作指令

位操作指令又称为布尔指令。在 51 系列单片机的硬件结构中，有一个位处理机(或称布尔处理机)可以进行位处理。所谓位处理，就是以位(bit)为单位进行的运算和操作。位变量也称为布尔变量或开关变量。位操作指令是位处理器的软件资源，用以进行位的传送、置位、清零、取反、位状态判跳、位逻辑运算、位输入与输出等位操作。

位处理器的硬件资源包括：

- 运算器中的 ALU，与字节处理合用；
- 程序存储器，与字节处理合用；
- 位累加器 CY，它是位传送的中心，在位操作中作为位累加器，在指令中写作 C；
- 内部 RAM 位寻址区的 128 个可寻址位；
- 专用寄存器中的可寻址位；
- I/O 口的可寻址位。

1. 位传送指令

位传送指令有互逆的两条，可实现进位位 C 与某直接寻址位间内容的传送。其格式如下：

```
MOV   C, bit              ; CY←bit
MOV   bit, C              ; bit←CY
```

这两条指令均为双字节，第一条指令的功能是将某指定位的内容送入位累加器 C 中，不影响其他标志。第二条指令的功能是将 C 的内容传送到指定位，再把 8 位内容传送到端口的锁存器。

2. 位修正指令

位修正指令共有 6 条，分为位清零指令、位置 1 指令、位取反指令。

```
CLR   C                  ; C←0
CLR   bit                ; bit←0
SETB  C                  ; C←1
SETB  bit                ; bit←1
CPL   C                  ; C←C̄
CPL   bit                ; bit←bit̄
```

第 1、2 条为清零指令，第 3、4 条为位置 1 指令，后两条为位取反指令。这些指令的执行结果不影响其他标志。

3. 位逻辑运算指令

位逻辑运算指令分逻辑"与"和逻辑"或"共 4 条指令。

ANL	C, bit	; C←C &bit
ANL	C, $\overline{\text{bit}}$	; CY←(CY)&($\overline{\text{bit}}$)
ORL	C, bit	; C←C|bit
ORL	C, $\overline{\text{bit}}$	; C←C|($\overline{\text{bit}}$)

这组指令的功能是对位累加器 C 的内容及直接位地址的内容做逻辑"与"、逻辑"或"运算，然后将运算结果送回到 C 中。其中，前两条表示逻辑"与"，后两条则是逻辑"或"。在位操作指令中，没有位的异或运算，如需要时可由多条上述位操作指令实现。例如，E、B、D 代表位地址，进行 E、B 内容的异或操作，结果送 D，可按公式：$D = E \oplus B = \overline{E}B + E\overline{B}$进行异或运算。

4. 位转移指令

位转移指令共有 5 条，说明如下：

JC	rel	; 若 CY=0，则 PC←PC+rel，否则顺序执行
JNC	rel	; 若 CY≠0，则 PC←PC+rel，否则顺序执行
JB	bit, rel	; 若 bit=1，则 PC←PC+rel，否则顺序执行
JNB	bit, rel	; 若 bit=0，则 PC←PC+rel，否则顺序执行
JBC	bit, rel	; 若 bit=1，则 PC←PC+rel，(bit)←0，否则顺序执行

这组指令的功能是分别判断位累加器 C 或直接寻址位是"1"还是"0"，条件符合则转移，否则继续执行程序。前两条指令是双字节，因此 PC 要加 2；后三条指令是三字节，PC 要加 3。

3.3.6　单片机的伪指令

在利用汇编语言编写程序时，除了使用其指令系统规定的指令外，还要用到一些伪指令。伪指令与指令的概念不同，指令指示计算机完成某种操作，在汇编过程中要生成可执行的目标代码。伪指令并不生成可执行的目标代码，只是对汇编过程进行某种控制或提供某些汇编信息。

51 单片机中常用的伪指令有以下几种。

1. 起始汇编伪指令 ORG

这是一条程序汇编起始地址定位伪指令，用来规定目标程序段或数据块的起始地址，程序中可以多次使用。其格式如下：

[标号]: ORG　地址表达式

地址表达式必须是 16 位的地址值，如"ORG 2000H"表示这段程序从 2000H 开始。

ORG 定义空间地址由小到大，且不能重叠。如果空间地址有重叠，汇编将拒绝执行，并给出相应的出错信息。

例如：

  ORG 5000H
  START: ADD A, #20H

如果不使用 ORG 指令，则汇编得到的目标程序将从 5000H 开始。

2. 结束伪指令 END

结束伪指令用于汇编源程序的末尾，表示程序已经结束，汇编程序对 END 以后的指令不再汇编。也就是说，一个源程序中只能有一个 END 指令，而且必须放在整个程序段的最后。其格式如下：

  [标号]: END 表达式

如果源程序是主程序，则写标号，所写标号就是该主程序第一条指令的符号地址。如果源程序是一般子程序，则 END 伪指令不应带标号。

3. 赋值伪指令 EQU

赋值伪指令 EQU 也称等值(Equate)伪指令，它的作用是将操作数段中的地址或数据赋给一个字符名称，赋值后该字符名称就可以代替程序的地址、数据地址或立即数。其格式如下：

  字符名称 EQU 表达式

字符名称必须是以字母开头的字母数字串。表达式可以是 8 位或 16 位二进制数值。需注意的是在同一程序中，在赋值后用 EQU 伪指令，其字符名称的值在整个程序中不能再改变。

  例如：

  HUGH EQU R0   ; HUGH= R0
  ADD A, HUGH   ; A←HUGH+A

本例中将 HUGH 等值于汇编符号 R0，在指令中 HUGH 可以代替 R0 来使用。

4. 定义数据伪指令 DATA

定义数据伪指令 DATA 用于给一个 8 位内部 RAM 单元起一个名字。其格式如下：

  [标号]: 字符名称 DATA 表达式

其中，标号是可选项，字符名称必须是以字母开头的字母数字串，它必须是先前未定义过的。同一单元地址可以有多个名字。例如：

  X DATA 30H   ; X 代表用户数据存储区的第 1 个字节

而对应于 8 位的外部 RAM 单元，有 XDATA，用法与此类似。

DATA 与 EQU 指令既相似又有区别。

- EQU 指令可以把一个汇编符号赋给一个字符名称, 而 DATA 指令不能。
- EQU 指令应先定义后使用, 而 DATA 指令则先使用后定义。
- DATA 指令能将一个表达式的值赋予一个字符名称。
- DATA 指令在程序中用来定义数据地址。

5. 定义字节伪指令 DB

定义字节伪指令 DB(Define Byte)可用来为汇编语言源程序在内存的某个区域定义一个或一串字节。其格式如下:

[标号]: DB 项或项表

其中, 标号段为可选项。项或项表可以是一个 8 位二进制数或用逗号分开的字符串。汇编程序用 DB 指令能把项或项表所指字符的内容(数据或 ASCII 码)依次存入从标号开始的存储器单元。

例如:

```
ORG   3000H
MATH:         DB 73, 79, 61, 90, 68, 93, 99, 95
ENGLISH:      DB 82, 90, 64, 80, 82, 96, 90, 99
```

其中伪指令 ORG 3000H 指明了标号 MATH 的地址 3000H,伪指令 DB 定义了 3000H～3007H 单元的内容应依次为 73、79、61、90、68、93、99、95。标号 ENGLISH 因与前面 8 个字节紧靠, 所以它的地址顺次应为 3008H, 而第二条 DB 指令则定义了 3008H～300FH 单元的内容依次为 82、90、64、80、82、96、90、99。

6. 定义字伪指令 DW

定义字伪指令 DW 用来为汇编语言源程序在内存的某区域定义 16 位数据字。其格式如下:

[标号]: DW 项或项表

该伪指令功能与 DB 伪指令类似, 是给数据表中的数据分配存储单元。所不同的是 DB 伪指令定义的数据为字节, 而 DW 伪指令定义的数据为字, 即两个字节。对于一个字数据占用两个连续的存储单元, 先将高 8 位数据存入低地址单元, 后将低 8 位数据存入高地址单元。

【例 3-5】如执行以下语句:

```
ORG  2000H
HTA: DW 8856H, 76H, 32
```

结果为：

    (2000H)=88H, (2001H)=56H
    (2002H)=00H, (2003H)=76H
    (2004H)=00H, (2005H)=20H

7. 定义存储区伪指令 DS

定义存储区伪指令 DS 可用来从指定地址开始，保留指定数目的字节单元作为存储区，供程序运行使用。汇编时，对这些单元不进行赋值。其格式如下：

[标号]: DS 表达式

标号为可选项，表达式常为一个数值，代表预留内存单元数量。

例如执行以下语句：

    ORG   1000H
    DS   07H
    MOV   A, #7AH
    END

汇编以后，从 1000H 单元开始，保留 7 个字节的内存单元，然后从 1007H 开始，放置"MOV A, #7AH"的机器码 74H7AH，即(1007H)=74H，(1008H)=7AH。

8. 位地址赋值伪指令 BIT

位地址赋值伪指令 BIT 用于定义某指定位的标号，其功能是将位地址赋给所规定的字符名称。其格式如下：

字符名称　BIT　　位地址

字符名称是以字母开头的字母数字串，位地址可以是绝对地址，也可以是符号地址(即位符号名称)。

例如：

    ORG   0300H   ; 定义起始地址
    Bit00H   BIT   00H ; 定义标号 Bit00H 为位地址 00H
    Port1_0   BIT   P1.0 ; Port1_0 为 P1 口的第 0 位
    MOV   C, Bit00H   ; 等价为 MOV C, 00H
    MOV Port1_0, C   ; 等价为 MOV 90H, C

3.4 汇编程序设计

单片机的汇编程序是为了系统的特定功能编写的，其编写主要包括以下几个步骤：
(1) 分析系统需求以及系统架构。

(2) 确定程序算法。

(3) 编写程序。

(4) 汇编和调试。

以下是几个单片机汇编程序的示例。

1. 无符号数相加

两个无符号数 y1, y2 分别存放在内部数据存储器 0x50H 和 0x51H 单元中,计算 y1+y2 的结果并且放入 0x52 单元中。

```
MOVR0, #0x50        ; 设置数据指针指向第一个单元

MOVA, @R0           ; 将 y1 放到累加器 A 中

INCR0

ADDA, @R0           ; 计算 y1+y2

INCR0

MOV@R0, A           ; 保存计算结果
```

2. 分支程序设计

单片机外部数据存储器单元 XD1 和 XD2 两个连续单元中存放两个无符号 8 位二进制数,比较其大小,将其较大的那个数存放到单元 XD3 中,XD3 的地址等于 XD1 的地址加 2。

```
ORG0x2000H

START:

MOVDPTR, #XD1       ; 设置数据指针

MOVXA, @DPTR        ; 取第一个数据

MOVR5, A            ; 存放到 R5

INCDPTR

MOVXA, @DPTR        ; 取第二个数

CLRC                ; 清除进位标志

SUBBA, R5           ; 两个数比较

JNCBIGGER2

XCHA, R5            ; 如果第一个数大
```

BIGGER1：

INCDPTR

MOVX@DPTR, A　　　　　；保存较大的数

RET

BIGGER2：

MOVXA, @DPTR　　　　　；第二个数大

SJMPBIGGER1

XD1EQU0x2050H　　　　　；两个数

END

3. 查表操作

根据内部寄存器 R0 的内容调用不同的处理程序，程序入口标号分别为 PD0～PDn。

P2：

MOVDPTR, #TAB2

MOVA, R0

ADDA, R0

JNCP21

INCDPH

P21：

MOVR1, A

MOVCA, @A+DPTR

XCHA, R1

INCA

MOVCA, @A+DPTR

MOVDPL, A

MOVDPH, R1　　　　　；处理程序入口地址

CLRA

JMP@A+DPTR　　　　　；转到相应的程序入口

TAB2：DWPD0, PD1, …, PDn

4. 循环操作

有 20 个单字节数据，依次存放在内部数据存储器 0x30H 单元开始的存储区中，要求计算它们的和并且存放到 R2、R3 中，高位存放在 R2，低位存放在 R3。

```
ORG0x2000H

SUM:

MOVR0, #0x30H            ; 设定地址指针

MOVR5, #0x16H            ; 设定循环次数

SUM1:

MOVA, #0x00H

MOVR2, A

LP:

ADDA, @R0

JNCLP1                   ; 判断循环是否结束

LP1:

INCR0

DJNZR5, LP

MOVR3, A

SJMP$

END
```

说明：$ 在汇编程序中表示停机，也就是说，PC 指针指向当前空间时，单片机不再执行程序。

3.5 本 章 小 结

本章开头就 51 单片机的寻址方式、汇编语言进行了简单的介绍。详细介绍了 51 单片机的指令系统。51 系列单片机主要包括 111 条指令，主要是数据传送指令、算术运算指令、逻辑运算指令、控制转移指令和位操作指令。本章最后简单介绍了几个指令的用法并举出了相关的例子供读者参考。读者可以在以后的学习过程中对指令系统进行深入了解，并熟记。

通过本章的学习，读者应该掌握以下几个知识点：

- 掌握 51 单片机指令系统的特点。
- 掌握指令的 7 种寻址方式的作用以及不同寻址方式所查询的存储空间及范围，对于常用的指令，能够给出指令的寻址方式。
- 掌握常用指令的使用，理解一般指令的使用。对于常用指令，要掌握指令格式，了解指令的用途，并能正确选择指令进行简单程序的编制。
- 熟记各个指令对标志位的影响。
- 掌握单片机汇编语言程序设计的基础方法。

习　　题

一、填空题

1. 51 系列单片机的指令系统有_____、_____、_____、_____、_____、_____、_____等 7 种寻址方式。

2. 在变址寻址方式中，以_____作变址寄存器，以_____或_____作基址寄存器。

3. 假定 R0=55H，A=0AAH，CY=1，执行指令"ADDC A，R0"后，结果为 A=_____，CY=_____，AC=_____，OV=_____，P=_____。

4. 一台计算机的指令系统就是它所能执行的_____集合。

5. 按字节长度分，MCS-51 指令有_____字节、_____字节和_____字节。

6. 在相对寻址的过程中，寻址得到的结果是_____。

7. 如果 DPTR=507BH，SP=32H，(30H)=50H，(31H)=5FH，(32H)=3CH，则执行下列指令后：

```
        POP     DPH
        POP     DPL
        POP     SP
```

DPH= _____，DPL= _____，SP=_____

二、选择题

1. 在相对寻址方式中，"相对"两字是相对于(　　)。
   A. 地址偏移量 rel
   B. 当前指令的首地址
   C. 当前指令的末地址
   D. DPTR 值

2. 可以为访问程序存储器提供或构成地址的(　　　　)。

　　A. 只有程序计数器 PC　　　　　　　　　B. 只有 PC 和累加器 A

　　C. 只有 PC、A 和数据指针 DPTR　　　　　D. PC、A、DPTR 和堆栈指针 SP

3. 以下各项中不能用来对内部数据存储器进行访问的是(　　　　)。

　　A. 数据指针 DPTR　　　　　　　　　　　B. 存储单元地址或名称

　　C. 堆栈指针 SP　　　　　　　　　　　　D. 由 R0 或 R1 作间址寄存器

4. 下列指令中与进位标志位 CY 无关的指令有(　　　　)。

　　A. 移位指令　　　　　　　　　　　　　B. 位操作指令

　　C. 十进制调整指令　　　　　　　　　　D. 条件转移指令

5. 执行返回指令时，返回的断点是(　　　　)。

　　A. 调用指令的首地址　　　　　　　　　B. 调用指令的末地址

　　C. 调用指令的下一条指令的首地址　　　D. 返回指令的末地址

三、简答题

1. 汇编语言设计的步骤有哪些？试加以说明。

2. C51 和标准 C 语言相比多了哪些新的数据类型？

3. 什么是变址寻址？什么是相对寻址？什么是位寻址？

4. 若 SP=60H，标号 LABEL 所在的地址为 3456H。LCALL 指令的地址为 2000，执行指令：

```
2000H    LCALL    LABEL
```

后，堆栈指针 SP 和堆栈内容发生了什么变化？PC 的值等于什么？如果将指令 LCALL 直接换成 ACALL 是否可以？如果换成 ACALL 指令，可调用的地址范围是什么？

5. 假定 SP=60H，A=30H，B=70H，执行指令：

```
PUSH    A
PUSH    B
```

后，SP 的内容为什么？61H 单元的内容是什么？62H 单元的内容又是什么？

6. 假定 A=83H，(R0)=17H，(17H)=34H，执行指令：

```
ANL A,#17H
ORL 17H,A
XRL A,@R0
CPL  A
```

后，A 的内容为什么？

7. 下列程序段的功能是什么？

```
PUSH    A
PUSH    B
```

```
POP     A
POP     B
```

四、编程题

1. 试编写一个程序，将内部 RAM 中 45H 单元的高 4 位清 0，低 4 位置 1。

2. 试编写程序，查找在内部 RAM 的 30H～50H 单元中是否有 0AAH 这一数据。若有，则将 51H 单元置为"01H"；若未找到，则将 51H 单元置为"00H"。

3. 编一个四字节(双字)加法程序。将内部 RAM 30H 开始的 4 个单元中存放的四字节十六进制数和内部 RAM 40H 单元开始的 4 个单元中存放的四字节十六进制数相加，结果存放到 40H 开始的单元中。

第4章 单片机的Keil μVision4 软件开发环境

Keil 是德国 Keil Software 公司开发的 8051 系列单片机的软件开发平台。由于内嵌多种符合当前工业标准的大开发工具，因此可以完成从工程建立和管理、编译、链接、目标代码的生成、软件仿真及硬件仿真等完整的开发流程，尤其是其 C 编译工具在产生代码的准确性和效率方面达到了很好的水平，而且可以附加灵活的控制选项，非常适合大型项目的开发。可以说，Keil 的出现极大地提高了 8051 系列单片机软件开发的效率。拥有 Keil 这个强大的开发平台也是 8051 系列单片机与其他系列单片机相比的一个非常重要的优势。

4.1 Keil 开发工具

Keil 开发工具集主要包括 μVision4 集成开发环境、C51 编译器、A51 汇编器、LIB51 库管理器、BL51 连接/定位器、μVision4 调试器、Monitor-51 目标监控器和 RTX51 实时操作系统。接下来介绍各部分的主要功能。

4.1.1 集成环境

1. μVision4 集成开发环境

μVision4 集成开发环境是一个基于 Window 的开发平台，包含一个全功能的源代码编辑器、一个项目管理器和一个 MAKE 工具。利用源代码编辑器可以高效地编辑源程序。利用项目管理器可以很方便地创建和维护项目，利用 MAKE 工具可以汇编、编译和连接。更具体的关于 μVision4 集成开发环境的介绍将在后面章节中进行讲解。

2. A51 汇编器

A51 汇编器是一个 8051 系列单片机的宏汇编器，它把汇编语言翻译成机器代码。A51 汇编器允许用户定义程序中的每一个指令，在需要极快的运行速度、很小的代码空间、精确的硬件控制时使用。A51 汇编器的宏特性让公共代码只需要开发一次，从而节约了开发和维护的时间。

A51 汇编器支持两种宏处理。

● 标准的宏处理。这是一个比较容易使用的宏处理，它允许用户在汇编代码中定义和使用宏。它标准的宏语法和其他许多汇编器中使用的相同。

- 宏处理语言(MPL)。这是一个和 Intel ASM51 宏处理器兼容的字符串替换工具。MPL 有几个预先定义好的宏处理功能来执行一些有用的操作，如字符串处理或数字处理。A51 汇编器宏处理的另一个有用的特性是，根据命令行参数或汇编符号进行条件汇编，代码段的条件汇编能帮助用户实现最紧凑的代码。

3. C51 编译器

C51 交叉编译器是一个基于 ANSI C 标准的针对 8051 系列 MCU 的 C 编译器。与汇编语言相比，C 语言有一系列的优势，例如，用户不必了解处理器的基本结构和指令集；用户不必分配寄存器，也不必指定各种变量和数据的寻址方式；用户可以充分利用函数来简化整个应用系统的结构，从而使得代码可重复使用；用户可以选择特定的操作符来操作变量，从而提高源代码的可读性。C51 高效的编译器使得这一切都成为可能。C51 编译器生成的可执行代码不仅快速、紧凑，而且在运行效率和速度上可以和汇编程序得到的代码相媲美。

另外需要说明的是，虽然 C51 编译器是一个兼容 ANSI 的编译器，但为了更好地支持8051 系列单片机，还是加入了一些扩展内容，这些扩展内容将在后面的章节中详细讨论。

4. LIB51 库管理器

库是一种被特别组织过并在以后可以被连接重用的对象模块。当连接器处理一个库时，仅那些被使用的目标模块才被真正使用。使用库有一系列优点，如安全高速和减少磁盘空间。另外，库提供了一个好的分发大量函数而不用分发大量函数源代码的手段。通过LIB51 库管理器可以用由编译器或汇编器生成的目标文件创建目标库。

5. BL51 连接/定位器

BL51 是具有代码分段功能的连接/重定位器，它组合一个或多个目标模块成一个 8051 的执行程序。此连接器处理外部和全局数据，并将可重定位的段分配到固定的地址上。BL51 连接器处理由 C51 编译器、A51 汇编器和 Intel PL/M-51 编译器、ASM-51 汇编器产生的目标模块。连接器自动选择适当的运行库并连接那些用到的模块。

6. μVision4 调试器

μVision4 源代码级调试器包含一个高速模拟器，可以模拟整个 MCS-51 系统，包括片上外围器件和外部硬件。创建应用时一旦从器件库中选择了一个器件，则这个器件的特性将被自动配置。采用 μVision4 调试器，可以按照以下步骤进行板级调试。

(1) 安装 MON51 目标监控器到目标系统，并且通过 Monitor-51 接口下载程序。

(2) 利用高级的 GDI(AGDI)接口，把 μVision4 调试器绑定到目标系统。

7. Monitor-51 目标监控器

μVision4 调试器支持用 Monitor-51 进行目标板调试。此监控程序驻留在目标板的存储器中，利用串口和 μVision4 调试器进行通信。利用 Monitor-51 和 μVision4 调试器可以对目标硬件实现源代码级的调试。

8. RTX51 实时操作系统

RTX51 实时操作系统是一个针对 8051 系列的多任务核。RTX51 实时内核从本质上简化了对实时事件反应速度要求高的复杂应用系统的设计、编程和调试。RTX51 实时内核完全集成到了 C51 编译器中，从而方便使用。任务描述表和操作系统的连接由 BL51 连接/定位器自动控制。

4.1.2　启动程序

在安装好 Keil 后，单击桌面快捷方式或者从菜单"开始"|"程序"| Keil μVision4 启动 μVision4 集成工作环境，进入如图 4.1 所示的欢迎界面。

图 4.1　Keil 启动界面

经过数秒后，会进入如图 4.2 所示的工作初始界面。初始界面主要由 5 大部分组成：菜单栏、工具栏、工程窗口、代码编辑窗口和输出窗口。

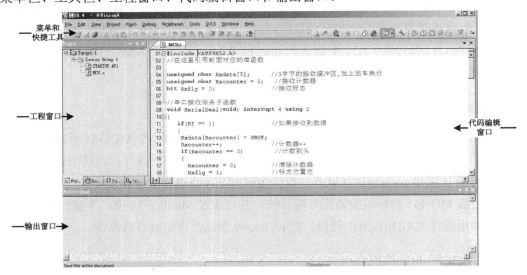

图 4.2　Keil 初始工作界面

Keil 集成工作环境菜单栏提供多种选项，主要包括 File(文件)菜单、Edit(编辑)菜单、View(视图)菜单、Project(工程)菜单、Flash(存储器操作)菜单、Debug(调试)菜单、Peripherals(外设)菜单、Tools(工具)菜单、SVCS(版本控制)菜单、Window(窗口)菜单以及 Help(帮助)菜单。菜单栏各命令将在 4.1.3 节中详细介绍。

4.1.3　工作环境

μVision4 集成工作环境主要有 11 类菜单命令。下拉菜单中有多种选项，用户可根据不同需要选用。为了方便操作，集成工作环境还为常用的操作命令提供了快捷工具栏按钮和键盘快捷键两种操作方式。下面主要以列表的方式简单介绍菜单中各选项的基本含义。

1. File(文件)菜单

File 菜单主要包括四大类菜单命令：第一类为文件的操作命令，包括文件的新建、打开、关闭、保存；第二类为 μVision4 器件库管理命令，用于维护器件数据库；第三类为文件打印命令，包括打印机设置、文件打印和打印预览；第四类为退出命令。表 4.1 列出了File 菜单各选项的具体含义。

表 4.1　File 菜单各选项含义一览表

菜　　单	工 具 栏	快 捷 键	描　　述
New		Ctrl+N	创建一个新的源文件或文本文件
Open		Ctrl+O	打开已有的文件
Close			关闭当前的文件
Save		Ctrl+S	保存当前的文件
Save as			保存并重新命名当前的文件
Save all			保存所有打开的源文件和文本文件
Device Database			维护器件数据库
License Management			许可证管理
Print Setup			设置打印机
Print		Ctrl+P	打印当前文件
Print Preview			打印预览
Exit			退出并提示保存文件

2. Edit(编辑)菜单

Edit 菜单主要用于对当前已打开的文件进行编辑处理。Edit 菜单主要包括 6 大类的菜单命令：一是撤销与恢复操作命令；二是剪切、复制与粘贴操作命令；三是文本缩进操作命令，采用文本缩进方式有助于编写格式清晰的源程序；四是文本书签操作命令，利用文本书签功能有助于实现对源程序的修改；五是查找和替换操作，利用此功能可以极大地提高源程序的编辑效率；六是查找括号匹配操作命令，利用此功能可以增加程序的可读性。表 4.2 列出了 Edit 菜单各选项的具体含义。

表 4.2　Edit 菜单各选项含义一览表

菜　单	工 具 栏	快 捷 键	描　述
Undo	↺	Ctrl+Z	撤销上一次的操作
Redo	↻	Ctrl+Shift+Z	重做上一次撤销的命令
Cut	✂	Ctrl+X	将选中的文字剪切到剪贴板
Copy	📋	Ctrl+C	将选中的文字复制到剪贴板
Paste	📋	Ctrl+V	粘贴剪贴板的文字
Navigate Backwards		Alt+Left	导航退后
Navigate Forwards		Alt+Right	导航向前
Insert/Remove Bookmark	📑	Ctrl+F2	添加或者删除书签
Goto Next Bookmark	📑	F2	将光标移到下一个书签
Goto Preview Bookmark	📑	Shift+F2	将光标移到上一个书签
Clear all Bookmark	📑		清除当前文件中的所有书签
Find	🔍	Ctrl+F	在当前文字中查找文字
Replace		Ctrl+H	替换选定的文字
Find in Files	🔍		在多个文件中查找文字
Incremental Find		Ctrl+I	增量查找
Outlining			执行折叠设置,用于在代码编辑窗口中设置相应的折叠和收起
Advanced			一些高级选项,包括行跳转等
Configuration	🔧		配置,用于对 Keil 环境进行相应的配置,包括字体大小、关键字显示颜色、快捷键等

3. View(视图)菜单

View 菜单主要用于控制窗口的显示或者隐藏的状态。View 菜单主要包括四大类的菜单命令:一是快捷工具栏按钮的显示/隐藏切换的命令;二是项目窗口、输出窗口和资源浏览窗口的显示/隐藏切换的命令;三是调试状态下各窗口的显示/隐藏切换的命令,没有进入调试状态时这些选项是灰色的,不能使用;四是设置工作环境的显示参数的命令。表 4.3 列出了 View 菜单各选项的具体含义。

表 4.3　View 菜单各选项含义一览表

菜　单	工 具 栏	快 捷 键	描　述
Status Bar			显示/隐藏状态条
ToolToolbar			显示/隐藏工具菜单条
Project Window	🗔		显示/隐藏项目窗口
Books Window	📖		显示/隐藏参考资料窗口
Functions Window	{}		显示/隐藏函数窗口
Templates Window	0,		显示/隐藏模板窗口
Source Browser Windows	📑		打开源文件浏览器
Bulid Output Window	🖵		显示/隐藏输出窗口

(续表)

菜　　单	工　具　栏	快　捷　键	描　　述
Find In Files Window	🔍		显示/隐藏查找窗口
Full Screen			进入/退出全屏模式

4. Project(项目)菜单

Project 菜单主要用于项目的管理，这是最常用的菜单。项目菜单主要包括四大类的菜单命令：一是项目的新建、打开、关闭和项目工作环境设置的命令；二是对目标文件设置的命令，这类命令非常重要，很多有关编译、连接、定位、输出文件等控制操作都可利用该类菜单命令来完成；三是对已打开的项目进行管理的命令，如项目的编译与停止编译等。表 4.4 给出了 Project 菜单中各个选项的具体含义。

表 4.4　Project 菜单各选项含义一览表

菜　　单	工　具　栏	快　捷　键	描　　述
New Project			创建新项目
New Multi-Project Workspace			在一个工程中创建多个可单独编译项目(多工作编译区)
Open Project			打开一个已经存在的项目
Close Project			关闭当前的项目
Export			导入已经存在的项目，包括之前版本 μVision 的格式
Manage			对当前的项目组件、分组和文件进行相应的管理
Select Device for Target			选择对象的 CPU
Remove			从项目中移走一个组或文件
Options	🔧 Target ▾	Alt+F7	设置对象、组或文件的工具选项
Clean Target			清除项目目标设置
Build Target	🔨	F7	编译修改过的文件并生成应用
Rebuild Target	🔨		重新编译所有的文件并生成应用
Batch Build			批量编译文件并且生成可执行文件
Translate	🔽	Ctrl+F7	编译当前文件
Stop Build	✖		停止编译过程

5. Flash(存储器操作)菜单

Flash 菜单用于在连接编程器或者仿真器时下载目标应用代码，在此不多做赘述。

6. Debug(调试)菜单

Debug 菜单主要用于对已经编译连接之后的项目文件进行调试。调试菜单主要包括五大类的菜单命令：一是用于启动或者停止调试功能的命令；二是用于控制目标代码执行方式的命令；三是用于断点管理的命令；四是用于激活或者禁止程序调试时跟踪指令

执行的历史记录；五是用于设置存储器的空间映像和性能分析窗口的命令。表 4.5 给出了
Debug 菜单中各选项的基本含义。

表 4.5　Debug 菜单各选项含义一览表

菜　　单	工具栏	快捷键	描　　述
Start/Stop Debugging		Ctrl+F5	开始/停止调试模式
Reset CPU			复位当前正在运行的 CPU
Run		F5	开始运行
Step		F11	单步执行程序，遇到子程序则进入
Step Over		F10	单步执行程序，跳过子程序
Step Out		Ctrl+F11	执行到当前函数的结束
Run to Cursor line		Ctrl+F10	执行到光标所在的行
Show Next Statement			显示下一条指令
Stop Running		Esc	停止程序运行
Breakpoints		Ctrl+B	打开断点对话框
Insert/Remove Breakpoint			设置/取消当前行的断点
Enable/Disable Breakpoint			使能/禁止当前行的断点
Disable All Breakpoints			禁止所有的断点
Kill All Breakpoints			取消所有的断点
OS Support			操作系统支持
Excution Profiling			执行配置文件
Memory Map			打开存储器空间配置对话框
Performance Analyzer			打开设置性能分析的窗口
Inline Assembly			对某一行重新汇编，可修改汇编代码
Function Editor			编辑调试函数和调试配置文件
Debug Settings			设置调试相关参数

7. Peripherals(外围器件)菜单

Peripherals 菜单主要用于观察模拟仿真结果。此菜单主要有两大类菜单命令：一是模
拟复位的命令；二是观察单片机不同外设仿真结果的命令，包括中断，I/O 端口等。由于
目前单片机有数百个不同的品种和型号，Peripherals 菜单中的命令随单片机型号的不同而
稍微有所不同，并且需要注意的是在未启动仿真(debug)之前该菜单项是灰色的。表 4.6 给
出了 Peripherals 菜单各选项的基本含义。

表 4.6　Peripherals 菜单各选项含义一览表

菜　　单	描　　述
Reset CPU	复位 CPU
Interrupt	中断
I/O-Ports	I/O 端口
Serial	串口
A/D Converter	A/D 变换器

(续表)

菜　　单	描　　述
D/A Converter	D/A 变换器
I2C Controller	I2C 控制器
CAN Controller	CAN 控制器
Watchdog	看门狗

8. Tools(工具)菜单

Tools 菜单主要用于设置其他相关的软件。此菜单主要有两大类命令：一是用于设置 Gimpel Software 公司的 PC-Lint 软件的命令；二是用于添加用户自己的应用工具的命令。PC-Lint 软件主要用于语法查错，该软件并不包括在 Keil 软件包中，需要用户额外安装。表 4.7 给出了 Tools 菜单各选项的基本含义。

表 4.7　Tools 菜单各选项含义一览表

菜　　单	描　　述
Setup PC-Lint	配置 Gimpel Software 公司的 PC-Lint
Lint	在当前的编辑文件中运行 PC-Lint
Lint all C Source Files	在工程的 C 源代码文件中运行 PC-Lint
Customise Tools Menu	将用户程序加入工具菜单

9. SVCS(软件版本控制)菜单

SVCS 菜单只包含一个命令，即配置版本控制命令，如表 4.8 所示。

表 4.8　SVCS 菜单各选项含义一览表

菜　　单	描　　述
Configure Version Control	配置软件版本的控制系统

10. Window(窗口)菜单

Window 菜单主要用于管理集成工作环境中已打开的窗口。表 4.9 给出了 Window 菜单中各选项的含义。

表 4.9　Window 菜单各选项含义一览表

菜　　单	描　　述
Debug Restore Views	调试恢复视图
Reset View to Defaults	恢复视图的默认设置
Split	将激活的窗口拆分成几个窗格
Close All	关闭所有窗口

11. Help(帮助)菜单

Help 菜单主要用于帮助用户解决软件开发中的各种问题。此菜单主要有三大类的菜单命令：一是打开帮助主题窗口的命令；二是连接网上技术支持的命令；三是显示版本号和许可信息的命令。表 4.10 给出了 Help 菜单各选项的基本含义。

表 4.10　Help 菜单各选项含义一览表

菜　　单	描　　述
μVision Help	打开帮助主题窗口
Open Books Window	打开项目窗口中的"Books"标签页
Simulated Support for 'CPU'	查看能够仿真的单片机集成外围功能
Internet Support Knowledege base	查看网上的技术资源
Contact Support	连接网上的技术支持
Check Update	检查更新
About μVision	显示 μVision 的版本号和许可信息

4.2　单片机软件开发流程

Keil 集成开发环境是使用项目的方式，而不是用单一文件的模式来管理文件。所有的文件，包括源程序、头文件以及说明性的文档等，都可以放在工程项目文件中统一管理。概括地说，Keil 环境下的软件开发的主要步骤如下：

(1) 创建一个新的工程项目：主要包括工程项目文件的新建、目标器件的选择、程序代码的输入等。

(2) 设置项目文件：主要包括对目标、输出选项、仿真类型的设置等。

(3) 编译与连接软件：检查源程序的语法错误，生成单片机可执行的.hex 文件。

(4) 调试软件：检查设计的程序是否完成了特定功能。

下面以新建一个项目 test 为例，详细讲解 Keil 软件开发的完整流程。其中软件调试将在 4.3 节中单独介绍。

4.2.1　建立工程

建立工程的具体步骤如下：

(1) 启动 Keil 软件的集成开发环境 μVision，μVision 启动以后，选择 Project | New μVision Project 命令，弹出如图 4.3 所示的对话框。

(2) 在如图 4.3 所示的对话框中选择要保存项目文件的路径，在"文件名"文本框中输入项目的名称，然后单击"保存"按钮。本例中，项目文件保存在 C:\Keil\C51\work\目录下，项目名为 test。

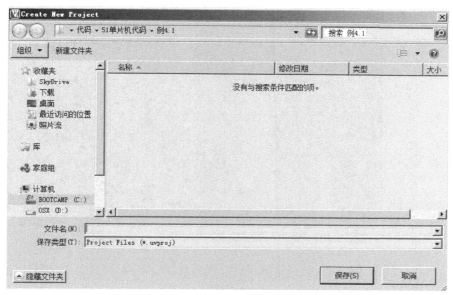

图 4.3　新建工程文件对话框

(3) 单击"保存"按钮后,弹出如图 4.4 所示的对话框,要求选择单片机的型号。用户可以根据实际使用的单片机型号来选择,Keil 几乎支持所有的 8051 系列单片机。本例中选择常用的 AT89S51 单片机。选择单片机型号后,右边 Description 栏中即显示所选单片机的基本说明,然后单击"确定"按钮。

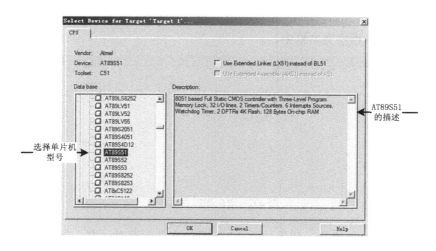

图 4.4　选择目标器件对话框

至此,一个新的项目文件创建完成。此时的工作界面变为如图 4.5 所示。此时的项目文件只是一个空壳,里面还没有任何源代码。因此下一步要新建源代码文件。

图 4.5　建立工程后的工作界面

4.2.2　建立源代码文件

建立源代码文件的一般步骤如下：

(1) 选择 File | New 命令，弹出如图 4.6 所示的空白程序文本框。在此文本框中输入编写的源代码，可以是 C 语言代码，也可以是汇编语言代码。本例中，将软件自带的 Hello.c 中的代码复制到空白程序文本框中。

图 4.6　空白程序文本框

(2) 选择 File | Save 命令，弹出如图 4.7 所示的文件保存对话框。在弹出的对话框中选择要保存的路径，在"文件名"文本框中输入文件名。注意一定要输入文件扩展名，如果是 C 程序文件，扩展名为.c；如果是汇编程序文件，扩展名为.asm；如果是 ini 文件，扩展名为.ini。本例中，文件保存路径与项目文件一样，文件名为 test.c。单击"保存"按钮，完成源代码文件的新建。此时，虽然新建了一个项目文件，也新建了源代码文件，但这项目文件和源代码文件还没什么关系。下面需要将源代码文件加入到项目文件中。

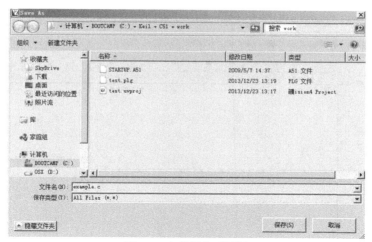

图 4.7　文件保存对话框

(3) 单击 Target1 前面的 "+" 号，展开里面的内容 Source Group 1，用右键单击 Source Group 1，弹出如图 4.8 所示的菜单。

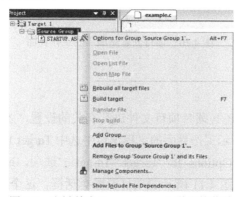

图 4.8　右键单击 Source Group1 弹出的菜单

(4) 在弹出的快捷菜单中，选择 Add Files to Group 'Source Group 1'选项，弹出如图 4.9 所示的对话框。选择所需的文件，单击 "Add" 按钮将其添加到项目中。通过 "文件类型" 下拉菜单，可以选择不同的文件类型，如.c 文件、.asm 文件等。如果要添加多个文件，可以不断添加。添加完毕后单击 "关闭" 按钮，关闭该对话框。本例中，将 test.c 文件添加到项目中了。

图 4.9　右键单击 Source Group 1 弹出的菜单

至此，完成了一个工程项目的创建。此时的工作界面如图 4.10 所示，这时就可以输入源代码了。

图 4.10　项目创建完成后的工作界面

4.2.3　工程设置

在创建项目文件后，还必须对项目文件进行有关的设置，才可能获得最终可在单片机上执行的代码。在图 4.10 所示工作界面的工程窗口中选中 Target 1，用鼠标右键单击 Target 1，在弹出的快捷菜单中选中 Options for Target 'Target 1'选项，或单击 Project | Options for Target 'Target 1'，弹出如图 4.11 所示的项目设置对话框。这个对话框共有 11 个选项卡，其中 Device 选项卡用于选择单片机型号，这在 4.2.1 节中已经介绍过。其余的 10 个选项卡用于设置项目的各项属性。对用户来讲，经常要设置的选项卡主要有三个：Target、Output 和 Debug。其余的选项卡在一般的应用中都采用默认设置。下面详细介绍这三个经常要设置的选项卡，对其余选项卡的属性则简要介绍。限于篇幅，对很少用到的属性则不做介绍。

1. Target 选项卡的设置

Target 选项卡用于设置所选单片机的一些属性。主要包括：

● Xtal(MHz)：设置单片机的工作频率，默认值是所选单片机的最高可用频率值，该数值与最终产生的目标代码无关，仅用于软件模拟调试时显示程序的执行时间，一般设置为与硬件晶振相同的频率。

● Use On-chip ROM(0x0-0xFFF)：表示使用自身的 Flash ROM，AT89C51 有 4KB 的可重复编程的 Flash ROM。该选项取决于单片机应用系统，如果单片机的 EA 接高电平，则选中这个选项，表示使用内部 ROM；如果单片机的 EA 接低电平，表示使用外部 ROM，则不选中该选项。一般选中该选项。

- Memory Model：用于设定存储器模式。Keil 提供了三种存储器模式，分别为 Small、Compact 和 Large。Small 表示变量存储在内部 RAM 里；Compact 表示变量存储在外部 RAM 里，使用 8 位间接寻址；Large 表示变量存储在外部 RAM 里，使用 16 位间接寻址。一般选用 Small 模式。
- Code Rom Size：用于设定 ROM 空间的大小，同样有 Small、Compact 和 Large 3 种模式。Small 表示 ROM 的大小不超过 2KB；Compact 表示每个子函数的大小不超过 2KB，但整个 ROM 的大小不超过 64KB；Large 表示子函数的大小可以大到 64KB，ROM 的大小不超过 64KB。一般选用 Large 模式。
- Operating system：用于设置是否需要操作系统，有 3 个选项，分别为 None、RTX-51 Tiny 和 RTX-51 Full。None 表示不使用操作系统；RTX-51 Tiny 表示使用 Tiny 操作系统；RTX-51 Full 表示使用 Full 操作系统。一般选择 None。
- Off-chip Code memory：表示片外 ROM 的开始地址和大小，如果没有外接的程序存储器，那么不需要填任何数据。一般不需要填写任何数据。
- Off-chip Xdata memory：表示外部数据存储器的起始地址和大小，一般的应用是 62 256。

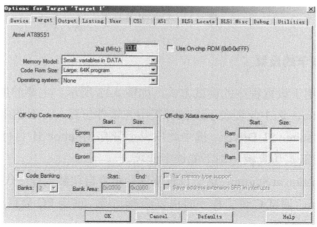

图 4.11　Target 选项卡

2. Output 选项卡的设置

Output 选项卡用于设置当前项目经创建后生成的可执行代码文件的输出。Output 选项卡如图 4.12 所示。需要设置的属性主要包括：

- Select Folder for Objects：单击该按钮可以选择编译后目标文件的存储目录。如果不设置，就存储在项目文件的目录里。一般不需要设置。
- Name of Executable：设置生成的目标文件的名字，缺省情况下和项目的名字一样。目标文件可以生成库或者 obj、HEX 的格式。一般采用系统默认设置。
- Create Executable：如果要生成 OMF 以及 HEX 文件，一般选中 Debug Information 和 Browse Information。选中这两项，才能调试所需的详细信息。比如要调试 C 语言程序，如果不选中，调试时将无法看到高级语言写的程序。一般选中这两项。

- Create HEX File：要生成 HEX 文件，一定要选中该项，如果编译之后没有生成 HEX 文件，就是因为没有选中这个选项。系统默认是不选中该选项的。但在使用时，一般都要选中。
- Create Library：选中该项时将生成 lib 库文件。根据需要决定是否要生成库文件，一般的应用是不生成库文件的。一般不选中此项。

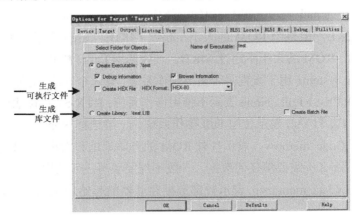

图 4.12　Output 选项卡

3. Debug 选项卡的设置

Debug 选项卡用于设置程序的调试方式，如图 4.13 所示。主要的属性介绍如下。

- Use Simulator：选中此项表示调试时采用纯软件仿真。一般选中此项。
- Use Keil Monitor-51 Driver：选中此项表示带有 Monitor-51 目标仿真器的仿真。如果用户没有购买仿真板，则不能选中此项。
- Load Application at Startup：用于设置编译后是否自动装载程序代码。一般选中此项。
- Run to main：调试 C 语言程序时可以选择此项，这样 PC 会自动运行到 main 程序处。一般选中此项。
- Initialization：用于输入调试初始化文件。用户可以在文本框中直接输入文件名(ini 文件)，也可以通过单击 "…" 按钮从弹出的窗口中按目录路径选择初始化文件。单击 Edit 按钮还可以对该初始化文件进行编辑。
- Restore Debug Session Settings：用于恢复上次调试对话框的设置。包括 4 个复选框，Breakpoints 表示断点，Toolbox 表示工具盒，Watchpoints &PA 表示观察点与性能分析，Memory Display 表示存储器显示。
- CPU DLL：用于显示 CPU 驱动动态链接库文件名通常为 S8051.DLL，用户不要改动这个 DLL 文件及其参数。此选项对应于纯软件仿真。
- Driver DLL：与 CPU DLL 意义相同。不同的是此项对应于仿真器仿真。
- Dialog DLL：用于显示对话驱动动态链接库文件名。纯软件仿真时通常为 DP51。仿真器仿真时 DLL 通常为 TP51.DLL。

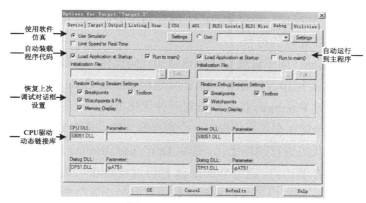

图 4.13　Debug 选项卡

4. Listing 选项卡的设置

Listing 选项卡用于设置当前项目经创建之后生成的列表文件，如图 4.14 所示。一般的应用程序中，此选项卡的属性全部采用默认值。本例全部采用默认值。各主要属性的含义简要说明如下。

- Select Folder for Listings：单击该按钮可以选择编译后列表文件的存储目录。
- Page Width 和 Page Length：用于设置列表文件的列宽和列长。
- C Compiler Listing：用于设定 C51 编译其列表控制。
- C Preprocessor Listing：用于设置列表文件中是否生成预处理器列表。
- Assembler Listing：用于设定 A51 编译器列表控制。
- Linker Listing：用于设定 BL51 连接定位器列表控制。

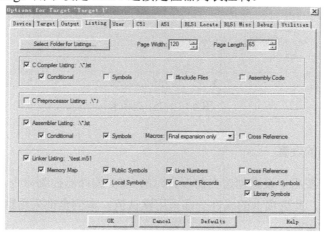

图 4.14　Listing 选项卡

5. C51 选项卡的设置

C51 选项卡主要用于设置创建当前项目时的 C51 编译器控制命令，如图 4.15 所示。一般的应用程序中，此选项卡的属性全部采用默认值。本例全部采用默认值。对各主要属性的含义简要说明如下。

- Preprocessor Symbols：用于设定 C51 编译器预处理命令符号，在 Define 文本框中可直接输入需要处理的符号。
- Code Optimization：用于设置 C51 编译器的代码优化。通过 Level 栏可以设定 0~11 级优化级别，其中 10、11 级别只有在复选框 Linker Code Packing 被选中的情况下才能选用；通过 Emphasis 栏可以设定两种优化方式；选中 Global Register Coloring 复选框时将为全局寄存器优化规定一个寄存器文件；选中 Linker Code Packing 复选框将对生成的代码进行跳转优化；选中 Don't use absolute register accesses 复选框将不使用绝对寄存器访问；通过 Warnings 栏可以设定 0~2 级警告；通过 Bits to round for float compare 栏可以设定浮点数比较运算时的舍入位数；复选框 Interrupt vectors at address 用于设定中断向量基地址。
- Include Paths：用于直接输入包含文件的目录地址路径，也可以按下该栏右边的按钮，通过弹出的搜寻窗口确定包含文件的目录地址路径。
- Misc Controls：用于输入其他各种 C51 的控制命令。
- Compiler control string：用于显示所有已设定的 C51 编译器控制命令。

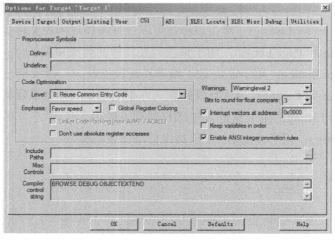

图 4.15　C51 选项卡

6. A51 选项卡的设置

A51 选项卡主要用于设置创建当前项目时的 A51 编译器控制命令，如图 4.16 所示。一般的应用程序中，此选项卡的属性全部采用默认值。本例全部采用默认值。对各主要属性的含义简要说明如下。

- Conditional Assembly Control Symbols：用于设置 A51 编译器的条件汇编控制符号。
- Macro processor：用于设置宏处理方式。选中 Standard 复选框时按标准方式处理；选中 MPL 复选框时按照 Intel 兼容方式处理。
- Special Function Registers：通过复选框 Define 8051 SFR Names 设置是否采用特殊功能寄存器名定义。

- Include Paths：用于直接输入包含文件的目录地址路径，也可以按下该栏右边的按钮，通过弹出的搜寻窗口确定包含文件的目录地址路径。
- Misc Controls：用于输入其他各种 A51 的控制命令。
- Assembler control string：用于显示所有已设定的 A51 编译器控制命令。

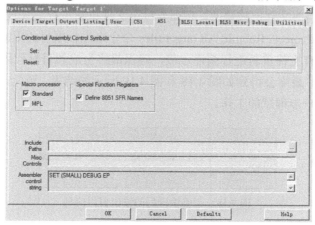

图 4.16　A51 选项卡

7. BL51 Locate 选项卡的设置

BL51 Locate 选项卡主要用于设置创建当前项目时的 BL51 连接定位器控制命令，如图 4.17 所示。一般的应用程序中，此选项卡的属性全部采用默认值。本例全部采用默认值。

选中 Use Memory Layout from Target Dialog 复选框时将采用由 Target 选项卡设定的存储器组织形式；未选中时可通过 Code Range 栏和 Xdata Range 栏输入地址值来设定 ROM 和片外 RAM 空间地址范围。此外，还可以分别设定代码(Code)、片外地址(Xdata)等段的基地址以及待定位段名。所有已设定的 BL51 连接器控制命令都显示在 Linker control string 栏中。

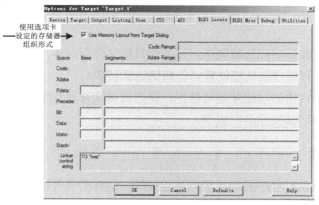

图 4.17　BL51 Locate 选项卡

4.2.4　软件编译与连接

在设置好项目后，即可进行编译与连接。选择 Project | Build target 命令，完成当前项

目的编译连接。在 Keil 中，编译就是利用 C51 编译器和 A51 汇编器把 C 语言或汇编语言源代码变成计算机可以识别的二进制语言。连接则是将编译过程中生成的目标文件.obj 与库文件关联，生成单片机可执行的代码。编译连接过程中的信息将会出现在输出窗口的 Build 页中。如果编译连接过程中发现有错误，会有错误报告出现。双击该行，可以定位到出错的位置。如果当前文件已被修改，必须要对该文件重新进行编译连接，修改才能生效。一般在修改后选择 Project | Rebuild All target files 命令来进行项目的重新编译连接。这样会对当前工程中的所有文件重新进行编译连接，确保最终生成的目标代码是最新的。对源程序进行反复修改后，最终会得到如图 4.18 和图 4.19 所示的结果。至此，完成了软件的编译连接，可以进入下一步调试的工作。

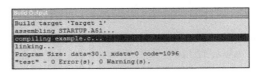

```
Build Output
Build target 'Target 1'
assembling STARTUP.A51...
compiling example.c...
linking...
Program Size: data=30.1 xdata=0 code=1096
"test" - 0 Error(s), 0 Warning(s).
```

图 4.18　正确编译后的输出窗口信息

```
Build Output
Build target 'Target 1'
assembling STARTUP.A51...
compiling example.c...
linking...
Program Size: data=30.1 xdata=0 code=1096
creating hex file from "test"...
"test" - 0 Error(s), 0 Warning(s).
```

图 4.19　正确连接后的输出窗口信息

4.2.5　硬件编程

硬件编程对于初学者来说并不重要，大家只需了解，在以后实际项目开发过程中查看硬件编程器的说明书进行学习即可。

1. 下载器

程序代码的下载器功能比较简单，只是把目标文件写到单片机的存储器中，不能实现在线调试功能。这种编程器比较便宜，使用的也比较多。

这类编程器最常用的功能项是写器件，即把目标文件写到单片机的程序存储器中，当单片机重新上电时可以执行用户程序。

2. 在线仿真器

有些编程器可以对程序的运行状态进行控制，这样的器件被称为仿真器。仿真器功能比较强大，可以实现硬件系统的在线调试。有些控制在软件模拟的环境下根本无法实现，这时必须要用硬件仿真器，这种仿真器比较贵。

硬件仿真器可以直接使用 Keil 的编程界面，在 Keil 中可以实时调试运行，使用时很方便。硬件仿真时使用的控制窗口和软件调试时相同。

3. JTAG 测试标准

JTAG(Joint Test Action Group，联合测试行动小组)测试标准是一种国际标准测试协议(与 IEEE1149.1 兼容)，主要用于芯片内部测试，JTAG 接口还可以用于实现 ISP(In System Program，在线编程)，常用于对 Flash 等存储器进行编程。

4.2.6　程序下载

单击图 4.5 中的 Project 菜单，再在下拉菜单中单击 `Options for Target 'Target 1'`，弹出如图 4.20 所示的对话框，单击 Output 选项卡后，选中 Create HEX File 复选框，使程序编译后产生 HEX 代码，供下载器软件使用。

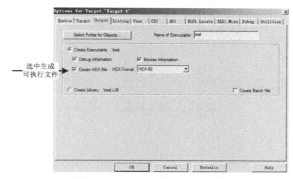

图 4.20　HEX file 的生成设置

最后把程序下载到 AT89S51 单片机中，就可以看到结果了。

4.3　软　件　调　试

通过编译与连接，只能说明源程序没有语法错误。但源程序是否正确完成了设定的功能，则必须要通过仿真调试才能发现并解决。在工程实践中，绝大部分的程序都需要经过反复调试才能得到所需要的正确结果。从这个意义上讲，调试是单片机软件开发中最为重要的一环。Keil 软件包内建了一个仿真 CPU 用来模拟执行程序，该仿真 CPU 功能强大，可以在没有硬件和仿真器的情况下进行程序的调试。

只有编译连接成功之后，才能进入调试状态。选择 Debug | Start/Stop Debug Session 命令进入调试状态，此时工作界面如图 4.21 所示。与图 4.5 所示的项目创建后的工作界面相比，此时项目窗口会自动切换到 Regs 选项卡，用于显示程序调试过程中单片机内部寄存器状态的变化情况。程序窗口仍然用于显示用户源程序，但窗口左边多了一个小箭头，指向当前程序语句，便于观察程序当前的执行点。输出窗口自动切换到 Command 选项卡，以输入各种调试命令。调试状态下的工作界面还多出了一些窗口，这些窗口用于观察仿真调试的结果。下面将分别讨论 Keil 集成工作环境的调试窗口及调试命令，并以实例介绍软件调试的基本方法。

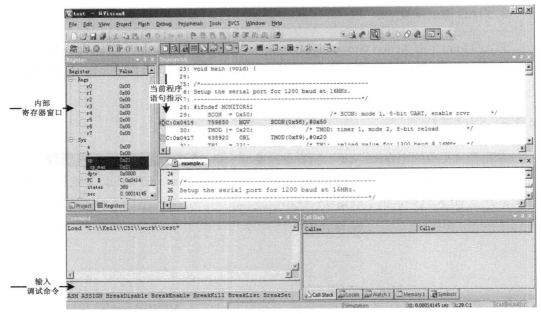

图 4.21　调试状态工作界面

4.3.1　调试窗口

Keil 软件在调试程序时提供了多个窗口，主要包括反汇编窗口(Disassembly Window)、观察窗口(Watch&Call Stack Window)、存储器窗口(Memory Window)、代码报告窗口(Code Coverage Window)、性能分析窗口(Performance Analyzer Window)、符号窗口(Symbol Window)、串行窗口(Serial Window)、输出窗口(Output Window)等。通过集成工作环境 View 菜单下的相应命令可以打开或关闭这些窗口。另外，项目窗口的 Regs 选项卡和通过菜单命令 Peripherals 打开的一些窗口也是重要的调试窗口，在此将一并介绍。

1. 反汇编窗口

反汇编窗口如图 4.22 所示。该窗口可以显示反汇编后的代码、源程序代码和相应反汇编代码的混合代码。在反汇编窗口中单击右键，会弹出如图 4.22 所示的菜单，通过此菜单的第一栏可以选择窗口内反汇编内容的显示方式。选择 Mixed Mode 选项将采用高级语言与汇编语言混合方式显示；选择 Assembly Mode 选项将采用汇编语言方式显示；选择 Inline Assembly 选项将用在线汇编方式显示。右键菜单第二栏的 Address Range 选项用于显示用户程序的地址范围；Load Hex or Object file 选项用于重新载入 Hex 或 Object 文件到集成工作环境中进行调试。第三栏中主要是调试命令，将在 4.3.2 节中介绍。第四栏和第五栏中的命令含义与表 4.2 所示的 Edit 菜单的相关命令含义相同。最后一栏的 Show Code at Address 选项用于显示指定地址处的用户程序代码。

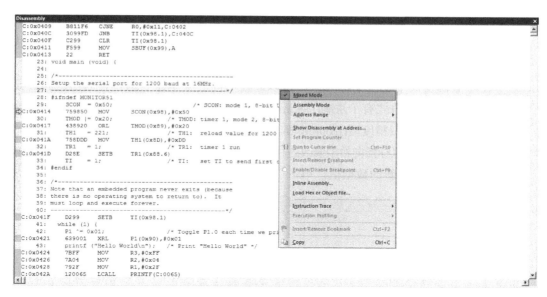

图 4.22　反汇编窗口及其右键菜单

2. 观察窗口

观察窗口如图 4.23 所示。此窗口又包括 4 个选项卡，分别是 Locals、Watch 1、Watch 2 和 Call Stack。Locals 用于显示相应局部变量的值，但要注意的是，局部变量只有在它的有效区间内才会自动出现。Watch 1 和 Watch 2 用于观察用户自定义需要观察的变量。Call Stack 用于显示程序执行过程中对子程序的调用情况。

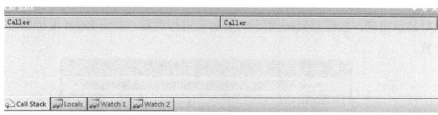

图 4.23　观察窗口

3. 存储器窗口

存储器窗口如图 4.24 所示。此窗口同样包括 4 个选项卡，分别是 Memory 1～Memory 4。通过这些窗口可以观察不同存储区不同存储单元的值，方法是在 Address 栏内输入相应的命令。但需要注意的是，在输入地址时要指定存储器的类型。存储器包括以下类型。

- D：DATA，可直接寻址的片内数据存储区。
- X：XDATA，外部数据存储区。
- I：IDATA，间接寻址的片内数据存储区。
- B：BDATA，可位寻址的片内数据存储区。
- C：CODE，程序存储区。

例如，要观察可直接寻址的片内数据存储区 30H 的内容，只要在 Address 栏中输入"D:0x30"，则系统会给出从 30H 单元开始的，可立即寻址的内部数据存储器及其相应的值。

在存储器窗口中单击鼠标右键，可以通过不同的菜单命令选择存储器内容的显示方式。Keil 支持的显示方式有十进制(Decimal)、无符号数(Unsigned)、有符号数(Signed)、ASCII 码、浮点型(Float)、双精度型(Double)等。通过鼠标右键菜单命令可以很方便地修改存储器的内容。方法是先将鼠标指向希望修改的存储器地址，再单击右键，选择 Modify Memory，在弹出的对话框中输入新的数据值，单击"确定"按钮后完成某个存储单元内容的修改。

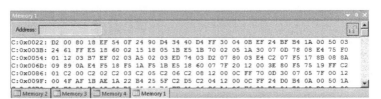

图 4.24　存储器窗口

> 注意：在 Keil μVision4 之前的版本中存储器窗口和观察窗口是分开的，而在 Keil μVision4 版本中这两个窗口是以标签页的形式集成在一起的。

4. 代码报告窗口

代码报告窗口如图 4.25 所示，用于显示指定用户程序模块的代码执行情况。在 Current 栏内输入指定的用户程序模块名称，该模块中各函数所包含的指令条数及其已经执行指令的百分数将显示出来。按钮 Update 用于对显示值进行更新，按钮 Reset 用于复位被执行指令的百分数。

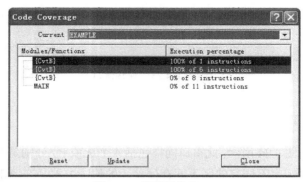

图 4.25　代码报告窗口

5. 性能分析窗口

性能分析窗口原始界面如图 4.26 所示。该窗口用于显示指定程序模块被调用的次数及执行时间，分析结果以棒状图形显示在窗口中。通过窗口内的一个运行性能统计标尺很容易了解某个程序模块的运行性能。

图 4.26　性能分析窗口原始界面菜单

6. 符号窗口

符号窗口如图 4.27 所示。该窗口用于显示当前程序中的各种符号，通过单击前面的"+"号可以打开对应的子部分。在 Mask 栏中输入希望显示的符号名，可以使用通配符"*"，对应的符号信息将立即显示在窗口中。

图 4.27　符号窗口

7. 串行窗口

串行窗口有两个：Serial Window #1 和 Serial Window #2。该窗口用作单片机串口的输入/输出窗口，其中 Serial Window #1 用作输出窗口，Serial Window #2 用作输入窗口。如果仿真 CPU 通过串口发送字符，这些字符会在 Serial Window #1 中显示出来。在 Serial Window #2 中直接输入字符，该字符虽然不会被显示出来，但却能传递到仿真 CPU 中。该窗口在进行用户程序调试时十分有用。如果用户程序中调用了 C51 的库函数 scanf()和 printf()，则必须利用该窗口来完成输入/输出的操作。在串行窗口中单击鼠标右键，可以选择窗口内容以 Hex 或 Ascii 格式显示。串行串口中可以保持最近 8KB 的数据，并可进行翻滚显示。可以通过调用库函数 printf()来完成，执行程序后，Serial Window #1 界面如图 4.28 所示。

图 4.28　串行窗口

8. 寄存器窗口

寄存器窗口如图 4.29 所示。在项目窗口中单击 Regs 选项卡即可打开寄存器窗口。寄存器窗口包括两组寄存器：通用寄存器组 Regs 和系统特殊寄存器组 Sys。通用寄存器组包括 R0~R7 共 8 个寄存器。系统寄存器组则包括 A、B、SP、PC、DPTR、PSW 和 SEC 等共 10 个寄存器。这些寄存器是程序中经常使用的，并且对控制程序运行至关重要。通过观察这些寄存器值的变化将更加有利于用户分析程序。

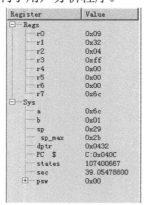

图 4.29　寄存器窗口

9. 外围集成器件窗口

8051 系列单片机有多种型号，不同型号的单片机外围集成器件稍有不同。在调试状态下，所有外围集成器件的状态都可以通过菜单 Peripherals 下相应的命令来选择。下面介绍常用的外围集成器件状态观察窗口，如中断系统(Interrupt System)、并行 I/O 口(P0~P3)、串口(Serial Channel)和定时器/计数器(Timer/Counter)等。

- 中断系统：中断系统状态观察窗口如图 4.30 所示。选中不同的中断源，窗口中 Selected Interrupt 栏将出现与之相对应的中断允许和中断标志位的复选框，通过对这些状态位的置位和复位操作，很容易实现单片机中断系统的仿真。
- 并行 I/O 口：并行 I/O 口观察窗口如图 4.31 所示。四个并行 I/O 口都是一样的，以 P0 为例，图中 P0 栏用于显示 P0 口锁存器状态，Pins 栏用于显示 P0 口各个引脚的状态。仿真时各位的状态都可根据需要进行修改。

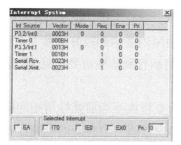

图 4.30　中断系统状态观察窗口

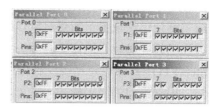

图 4.31　并行 I/O 口状态观察窗口

- 串口：串口状态观察窗口如图 4.32 所示。窗口中 Mode 栏用于选择串行口的工作方式，利用其下拉列表很容易选择串口的工作方式。选定工作方式后相应的特殊工作寄存器 SCON 和 SBUF 的控制字也显示在窗口中。通过对特殊控制位 SM2、REN、TB8、RB8、TI 和 RI 复选框的置位和复位操作，很容易实现对单片机内部串行口的仿真。Baudrate 栏用于显示串行口的工作波特率，SMOD 位置位时将使波特率加倍，IRQ 栏用于显示串行口的发送和接收中断标志。

- 定时器/计数器：定时器/计数器状态观察窗口如图 4.33 所示。定时器/计数器 0 和 1 的窗口完全一致。以定时器/计数器 0 为例，窗口中 Mode 栏用于选择工作方式，利用其下拉列表很容易选择定时器/计数器的工作方式。选定工作方式后相应的特殊工作寄存器 TCON 和 TMOD 的控制字也显示在窗口中。TH0 和 TL0 用于显示计数初值，T0 Pin 和 TF0 复选框用于显示 T0 引脚和定时器/计数器的溢出状态。Control 栏用于显示和控制定时器/计数器的工作状态。通过对这些状态位的置位和复位操作，很容易实现对定时器/计数器的仿真。

图 4.32　串口状态观察窗口

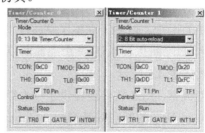

图 4.33　定时器/计数器状态观察窗口

4.3.2　调试命令

在 Keil 软件中，调试命令主要有两大类：一是程序运行控制命令；二是断点管理命令。另外还有其他一些的调试命令。这些命令的基本含义如表 4.5 所示。下面分别介绍这些命令的使用场合和方法。

1. 程序运行控制命令

程序运行控制命令为用户提供了一种运行程序的方法，用户可以通过相应的命令来用全速、单步等多种方法运行程序。常见的程序运行调试命令有以下几种。

- Go(F5)：执行此命令将全速运行用户的应用程序。一般来讲，此命令在软件模拟仿真时单独使用是没有意义的，但它和断点一起使用则能达到较好的效果。若在程序的关键处已经设置了断点，执行此命令后程序将运行到该断点处，且 PC 指针指向该程序行并等待其他命令。

- Step(F11)：此命令可精确控制程序的执行，此命令将执行当前光标所指向的命令语句，根据当前的显示模式，它可以是一个 C 命令行或一个单独的汇编行。如果这个命令执行的是函数调用，则会跳到 C 函数或子程序里面，使用户看到这个子程序里面包含的代码。

- Step Over(F10)：此命令将执行当前光标所指向的命令语句。根据当前的显示模式，它可以是一个 C 命令行或一个单独的汇编行。如果这个命令行执行的是函数调用，该命令将执行完这个函数，而不进入函数内部。

- Step out of Current function(Ctrl+F11)：此命令用于跳出当前的子程序。当发现处于一个不感兴趣的函数中，并且希望快速返回至原来进入的程序时，这个跳出命令非常有用。

- Run to Cursor line(Ctrl+F10)：执行此命令可使程序执行到代码窗口中的当前光标位置处。这相当于把光标所在行作为一个临时的断点。

- Stop Running(Esc)：执行此命令可以在一个不确定的位置中断，或停止正在运行的程序。

2. 断点管理命令

断点功能对于用户的仿真调试十分重要，它可在某个特定地址或满足某种特定条件下暂停用户程序的运行，以便于观察了解程序的运行状况、查找或排除错误。常用的断点管理命令有插入/删除断点、激活/禁止当前断点、禁止所有断点、删除所有断点。对这些命令的基本描述如表 4.5 所示。

为了方便调试，Keil 软件还提供了一个断点管理窗口。选择 Debug | Breakpoints 命令，将弹出如图 4.34 所示的断点管理窗口。Current Breakpoints 栏中显示了所有已经设置的断点。在 Current Breakpoints 栏中选中某个断点，与该断点有关的信息将在窗口下边的相关栏中显示出来。选中某个断点后单击 Kill Selected 按钮，可立即删除该断点，单击 Kill All 按钮将删除全部断点。

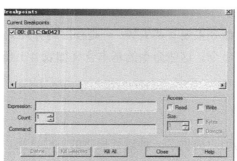

图 4.34　断点管理窗口

3. 其他调试命令

除了程序运行控制和断点管理命令外，Keil 软件还提供了其他的一些调试命令，主要有显示下一条指令、使能/禁止程序运行轨迹的标识、显示程序运行过的指令、设置存储器空间镜像、设置性能分析的窗口、在线汇编、编辑调试函数和调试配置文件等。这些命令的基本描述如表 4.5 所示。设置性能分析窗口的基本方法在 4.3.1 节中已经讨论过，下面主要介绍其中比较重要的另外两条命令。

- 设置存储器空间镜像：选择 Debug | Memory Map 命令弹出如图 4.35 所示的存储器镜像设置窗口。窗口中的 Current Mapped 栏显示所有已被设置的存储器空间镜像，选中其中某一项并单击"Kill Selected Range"按钮，将删除选定的存储器空间镜像，删除后用户程序不能对该部分存储器进行操作，否则将会报 access violation 错误。

图 4.35　存储器镜像设置窗口

- 在线汇编：所谓的在线汇编是指，修改程序后不必退出调试环境重新编译而使修改生效的技术。在线汇编大大方便了程序的调试，选择 Debug | Inline Assembly 命令，启动在线汇编命令，会弹出如图 4.36 所示的对话框，在 Enter New Instruction 栏中输入希望的新指令，完成后按"Enter"键，新输入的指令将取代指定行上的原来的指令，并且自动指向下一条语句，可以继续修改，如果不再需要修改，单击右上角的"关闭"按钮关闭窗口即可。

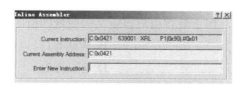

图 4.36　在线汇编对话框

上面简单介绍了软件调试的基本方法，在实际使用过程中，可以灵活应用，或多种方法综合应用，以更好地分析程序。

项目文件调试通过之后，说明功能已经达到设计要求。下一步是将经过软件仿真后的程序加载到硬件目标板上调试运行。有条件的话，一般在将程序加载到实际的目标板之前，还要将软件先加载到硬件仿真器上进行硬件仿真。硬件仿真的方法与采用的仿真板关系非常密切，本书限于篇幅，对该部分内容不做介绍。

4.4　本　章　小　结

本章主要介绍了单片机开发软件的应用方法，介绍了 Keil μVision4 的使用方法和在 Keil 环境下开发系统的一般步骤。如果是第一次接触 Keil，请认真阅读本章。在学习过程中结合实际操作，将会很快掌握 Keil 的开发方法。

通过本章的学习，读者应该掌握以下几个知识点：

- 了解 Keil 开发软件界面和组成，并理解各部分的功能。
- 掌握 Keil 单片机程序设计步骤。
- 了解 Keil 的各个调试窗口，掌握单片机调试命令，并在以后的程序设计中实践。

习　　题

一、填空题

1. 串行窗口有_____和_____两个。

2. 要把编好的 C51 程序生成可执行文件,要经过_____和_____两个步骤。

3. 如果编译后要生成 HEX 文件，需要在 Output 选项卡里选中_____。

4. 单片机的工作频率应该在_____选项卡里的_____中设置。

5. Code Rom Size 用于设定 ROM 空间的大小，有_____、_____和_____3 种模式。

二、选择题

1. 在 Keil 调试过程中，用于观察用户自定义的变量的值的选项卡有(　　)。

　　A. Locals　　　　　　　　　　　　B. Watch 1

　　C. Call Stack　　　　　　　　　　D. Watch 2

2. 用来设置输出 HEX File 这个命令的选项卡为(　　)。

　　A. Debug 选项卡　　　　　　　　　B. Output 选项卡

　　C. Target 选项卡　　　　　　　　　D. Device 选项卡

3. 在 Keil 里开发 8051 程序的第一步是(　　)。

　　A. 调试与仿真　　　　　　　　　　B. 产生执行文件

　　C. 组建程序　　　　　　　　　　　D. 打开或新建项目文件

4. 在 Keil 里要导入 C 源程序，应(　　)。

 A. 运行 File | New 命令　　　　　　B. 双击 "Source Group 1"

 C. 运行 Project | New 命令　　　　　D. 左击 "Source Group 1"

5. 如果想在某个特定地址或满足某种特定条件下暂停用户程序的运行，以便于观察了解程序的运行状况，查找或排除错误，可以使用(　　)。

 A. 断点管理命令　　　　　　　　　B. 程序运行控制命令

 C. 反汇编窗口　　　　　　　　　　D. 寄存器窗口

三、简答题

1. 简述用 Keil C51 进行单片机开发的流程。

2. 程序调试一般用哪些方法？

3. 为什么要使用 Keil 进行软件设计？

4. 如何设置 C51 选项卡？

第5章 C51程序设计基础及实例剖析

所谓程序设计，就是以计算机所能够接受的形式把问题的解决步骤描述出来。程序设计要解决两个问题，其一就是用哪种语言进行设计，其二是如何解决这个问题。对于单片机程序设计，第 1 章曾提到，使用 C 语言进行程序设计简单、易学，本章将主要介绍 C 语言程序设计。

5.1 C 程序的基本概念

C 语言是单片机开发和应用的趋势。目前 C 语言已经成为单片机基础上应用最为广泛的计算机语言之一。

通常来说，51 单片机的 C51 语言程序由头文件声明、宏定义、全局变量、子函数、主函数和注释几个部分组成。一个典型的 C51 语言应用程序结构如图 5.1 所示。

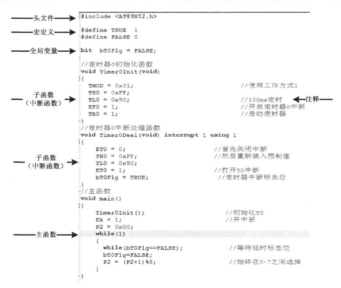

图 5.1 典型的 C51 语言应用程序结构

- 头文件声明：声明在该 C51 语言程序中需要使用的头文件，在这些头文件中通常会有一些关于单片机的预定义，如端口、寄存器等，Keil μVision 开发环境提供了大量的相应头文件，最常用的头文件包括 AT89X52.h、stdio.h、absacc.h 等。

- 宏定义：以简单易记的字符串声明在该 C51 语言程序中需要经常使用的一些特定变量。
- 全局变量：在整个 C51 语言程序中都有效的变量。
- 子函数：用于在 C51 语言程序中完成特定功能的语句块。
- 主函数：C51 语言程序的主要语句块，其本质也是一个函数。

5.1.1　主函数

C 语言程序是由一个个函数构成的。在构成 C 语言程序的若干函数中，必有一个是主函数 main()。所有函数在定义时都是相互独立的，一个函数中不能再定义其他函数，即函数不能嵌套定义，但可以互相调用。函数调用的一般规则是：主函数可以调用其他普通函数；普通函数之间也可以互相调用，但普通函数不能调用主函数。一个 C 程序的执行从 main()函数开始，调用其他函数后返回到主函数 main()中，最后在主函数 main()中结束整个 C 程序的运行

C 语言的主函数形式如下：

```
...
main()
{
    ...            //函数体
}
```

5.1.2　标识符和关键字

标识符用来标识源程序中某个对象的名字，这些对象可以是语句、数据类型、函数、变量、数组等。标识符由字符串、数字和下划线等组成，需要注意的是，第一个字符必须是字母或下划线，且区分大小写。有些编译系统专用的标识符是以下划线开头，所以一般不要以下划线开头命名标识符。关键字则是编程语言保留的特殊标识符，它们具有固定名称和含义，在程序编写中不允许标识符与关键字相同。表 5.1 和表 5.2 列出了 C51 中的所有关键字。

表 5.1　ANSIC 标准关键字

关　键　字	用　　　途	说　　　明
Auto	存储种类说明	用以说明局部变量，缺省值为此
break	程序语句	退出最内层循环
case	程序语句	switch 语句中的选择项
char	数据类型说明	单字节整型数或字符型数据
const	存储类型说明	在程序执行过程中不可更改的常量值
continue	程序语句	转向下一次循环
default	程序语句	switch 语句中的失败选择项
do	程序语句	构成 do...while 循环结构
double	数据类型说明	双精度浮点数

(续表)

关 键 字	用 途	说 明
else	程序语句	构成 if...else 选择结构
enum	数据类型说明	枚举
extern	存储种类说明	在其他程序模块中说明的全局变量
float	数据类型说明	单精度浮点数
for	程序语句	构成 for 循环结构
goto	程序语句	构成 goto 转移结构
if	程序语句	构成 if...else 选择结构
int	数据类型说明	基本整型数
long	数据类型说明	长整型数
register	存储种类说明	使用 CPU 内部寄存的变量
return	程序语句	函数返回
short	数据类型说明	短整型数
signed	数据类型说明	有符号数, 二进制数据的最高位为符号位
sizeof	运算符	计算表达式或数据类型的字节数
static	存储种类说明	静态变量
struct	数据类型说明	结构类型数据
switch	程序语句	构成 switch 选择结构
typedef	数据类型说明	重新进行数据类型定义
Union	数据类型说明	联合类型数据
unsigned	数据类型说明	无符号数数据
Void	数据类型说明	无类型数据
volatile	数据类型说明	该变量在程序执行中可被隐含地改变
While	程序语句	构成 while 和 do...while 循环结构

表 5.2 C51 编译器的扩展关键字

关 键 字	用 途	说 明
bit	位标量声明	声明一个位标量或位类型的函数
sbit	位标量声明	声明一个可位寻址变量
sfr	特殊功能寄存器声明	声明一个特殊功能寄存器
sfr16	特殊功能寄存器声明	声明一个 16 位的特殊功能寄存器
data	存储器类型说明	直接寻址的内部数据存储器
bdata	存储器类型说明	可位寻址的内部数据存储器
idata	存储器类型说明	间接寻址的内部数据存储器
pdata	存储器类型说明	分页寻址的外部数据存储器
xdata	存储器类型说明	外部数据存储器
code	存储器类型说明	程序存储器
interrupt	中断函数说明	定义一个中断函数
reentrant	再入函数说明	定义一个再入函数
using	寄存器组定义	定义芯片的工作寄存器

5.1.3　数据的基本类型

数据类型是指数据的存储格式。标准 C 语言中基本的数据类型为 char、int、short、long、float 和 double，除此之外，在 C51 语言中还扩展了一些特殊的数据类型。C51 支持的数据类型如表5.3 所示。标准 C 语言和 C51 相同的数据类型不再详细说明，下面主要解释 C51 扩展的特殊数据类型。

- bit 位标量：利用它可定义一个位标量，但不能定义位指针，也不能定义位数组。它的值是一个二进制位，不是 0 就是 1，类似一些高级语言中的 Boolean 类型中的 True 和 False。

- sbit 可寻址位：利用它能定义内部 RAM 中的可寻址位或特殊功能寄存器中的可寻址位。例如：

　　　　sbit　P1_1 = 0x91　　　　　　/*定义 P1_1 为 P1.1 的引脚

定义了 P1_1 为 P1.1 引脚在片内的位地址，这样在以后的程序语句中就能用 P1_1 来对 P1.1 引脚进行读写操作了。定义 P1_1 为 P1.1 的引脚同样可以用下面的语句来完成：

　　　　sbit P1_1 = 0x90 ^ 1;　　　　/*定义 P1_1 为 P1.1 的引脚

- sfr 特殊功能寄存器：利用它能定义 8051 系列单片机内部的所有特殊功能寄存器。定义方法为：

　　　　sfr　特殊功能寄存器名=特殊功能寄存器地址常数

例如：

　　　　sfr P1 = 0x90　　　　　　　　/*定义 P1 的位地址为 0x90

定义了 P1 为 P1 端口在片内的寄存器，在后面的语句中用 P1=255(对 P1 端口的所有引脚置高电平)之类的语句来操作特殊功能寄存器。

- sfr16 特殊功能寄存器：sfr16 和 sfr 一样用于操作特殊功能寄存器，所不同的是它用于操作占两个字节的寄存器，如定时器 T0 和 T1。

表 5.3　C51 支持的数据类型

数 据 类 型	位　　数	字 节 数	取 值 范 围
signed char	8	1	−128～+127
unsigned char	8	1	0～255
enum	16	2	−32 768～+32 767
signed short	16	2	−32 768～+32 767
unsigned short	16	2	0～65 535
signed int	16	2	−32 768～+32 767
unsigned int	16	2	0～65 535
signed long	32	4	−2 147 483 648～+2 147 483 647
unsigned long	32	4	0～4 294 967 295

(续表)

数 据 类 型	位　　数	字 节 数	取 值 范 围
float	32	4	±1.175 494E-38~±3.402 823E+38
bit	1		0~1
sbit	1		0~1
sfr	8	1	0~255
sfr16	16	2	0~65 535

5.1.4　常量和变量

数据有常量和变量之分，常量就是在程序运行过程中不能改变值的量，而变量是能在程序运行过程中不断变化的量。变量的定义能使用所有 C51 编译器支持的数据类型，而常量的数据类型只有整型、浮点型、字符型、字符串型和位标量。

1. 常量

常量可用在不必改变值的场合，如固定的数据表、字库等。常量区分为不同的数据类型，具体说明如下：

- 整型常量能表示为十进制，如 123、0、-89 等。十六进制则以 0x 开头，如 0x34、-0x3B 等。长整型就在数字后面加字母 L，如 104L、034L、0xF340L 等。
- 浮点型常量可分为十进制和指数表示形式。十进制由数字和小数点组成，如 0.0、.25、5.789、0.13、5.0、300.、-267.8230 等均为合法的实数，整数或小数部分为 0，能省略但必须有小数点。指数形式由十进制数加阶码标志 e 或 E 以及阶码(只能为整数，可以带符号)组成。其一般形式为 aEn(a 为十进制数，n 为十进制整数)，其值为 $a*10^n$，如 2.1E5(等于 $2.1*10^5$)。
- 字符型常量是单引号内的字符，如'a'、'd'等，不能显示的控制字符，能在该字符前面加一个反斜杠"\"组成专用转义字符。常用转义字符的含义如表 5.4 所示。

表 5.4　常用的转义字符表

转 义 字 符	含 义	ASCII 码(十六/十进制)
\o	空字符(NULL)	00H/0
\n	换行符(LF)	0AH/10
\r	回车符(CR)	0DH/13
\t	水平制表符(HT)	09H/9
\b	退格符(BS)	08H/8
\f	换页符(FF)	0CH/12
\'	单引号	27H/39
\"	双引号	22H/34
\\	反斜杠	5CH/92

- 字符串型常量由双引号内的字符组成，如"test"、"OK"等。当引号内没有字符时，为空字符串。在使用特殊字符时，同样要使用转义字符如双引号。在 C 语言中字

符串常量是作为字符类型数组来处理的,在存储字符串时系统会在字符串尾部加上
"\o" 转义字符以作为该字符串的结束符。字符串常量"A"和字符常量'A'是不一样
的,前者在存储时多占用一个字节的空间。

● 位标量,它的值是一个二进制。

常量的定义方式有几种。

● 用预定义语句定义常量。例如:

```
#define  False  0x0;              /*用预定义语句能定义常量*/
#define  True   0x1;              /*这里定义 False 为 0,True 为 1*/
```

在程序中用到 False 编译时自动用 0 替换,同理 True 替换为 1。

● 将值保存在程序存储器中。例如:

```
unsigned  int  code  a=100;        /*用 code 把 a 定义在程序存储器中并赋值*/
const  unsigned  int  c=100;       /*用 const 定义 c 为无符号 int 常量并赋值*/
```

以上两句的值都保存在程序存储器中,而程序存储器在运行中是不允许被修改的,所
以如果在这两句后面用了类似 a=110、a++这样的赋值语句,编译时将会出错。

2. 变量

要在程序中使用变量必须先用标识符作为变量名,并指出所用的数据类型和存储器类
型,这样编译系统才能为变量分配相应的存储空间。定义一个变量的格式如下:

[存储种类]　数据类型　[存储器类型]　变量名表

在定义格式中除了数据类型和变量名表是必要的外,其他都是可选项。存储种类有
4 种:自动(auto)、外部(extern)、静态(static)和寄存器(register),默认类型为自动(auto)。存
储器类型的说明就是指定该变量在单片机 C 语言硬件系统中所使用的存储区域,并在编译
时准确定位。下面首先介绍 C51 中变量的存储器类型,然后介绍 C51 中新增的 sfr、sfr16
和 sbit 这三种数据类型,对于 C 语言中已经有的数据类型此处不予赘述。

(1) 变量的存储器类型

C51 编译器完全支持 51 系列单片机的硬件结构,可以访问其硬件系统的所有部分,对
于每个变量可以准确地赋予其存储器类型,从而可使之能够在单片机系统内准确的定位。
表 5.5 中是 C51 所能识别的存储器类型。

表 5.5　存储器类型

存储器模式	说　　明
data	直接访问内部数据存储器(128 字节),访问速度最快
bdata	可位寻址内部数据存储器(16 字节),允许位与字节混合访问
idata	间接访问内部数据存储器(256 字节),允许访问全部内部地址
pdata	分页访问外部数据存储器(256 字节),用 MOVX @Ri 指令访问
xdata	外部数据存储器(64KB),用 MOVX @DPTR 指令访问
code	程序存储器(64KB),用 MOVC @A+DPTR 指令访问

如果省略存储器类型，系统则会按编译模式 Small、Compact 或 Large 所规定的默认存储器模式去指定变量的存储区域。C51 编译器三种默认的存储器模式对变量的影响如下。

- Small：所有缺省变量参数均装入内部 RAM，优点是访问速度快，缺点是空间有限，只适用于小程序。
- Compact：所有缺省变量均位于外部 RAM 区的一页(256Bytes)，具体哪一页可由 P2 口指定，在 STARTUP.A51 文件(STARTUP.51 文件是 C51 中的一个启动程序)中指定，优点是空间较 Small 宽裕，速度较 Small 慢，较 Large 要快，是一种中间状态。
- Large：所有缺省变量可放在多达 64KB 的外部 RAM 区，优点是空间大，可存变量多，缺点是速度较慢。

无论什么存储模式都能声明变量在任何存储区范围，然而把最常用的命令如循环计数器和队列索引放在内部数据区能显著提高系统性能。还要指出的就是变量的存储类型与存储器模式是完全无关的。

(2) sfr、sfr16 变量的定义

51 系列单片机具有多种内部寄存器，其中有一些是特殊功能寄存器。为了能够直接访问这些特殊功能寄存器，C51 编译器扩充了关键字 sfr 和 sfr16，利用这种扩充关键字可以在 C 语言源程序中直接对 51 单片机的特殊寄存器进行定义。定义方法如下：

```
sfr 特殊功能寄存器名=特殊功能寄存器地址常数;
sfr16 特殊功能寄存器名=特殊功能寄存器地址常数;
```

例如，P1 口的地址是 90H，能这样定义 AT89S52 的 P1 口：

```
sfr P1 = 0x90;                    /*定义 P1 口地址为 90H
```

sfr 关键字后面是一个要定义的名字，可任意选取，但要符合标识符的命名规则，名字最好有一定的含义，如 P1 口能用 P1 为名，这样程序会变得好读很多。等号后面必须是常数，不允许有带运算符的表达式，而且该常数必须在特殊功能寄存器的地址范围之内(80H～FFH)。

sfr 是定义 8 位的特殊功能寄存器，而 sfr16 则用来定义 16 位特殊功能寄存器，如 AT89S52 的 T2 定时器，能定义为：

```
sfr16 T2 = 0xCC;                  /*指定 Timer2 口地址 T2L=0xCC，T2H=0xCD
```

用 sfr16 定义 16 位特殊功能寄存器时，等号后面是它的低位地址，高位地址一定要位于物理低位地址之上。要注意的是，不能用于定时器 0 和 1 的定义。

(3) sbit 变量的定义

在 51 系列单片机应用系统中经常需要访问特殊功能寄存器中的某些位，C51 编译器为此提供了一种扩充关键字 sbit，利用它定义可位寻址对象。如要访问 P1 口中的第 2 个引脚 P1.1。能按照以下的方法定义：

● sbit 位变量名=位地址；

这种方法将位的绝对地址赋给位变量，位地址必须位于 80H～0FFH。例如：

    sbit EA = 0x91;   /*指定 0x91 位是 EA，即中断允许

● sbit 位变量名=特殊功能寄存器名 ^ 位位置；

当可寻址位位于特殊功能寄存器中时可采用这种方法，"位位置"是一个 0～7 的常数。先定义一个特殊功能寄存器名，再指定位变量名所在的位置。例如：

    sfr P1 = 0x90;   /*指定 P1 口地址为 0x90
    sbit P1_1 = P1 ^ 1;   /*指定 P1_1 为 P1 口的第 2 个引脚

● sbit 位变量名=字节地址 ^ 位位置；

这种方法以一个常数(字节地址)作为基址，该常数必须位于 80H～0FFH。"位位置"是一个 0～7 之间的常数。例如：

    sbit P1_1 = 0x90 ^ 1;   /*定义 P1_1 为 P1 口的第 2 个引脚

在单片机 C 语言存储器类型中供给有一个 bdata 的存储器类型，这个是指可位寻址的数据存储器，位于单片机的可位寻址区中，能将要求可位寻址的数据定义为 bdata，用关键字 sbit 可以独立访问可寻址位对象的其中一位。例如：

    unsigned char bdata ib;
    int bdata ab[2];
    sbit ib7=ib ^ 7 ;   /*定义 ib7 为 ib 的第 8 位

操作符 " ^ " 后面的位其位置的最大值取决于指定的基址类型，char 类型是 0～7，int 类型是 0～15，long 类型是 0～31。

5.1.5　运算符与表达式

运算符就是完成某种特定运算的符号。运算符按其表达式中与运算符的关系可分为单目运算符、双目运算符和三目运算符。单目就是指需要有一个运算对象，双目就是指要求有两个运算对象，三目则要三个运算对象。表达式则是由运算符及运算对象所组成的具有特定含义的式子。C 是一种表达式语言，表达式后面加 ";" 号就构成了一个表达式语句。

1. 赋值运算符

对于 "=" 这个符号我们不会陌生，在 C 中它的功能是给变量赋值，我们称之为赋值运算符。它的作用就是将数据赋给变量。例如，a=6;是把 6 赋值给 a。由此可见利用赋值运算符将一个变量与一个表达式连接起来的式子称为赋值表达式，在表达式后面加 ";" 便构成了赋值语句。使用 "=" 的赋值语句格式如下：

    变量　＝　表达式；

例如：

```
a = 0xFF;                    /*将常数十六进制数 FF 赋予变量 a*/
b = c = 33;                  /*同时赋值给变量 b、c*/
d = e;                       /*将变量 e 的值赋予变量 d*/
f = a+b;                     /*将变量 a+b 的值赋予变量 f*/
```

由上面的例子可知，赋值语句的意义就是先计算出"="右边表达式的值，然后将得到的值赋给左边的变量。而且右边的表达式可以是一个赋值表达式。

2. 算术运算符

单片机 C 语言中的算术运算符有如下几个，其中只有取正值和取负值运算符是单目运算符，其他都是双目运算符。

- +：加或取正值运算符。
- −：减或取负值运算符。
- *：乘运算符。
- /：除运算符。
- %：求余运算符。

算术表达式的形式如下：

表达式 1   算术运算符   表达式 2

例如：

```
a+b*(10-a)
(x+9)/(y-a)
```

除法运算符和一般的算术运算规则有所不一样，如是两浮点数相除，其结果为浮点数，如 10.0/20.0 所得值为 0.5，而两个整数相除时，所得值就是整数，如 7/3，值为 2。C 的运算符有优先级和结合性，同样可用括号"()"来改变优先级。

3. 增减量运算符

增减量运算符是 C 语言中特有的一种运算符，在 VB、PASCAL 中等都是没有的。其作用就是对运算对象做加 1 和减 1 运算。

- ++：增量运算符。
- −−：减量运算符。

要注意的是运算对象在符号前或后，其含义都是不一样的，虽然同是加 1 或减 1。如 a++(或 a−−)是先使用 a 的值，再执行 a+1(或 a-1)；++a(或−−a)是先执行 a+1(或 a-1)，再使用 a 的值。增减量运算符只允许用于变量的运算中，不能用于常数或表达式。

4. 关系运算符

单片机 C 语言中有 6 种关系运算符。

- ＞：大于。
- ＜：小于。
- ＞＝：大于等于。
- ＜＝：小于等于。
- ＝＝：等于。
- ！＝：不等于。

前 4 个具有相同的优先级，后两个也具有相同的优先级，前 4 个的优先级要高于后两个的优先级。当两个表达式用关系运算符连接起来时，就是关系表达式。关系表达式通常用来判别某个条件是否满足，形式如下：

　　　　表达式 1　　关系运算符　　表达式 2

例如：

```
I < J
I == J
(I=4) > (J=3)
J+I > J
```

需要注意的是，关系运算符的运算结果只有 0 和 1 两种，也就是逻辑的真与假，当指定的条件满足时结果为 1，不满足时结果为 0。

5. 逻辑运算符

关系运算符所能反映的是两个表达式之间的大小等于关系，逻辑运算符则用于求条件式的逻辑值，用逻辑运算符将关系表达式或逻辑量连接起来就是逻辑表达式。逻辑表达式的一般形式如下。

- 逻辑与：条件式 1 && 条件式 2。
- 逻辑或：条件式 1 || 条件式 2。
- 逻辑非：! 条件式 2。

逻辑与，是指当条件式 1 和条件式 2 都为真时结果为真(非 0 值)，不然为假(0 值)。也就是说，运算时会先对条件式 1 进行判断，如果为真(非 0 值)，则继续对条件式 2 进行判断，当结果为真时，逻辑运算的结果为真(值为 1)；如果结果不为真，逻辑运算的结果为假(0 值)。如果在判断条件式 1 时就不为真，就不用再判断条件式 2 了，而直接给出运算结果为假。

逻辑或，是指只要两个运算条件中有一个为真，运算结果就为真，只有当条件式都不为真时，逻辑运算结果才为假。

逻辑非，则是把逻辑运算结果值取反，也就是说，如果两个条件式的运算值为真，进行逻辑非运算后结果则变为假，条件式运算值为假时最后逻辑结果为真。

同样逻辑运算符也有优先级别：!(逻辑非)→ &&(逻辑与)→ ||(逻辑或)。逻辑非的优先级最高，而逻辑或的优先级最低。

6. 位运算符

位运算符的作用是按位对变量进行运算，但是并不改变参与运算的变量的值。如果要求按位改变变量的值，则要利用相应的赋值运算。还有就是位运算符是不能用来对浮点型数据进行操作的。单片机 C 语言中共有 6 种位运算符，表 5.6 所示是它们的逻辑真值表。位运算一般的表达形式如下：

　　　变量 1　位运算符　变量 2

位运算符也有优先级，从高到低依次是："～"(按位取反)→"<<"(左移)→">>"(右移)→"&"(按位与)→"︿"(按位异或)→"|"(按位或)。表 5.6 所示是位逻辑运算符的真值表，X 表示变量 1，Y 表示变量 2。

表 5.6　位运算符的逻辑真值表

X	Y	～X	～Y	X&Y	X|Y	X^Y
0	0	1	1	0	0	0
0	1	1	0	0	1	1
1	0	0	1	0	1	1
1	1	0	0	1	1	0

7. 复合赋值运算符

复合赋值运算符就是在赋值运算符"="的前面加上其他运算符。表 5.7 所示是 C 语言中的复合赋值运算符。

表 5.7　复合赋值运算符

符　　号	说　　明	符　　号	说　　明
+=	加法赋值	>>=	右移位赋值
−=	减法赋值	&=	逻辑与赋值
*=	乘法赋值	|=	逻辑或赋值
/=	除法赋值	^=	逻辑异或赋值
%=	取模赋值	!=	逻辑非赋值
<<=	左移位赋值		

复合运算的一般形式为：

　　　变量　复合赋值运算符　　表达式

其含义就是变量与表达式先进行运算符所要求的运算，再把运算结果赋值给参与运算的变量。其实这是 C 语言中一种简化程序的方法，凡是二目运算都能用复合赋值运算符去简化表达。例如：

        c−=56+a

    等价于

        c=c−(a+56)
        y/=x+9

    等价于

        y=y/(x+9)

很明显采用复合赋值运算符会降低程序的可读性，但这样却能使程序代码简单化，并提高编译的效率。

8. 逗号运算符

在 C 语言中逗号还是一种特殊的运算符，也就是逗号运算符，用它能将两个或多个表达式连接起来，形成逗号表达式。逗号表达式的一般形式为：

        表达式 1,表达式 2,表达式 3,…,表达式 n

这样用逗号运算符组成的表达式在程序运行时，是从左到右依次计算出各个表达式的值，而整个用逗号运算符组成的表达式的值等于最右边表达式的值，就是"表达式 n"的值。大部分情况下，使用逗号表达式的目的只是分别得到多个表达式的值，而并不一定要得到和使用整个逗号表达式的值。还需要注意的是，并不是在程序的任何位置出现的逗号，都能认为是逗号运算符。如函数中的参数，同类型变量定义中的逗号只是用来间隔，而不是逗号运算符。

9. 条件运算符

C 语言中有一个三目运算符，那就是"? :"条件运算符，它要求有三个运算对象。它能把三个表达式连接构成一个条件表达式。条件表达式的一般形式如下：

        逻辑表达式? 表达式 1: 表达式 2

条件运算符的作用简单来说，就是根据逻辑表达式的值选择使用表达式的值。当逻辑表达式的值为真(非 0 值)时，整个表达式的值为表达式 1 的值；当逻辑表达式的值为假(值为 0)时，整个表达式的值为表达式 2 的值。条件表达式中逻辑表达式的类型可以与表达式 1 和表达式 2 的类型不一样。例如，有 a=1，b=2，要求取 ab 两数中较小的值放入 max 变量中，可以这样写：

```
        if  (a>b)                /*如果 a>b 成立，则 a 为最大值
        {
            max  =  a;
```

```
    }
    else                     /*否则 b 为最大值
    {
        max  =  b;
    }
```

但用条件运算符去构成条件表达式就变得简洁了：

    max = (a>b)?a : b

很明显它的结果和含义都和上面的一段程序一样，但是代码却比上一段程序少很多，编译的效率也相对要高，它有着和复合赋值表达式一样的缺点就是可读性相对较差。在实际应用时要根据自己的习惯使用。

10. 指针和地址运算符

指针是单片机 C 语言中一个十分重要的概念，也是学习单片机 C 语言中的一个难点。对于指针将会在 5.3.2 节中做详细的讲解。在这里先来了解一下单片机 C 语言中提供的两个专门用于指针和地址的运算符：

- *：取内容。
- &：取地址。

取内容和取地址的一般形式分别为：

取内容：变量 = *指针变量

取地址：指针变量 = &目标变量

取内容运算是将指针变量所指向的目标变量的值赋给左边的变量；取地址运算是将目标变量的地址赋给左边的变量。要注意的是，指针变量中只能存放地址(也就是指针型数据)，一般情况下不要将非指针类型的数据赋值给一个指针变量。

11. 运算符的优先级

运算符的优先级是指当在一个表达式中出现多个运算符的时候的运算次序，表 5.8 给出了 C51 语言中所有的运算符的优先级说明。

表 5.8   C51 语言运算符优先级

优　先　级	关　键　字	说　　　明	运　算　次　序
1	( )	括号	从左到右
	[ ]	下标运算，用于数组	
	→	指向结构成员，用于结构体	
	.	结构成员体，用于结构体	

（续表）

优　先　级	关　键　字	说　　　明	运　算　次　序
2	!	逻辑非运算符	从右到左
	~	按位取反运算符	
	++	自增运算符	
	——	自减运算符	
	—	负号运算符	
	(强制类型转换)	类型转换运算符	
	*	指针运算符	
	&	取地址运算符	
	sizeof	长度运算符	
3	*	乘法运算符	从左到右
	/	除法运算符	
	%	取余运算符	
4	+	加法运算符	从左到右
	—	减法运算符	
5	>>	右移运算符	从左到右
	<<	左移运算符	
6	<、<=、>=、>	关系运算符	从左到右
7	==、!=	测试等于和不等于运算符	从左到右
8	&	按位与运算符	从左到右
9	^	按位异或运算符	从左到右
10			按位或运算符	从左到右
11	&&	逻辑与运算符	从左到右
12	‖	逻辑或运算符	从左到右
13	?:	条件运算符	从右到左
14		复合运算符	从右到左
15	,	逗号运算符	从左到右

5.1.6　函数

　　函数是构成 C51 语言程序的基本单位，是 C51 模块化程序设计的基础。C51 函数可分为标准库函数和用户定义函数两类。前者是系统定义的，它们的定义分别放在不同的头文件中；后者则是用户为解决自己的特定问题自行编写的。函数的定义在 5.1.6 节中已经介绍过，下面从函数的调用开始讨论有关函数的问题，特别是 C51 函数对标准 C 函数的扩展。

1. 函数的调用

函数的调用指的是在一个函数体中引用另外一个已经定义了的函数,前者称为主调用函数,后者称为被调用函数。函数调用的一般形式为:

　　　　函数名(实际参数表列);

其中,函数名指出被调用的函数,实际参数表能为零或多个参数,多个参数时要用逗号隔开,每个参数的类型、位置应与函数定义时的形式参数一一对应,它的作用就是把参数传到被调用函数中的形式参数,如果类型不对应就会产生一些错误。调用的函数是无参函数时不写参数,但不能省略后面的括号。函数调用的方式有以下三种。

● 函数语句:在主调用函数中直接将被调用函数作为一个语句。例如:

　　　　printf ("Hello World!\n");　　　//调用 printf 函数输出 Hello World!

这种调用方式不要求函数向主调用函数返回值,只要求完成一定的操作。

● 函数表达式:这种调用方式是将被调用函数作为一个表达式,这种表达式称为函数表达式。例如:

　　　　c = sin(x)+cos(y);　　　　　　//计算表达式 c = sin(x)+cos(y)

通常情况下这种函数调用方式要求带回一个值,即在函数中有 return 语句。

● 函数参数:这种函数调用方式是指将被调用函数作为另一个函数的实际参数。例如:

　　　　m=exp(sin(3));　　　　　　　//计算 $e^{\sin(3)}$

实质上,函数调用作为函数的参数,还是函数作为表达式形式调用的一种,因为函数的参数本来就是表达式。这种调用方式也属于嵌套函数调用方式。

2. 被调用函数的说明

与使用变量一样,在调用一个函数之前,包括标准库函数,必须对该函数的类型进行说明,即"先说明,后调用"。如果调用的是标准库函数,一般应在程序的开始处用预处理命令#include 命令将有关函数说明的头文件包含进来。例如:

　　　　#include <at89x51.h>

定义了单片机的片内资源。如果不使用这个包含命令,就不能正确地控制单片机的片内资源。如果调用的是用户自定义的函数,而且该函数与调用它的主调用函数在同一个文件中,一般应在主调用函数中对被调用函数的类型进行说明。函数说明的一般形式为:

　　　　类型标识符　　函数的名称(形式参数表);

其中,"类型标识符"说明了函数返回值的类型,"形式参数表"说明了各个形式参数的类型。例如:

　　　　int　delay(int a);

声明了一个名为 delay 的函数，其返回值类型为 int，形式参数为整型变量 a。如果被调用
函数是在主调用函数前面定义的，或者在程序文件的开始处说明了所有被调用函数的类型，
此时在主调用函数中就不必再对被调用函数进行说明。

3. 函数的返回值

　　在调用函数过程中，经常希望得到一个从被调用函数中带回来的值，这就是函数的返
回值。函数返回值是通过 return 语句得到的。如果函数有返回值，则这个值必定属于一个
确定的数据类型，这个类型是在函数定义的头部说明的。如果函数类型和 return 语句中表
达式的值类型不一致，则以函数类型为准。对于数值型数据，可以自动进行类型转换。return
语句每次只能带回一个值。尽管在函数中可能有多个 return 语句，但只有其中的一个 return
语句会执行，也即只能带回一个值。

4. 参数的传递

　　在函数调用过程中，必须用主调用函数的实际参数来替换被调用函数中的形式参数，
即参数传递。在 C51 程序中，一般来说，参数传递有以下两种方式。

- 数值传递：就是指在函数调用时，直接将实际参数值复制给形式参数在内存中的临
  时存储单元。在这种方式下，被调用函数在执行过程中改变了形式参数的值，不会
  改变实际参数的值，因为形式参数和实际参数的地址是互不相同的。所以，这种传
  递又称为"单向值传递"。在这种方式下，实际参数可以是变量、常量，也可以是
  表达式。
- 地址传递：就是指在一个函数调用另一个函数时，并不是将主调函数中的实际参数
  值直接传送给被调用函数中的形式参数，而只是将存放实际参数的地址传送给形式
  参数。在这种方式下，形式参数与实际参数指向同一块存储单元。因此，如果在被
  调用函数中改变了形式参数指向存储单元的值，实际上也就改变了主调用函数中实
  际参数所指向存储单元的值。当被调用函数执行完成，形式参数空间释放，丢失的
  是形式参数中存放的地址，但是形式参数所指向的存储单元并不释放，因此，对形
  式参数的操作就保留下来。而主调用函数中，又可以通过实际参数中的地址访问经
  被调用函数修改后的存储单元的值。所以这种传递方式称为"地址传递"。在这种
  方式中，实参可以是变量的地址或指针变量。

5. 重入函数

　　重入函数又叫再入函数，是一种可以在函数体内间接调用其自身的函数。这是 C51 语
言相比标准 C 语言的一种扩展。重入函数声明的关键字为 reentrant，重入函数声明的格
式为：

　　　　函数类型　函数名(形式参数表) reentrant

在标准 C 语言中，调用函数时会将函数的参数和函数中使用的局部变量入栈。为了提高效率，C51 没有提供这种堆栈方式，而是提供一种压缩栈的方式，即为每个函数设定一个空间用于存放局部变量。因此，通常情况下，C51 函数不能在调用一个函数的过程中又间接或直接地调用该函数本身，即 C51 函数不能递归调用。而重入函数则可以被递归调用，以满足某些应用场合的需求。这主要是因为重入函数与一般函数的参数传递和局部变量的存储分配方法有所不同。C51 编译器为重入函数生成一个模拟栈，通过这个模拟栈来完成参数传递和存放局部变量。

在使用重入函数的过程中应注意以下几点：

- 重入函数不能传送位类型的参数，也不能定义一个局部位变量，重入函数不能包括位操作以及单片机的位可寻址区。
- 与 PL/M51 兼容的函数不能具有 reentrant 属性，也不能调用重入函数。
- 在编译时，Small 模式下的模拟堆栈区位于 IDATA 区，Compact 模式下模拟堆栈区位于 PDATA 区，Large 模式下模拟堆栈区位于 XDATA 区。
- 在同一个程序中可以定义和使用不同存储器模式的重入函数，任意模式的重入函数不能调用不同模式的重入函数，但可任意调用非重入函数。
- 在参数传递上，实际参数可以传递给间接调用的重入函数。无重入属性的间接调用函数不能包含调用参数，但是可以使用定义的全局变量来进行参数传递。

6. 中断服务函数

C51 编译器允许使用 C 语言创建中断服务程序，从而减轻采用汇编语言编写中断服务程序的烦琐程度。中断服务函数声明的关键字为 interrupt，声明的格式为：

　　　　函数类型　　函数名　(形式参数)　interrupt　n　[using　n]

关键字 interrupt 后面的 n 是中断号，n 的取值范围为 0～31。编译器从 8n+3 处产生中断向量，具体的中断号 n 和中断向量取决于 8051 系列单片机芯片的型号。常用的中断源和中断向量如表 5.9 所示。

表 5.9　单片机常用中断号与中断向量

中断号 n	中 断 源	中断向量 8n+3
0	外部中断 0	0003H
1	定时器/计数器 0	000BH
2	外部中断 1	0013H
3	定时器/计数器 1	001BH
4	串行口	0023H

using 选项用于指定选用单片机内部 4 组工作寄存器中的哪个组。using 后面的 n 是一个 0～3 的常整数，分别选中 4 个不同的工作寄存器组。在定义一个函数时，using 是可选项，如果不用该选项，编译器会自动选择一个寄存器组作绝对寄存器组访问。

　　一个函数定义为中断服务函数后，编译器自动生成中断向量和程序的入栈及出栈代码，从而提高了工作的效率。

　　使用中断服务函数时应注意以下几点：

- 中断函数不能直接调用中断函数。
- 不能通过形式参数来进行参数传递。
- 在中断函数中调用其他函数，两者所使用的寄存器组应相同。
- 中断函数没有返回值。
- 关键字 interrupt 和 using 的后面都不允许跟带运算符的表达式。

5.2　基本的程序设计结构

　　C 语言是一种结构化的编程语言。这种结构化语言有一套不允许交叉的程序流程存在的严格结构。结构化语言的基本元素是模块，它是程序的一部分，只有一个出口和一个入口，在没有妥善保护或恢复堆栈和其他相关寄存器之前，不允许随便跳入或跳出一个模块。归纳起来，任何复杂的程序都由以下三种基本结构组成：

- 顺序结构
- 选择结构
- 循环结构

5.2.1　顺序结构

　　顺序结构是一种最基本、最简单的编程结构。在这种结构中，程序由低地址向高地址顺序执行指令代码。如图 5.2 所示，程序先执行 A 操作，再执行 B 操作，两者是顺序执行的关系。

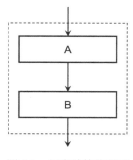

图 5.2　顺序结构流程图

从图 5.2 中可以知道，顺序结构就是由上而下逐行执行。下面主要介绍 C 语言中的语句。

1. 表达式语句

在表达式之后加上分号就构成了表达式语句，这是 C 语言的一个特色。

2. 空语句

如果程序某行只有一个分号 ";" 作为语句的结束, 我们就称之为空语句。注意空语句会导致逻辑上的语句错误, 需要谨慎使用。

3. 复合语句

用花括号括起来的多个语句便组成了一个复合语句。其形式如下:

　　{语句 1;语句 2;…;语句 n;}

【例 5-1】已知 C=(5.0/9.0)×(F-32), 编写程序实现将华氏温度转换为摄氏温度。程序清单如下:

```
/*将一个华氏温度转化并输出摄氏温度, 公式为: C=5/9*(F-32)*/
#include "stdio.h"        //I/O 库函数原型说明
#include "reg52.h"        //特殊寄存器的头文件
//专供 8051 扩展系列的单片机使用

#ifdef MONITOR51                          /*是否需要使用 Monitor-51 调试*/
char code reserve [3] _at_ 0x23;          /*如果是, 留下该空间供串口使用*/
#endif              //停止程序执行

//以下为程序主函数, 在堆栈等初始化完成后, 程序开始执行
main()
{float    C=0,F=78;
 SCON=0x52;
 TMOD=0x20;
 TH1=0xf3;
 TR1=1;
                                     //以上 3 行为 printf 函数所必需
 printf("华氏温度为 F=%.2f\n",F);      //显示华氏温度
 C=5.0/9.0*(F-32);                    //转换
 printf("求得的摄氏温度 C=%.2f\n",C);  //显示摄氏温度

 while(1);                            //注意, 由于没有操作系统来接收 main 函数的返
                                        回值, 所以对一个嵌入式系统来说, main 函数永
                                        远不会被退出, 它必须有一个循环来保证程序不
                                        会被终止
 }
```

上面的程序段中 main 函数之前的内容主要是包含库函数的一些声明, 在 main 函数中有一部分内容则是 printf 函数输出必须要的初始化。为了使读者将注意力放在 C 语言本身的语法意义上, 在本章后面的其他例程序中都不再含有这两部分的内容, 而只列出真正关心的部分。

如何进行调试，并从 Keil 中查看程序结果，可以参考实验 5-1。

5.2.2　选择结构

如果计算机只能做顺序结构那样简单的基本操作的话，它的用途就十分有限，计算机功能强大的原因就在于它具有决策能力。当某个条件满足时才进行相应的操作。

选择结构的流程如图 5.3 所示，P 代表一个条件，当 P 条件成立时，执行 A 操作，否则执行 B 操作，但两者只能选择其一。两个方向上的程序流程最终汇集到一起从一个出口中退出。

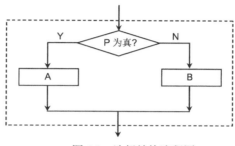

图 5.3　选择结构流程图

由选择结构可以派生出另一种基本结构：多分支结构。在多分支结构中又分为串行多分支和并行多分支两种情况。

1．串行多分支 if 语句

如图 5.4 所示，在串行多分支结构中，以单选择结构中的某一分支方向作为串行多分支方向(假如以条件为"真"为串行方向)继续进行选择结构的操作。若条件为"假"时，执行另外的操作。最终程序在若干种选择之中选出一种操作来执行，并从一个共用的出口退出。这种串行多分支结构由若干条 if、else if 语句嵌套构成。

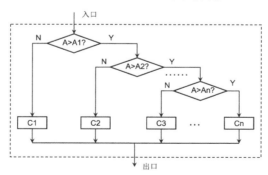

图 5.4　串行多分支结构流程图

C 语言的一个基本选择语句是 if 语句。它的作用是，根据判定的结果(真或假)决定执行给出的两种操作之一。它的基本结构是：

　　if (表达式)
　　{语句}

在这种结构中，如果括号中的表达式成立(为"真")，则程序执行花括号的语句，否则程序将跳过花括号中的语句部分，执行下面的其他语句。

C 语言提供了三种形式的 if 语句。

(1) if 形式

```
if (条件表达式)
    {
    语句
    }
```

【例 5-2】试通过程序将最大值存到变量 a 中，最小值存到变量 b 中。

```
main()
{ int a,b;
a=20;b=60;
if (a <b)        //如果 a<b 就交换 a 和 b 的值，确保 a 中存为最大值
    {
        c=a;a=b;b=c;;
    }
}
```

(2) if-else 形式

```
if(表达式)
    语句 1;
else
    语句 2;
```

在这个语句里，将先判断表达式是否成立。若成立，则执行语句 1；若不成立则执行语句 2，其中 else 部分也可以省略，即只有第一种形式。流程图如图 5.5 所示。

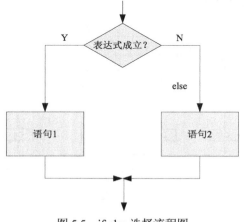

图 5.5　if-else 选择流程图

(3) if-else if 形式

if-else 语句也可利用 else if 指令串接为多重条件判断，即写成如下格式，流程图如图 5.6 所示。

```
if(表达式 1)
    语句 1;
else if(表达式 2)
    语句 2;
else if(表达式 3)
    语句 3;
else if(表达式 4)
    ⋮
```

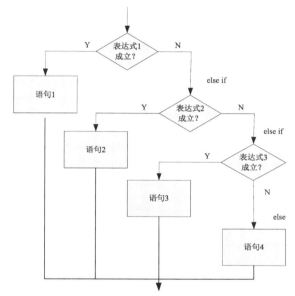

图 5.6　if-else if 语句流程图

在此流程下，从表达式 1 开始判断，若表达式 1 成立，则后面的表达式均不起作用，执行语句 1。若不成立，则继续判断后面的表达式，并执行相应成立的表达式的语句。显然，语句 1 优先级最高，其次才是语句 2，后面依次。

2. 并行多分支 switch-case 语句

如图 5.7 所示，在并行多分支结构中，根据 K 值的不同，而选择 A1、A2、…、An 等不同的操作中的一种来执行。常见的用于构成并行多分支结构的语句有 switch-case 语句。

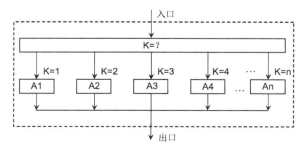

图 5.7　并行多分支结构流程图

这种结构如果还用 if 语句实现就显得很复杂了。为此，C 语言提供了一个 switch-case 语句用于直接处理并行多分支选择的问题。

switch-case 语句的一般形式如下：

```
        switch(表达式):
    {
        case(常数 1 ):
                语句 1;
                break;
        case(常数 2):
                语句 2;
                break;
                    ⋮
    default: 语句 n;
                break;
    }
```

switch-case 语句执行的流程图如图 5.8 所示。

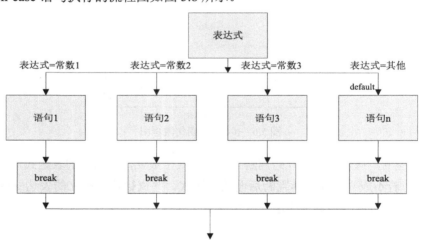

图 5.8 switch-case 语句流程图

当 switch 括号中的表达式与 case 后面的各个常量表达式的值相等时，则执行 case 后面的语句，再执行 break 而跳出 switch 语句。如果 case 后没有和条件相等的值时，就执行 default 后的语句。当要求没有符合的条件时不做任何处理，即不写 default 语句。

使用 switch-case 语句时应注意以下几点：

● 每一个 case 的常量表达式必须是互不相同的，否则将出现混乱局面。

● 各个 case 和 default 出现的次序不影响程序执行的结果。

● 如果在 case 语句中遗忘了 break，则程序在执行了本行 case 选择之后，不会按规定退出 switch 语句，而是将执行后续的 case 语句。

【例 5-3】输入一个数字 1～7 判断是星期几。

程序清单：

```
#include <stdio.h>
void main()
{
    char week;
    printf("Choose a number:");          //输入数据
    scanf("%d", &week);

    if((week<0) ||(week>7))              //判断输入是否有效
    {
        printf("Error number.\n");
    }
    else
    {
        printf("Your choose is .");
        switch(week)                     //根据输入选择要输出的语句
        {
            case 1: printf("Monday.\n");
                    break;
            case 2: printf("Tuesday.\n");
                    break;
            case 3: printf("Wednesday.\n");
                    break;
            case 4: printf("Thursday\n");
                    break;
            case 5: printf("Friday.\n");
                    break;
            case 6: printf("Saturday.\n");
                    break;
            case 7: printf("Sunday.\n");
                    break;
            default:
                printf("\n***error***\n");
        }
    }
}
```

　　本例通过一个简单的事例再次说明了当分支比较少的时候可以采用 if 语句，而当分支多于 3 个的时候就要尽量使用 switch-case 语句了。

5.2.3　循环结构

　　在许多实际问题中，需要进行具有规律性的重复操作。如一个 12MB 的 51 芯片应用电路中要求实现 1ms 的延时，那么就要执行 1000 次空语句才能达到延时的目的(当然也可以使用定时器来做，在此不讨论)，如果是写 1000 条空语句就非常麻烦，并且要占用很多的存储空间。我们知道这 1000 条空语句，无非就是一条空语句重复执行 1000 次，因此就能用循环语句去写，这样不但使程序结构清晰明了，而且使其编译的效率大大提高。

在 C 语言中构成循环控制的语句有以下几种。

- goto 语句
- while 语句
- do-while 语句
- for 语句
- break 语句和 continue 语句

1. goto 语句

goto 语句是一个无条件的转向语句，只要执行到这个语句，程序指针就会跳转到 goto 后的标号所在的程序段。它的语法如下：

```
goto  语句标号;
```

其中的语句标号为一个带冒号的标识符。

【例 5-4】goto 语句的用法。

```
void  main(void)
{
unsigned  char  a;
start: a++;                      //start 标识此行
if (a==10) goto  end;            //如果 a 为 10 跳到 end 标识处
goto  start;
end;
}
```

上面一段程序只是说明 goto 的使用方法，实际编写很少使用这样的方法。这段程序的意思是在程序开始处用标识符"start:"标识，表示程序这是的开始，"end:"标识程序的结束，标识符的定义应遵循前面所讲的标识符定义原则，不能用 C 的关键字，也不能和其他变量和函数名相同。程序执行 a++，a 的值加 1，当 a 等于 10 时程序会跳到 end 标识处结束程序，不然跳回到 start 标识处继续 a++，直到 a 等于 10。上面的示例说明 goto 不但能无条件地转向，而且能和 if 语句构成一个循环结构，这些在 C 程序员的程序中都不太常见，常见的 goto 语句使用方法是用它来跳出多重循环，不过它只能从内层循环跳到外层循环，不能从外层循环跳到内层循环。大多数 C 程序员都不喜欢用 goto 语句，因为过多地使用它会使程序结构不清晰，过多的跳转使程序又回到了汇编的编程风格，使程序失去 C 的模块化的优点。

2. while 语句

while 语句的意思不难理解，在英语中它的意思是"当……的时候"，在这里可以理解为"当条件为真的时候，就执行后面的语句"。while 语句构成循环的一般形式为：

```
while(表达式)
{
    循环体语句
}
```

它的执行流程图如图 5.9 所示。

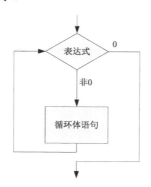

图 5.9　while 语句执行过程流程图

在这里，表达式是 while 循环能否继续的条件，而语句部分则是循环体，是执行重复操作的部分。当条件表达式为真时，就重复执行循环体内的语句，反之退出循环体。如果条件一开始就不成立，那么 while 后面的循环体语句将一次都不执行。

【例 5-5】while 语句的使用方法。

```
while((P1 & 0x10) > 0 && y++<=5)
{
a=1;
b=45;
x=P1;
}
```

在本例中，表达式所列出的测试条件是由两个分测试条件相"与"构成的。

第一个分测试条件是(P1 & 0x10) > 0，它的作用是对单片机 P1 口的第五引脚 P1.4 进行测试，如果它等于 1，则条件为"真"(1)，否则为"假"(0)。

第二个分测试条件是 y++<=5，它的含义是当 y<5 时，条件为"真"(1)，否则为"假"(0)。y++<5 中先测试 y<5，然后再执行 y 自加 1 的运算。

把上面两个分测试条件相"与"，则这个 while 循环的功能是：只有当 P1.4 位电平为高，并持续一段时间(直到 y=5)，执行花括号中的语句：a=1; b=45; x=P1。否则退出此 while 循环，执行下一条语句。

这里需要注意以下几点：

- 在 while 循环体内有三条语句，应使用花括号括起来，表示这是一个语句块，当循环体内只有一条语句时，可以不使用花括号，但此时使用花括号将使程序更加安全可靠，特别是在进行 while 循环的多重嵌套时，使用花括号来分隔循环体，将提高程序的可读性和可靠性。

● 在 while 循环体中，应有使循环趋向于结束的语句。在本例中，当 P1.4 等于 0 或者 y 大于 5 时，while 循环体结束。若没有这种语句，循环将无休止地继续下去。

3. do-while 语句

do-while 语句可以说是 while 语句的补充，while 是先判断条件是否成立再执行循环体，而 do-while 则是先执行循环体，再执行条件表达式，如果条件为真则循环继续，否则终止。这样就决定了循环体无论在任何条件下都会至少被执行一次。

```
do
{
    循环体语句
}
while(表达式)
```

它的执行流程图如图 5.10 所示。

若循环未达到跳出的条件，而其他条件成立要强制跳出循环，则可在循环内加入其他条件与 break 指令。语句如下：

```
while(i= =1)
{
    ⋮
    if(i= =0) break;
    ⋮
}
```

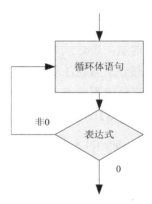

图 5.10　do-while 语句执行过程流程图

4. for 语句

在 C 语言的循环语句中，for 语句是最为灵活也是最为复杂的一种。它不仅可以用在循环次数已经确定的情况，而且可以用在循环次数不确定但已经给出循环条件的情况。除了被重复的循环指令体外，表达式模块由三个部分组成。第一部分是初始化表达式，任何表达式在开始执行时都应该做一次初始化。第二部分对是否结束循环进行测试，一旦测试表达式为假，就会结束循环。第三部分是尺度增量，任何指定的操作或在测试之后，在进入之前将要执行的表达式都可以放在这里。

for 语句是一个很实用的循环语句，它的一般形式是：

```
for(表达式 1;表达式 2;表达式 3)
{
    循环体语句
}
```

一般情况下，表达式 1 的作用是赋初值；表达式 2 的作用是控制循环；表达式 3 的作用是赋值。循环体语句可以由一个空语句组成，表示不做任何操作。

若循环未达到跳出的条件，而其他条件成立要强制跳出循环，则可在循环内加入其他条件与 break 指令。语句如下：

```
for(i=0;i<100;i++)
{
    ⋮
    if(sw1= =0) break;
    ⋮
}
```

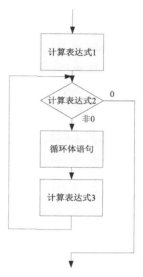

图 5.11　for 语句执行流程图

for 语句执行过程如图 5.11 所示。

由图 5.11 可知，执行过程如下：

(1) 先执行表达式 1，进行初始化。

(2) 判断表达式 2 是否满足给定的循环条件，若满足，则执行循环体内语句，然后执行下面第 3 步。

(3) 若表达式 2 为真，在执行循环语句之后，执行表达式 3。

(4) 回到第 2 步继续执行。

(5) 退出 for 循环，执行下面一条语句。

【例 5-6】编写一程序，试求出 0～100 的和。

```
main()
{
    int i, sum;
    sum = 0;
    for(i = 0; i <= 100; i+)
    {
        sum+= i
    }
}
```

运算结果 sum 值为 5050。

在程序中，for 循环表达式 1 是 "i = 0"，其作用是给 i 赋初值。表达式 2 是 "i<= 100"，其作用是对循环条件进行测试，当 i 值小于等于 10，表达式 2 为 "真"，则执行循环体内的语句 "sum+= i"，然后执行表达式 3 "i++"，进入下一轮循环。若 i 值大于 100，表达式 2 为假，退出循环。

最后，对 for 循环语句的几种特例进行说明。

● for 语句中的小括号内的三个表达式全部为空，即：

```
for(; ;)
{
        循环体语句
}
```

在小括号内只有两个分号，无表达式。这意味着没有设初值，无判断条件，循环变量无增值。这将导致一个无限循环。一般在编写单片机监控程序需要无限循环时，就采用这种形式的 for 语句。

● for 语句三个表达式中，有一个或两个缺省。

表达式 1 缺省，例如：

```
for(; i<=100;i++)
{
        sum = sum+i;
}
```

即不对 i 设初值。

表达式 2 缺省，例如：

```
for(i=1; ; i++)
{
        sum = sum+i;
}
```

即不判断循环条件，认为表达式始终为真。循环将无休止地进行下去。它相当于：

```
i = 1;
while(1)
{
        sum = sum+i;
        i++;
}
```

表达式 1、3 缺省，例如：

```
for(; i<=100;)
{
        sum = sum+i;
        i++;
}
```

它等效于：

```
while (i < 100)
{
        sum = sum+i;
```

```
            i++;
        }
```

● 没有循环体的 for 语句，例如：

```
        for(t = 0; t < 1000; t++)
        {;}
```

此例在单片机程序设计中一般用作延时。

5. break 语句和 continue 语句

在前面已经介绍过 break 语句可以使流程跳出 switch 结构，继续执行 switch 语句下面的语句。实际上，break 语句还可以用来从循环体内跳出循环体，即提前结束循环，接着执行循环下面的语句。

它的一般形式为：

```
        break;
```

continue 语句的作用是结束本次循环，即跳过循环体中下面尚未执行的语句，接着进行下一次循环条件的判定。

一般形式为：

```
        continue;
```

continue 语句和 break 语句的区别在于，continue 语句只结束本次循环，而不是终止整个循环的执行，而 break 语句则是结束整个循环过程，不再判断执行循环的条件是否成立。如果有以下两个循环结构：

(1) while(表达式 1)

```
                {
                    ...
                    if(表达式 2) break;
                    ...
                }
```

(2) while(表达式 1)

```
                {
                    ...
                    if(表达式 2) continue;
                    ...
                }
```

从图 5.12 中可以看出这两种语句的区别，程序(1)的流程图如图 5.12(a)所示，而程序(2)的流程图如图 5.12(b)所示。请注意图中当"表达式 2"为真时流程的转向。

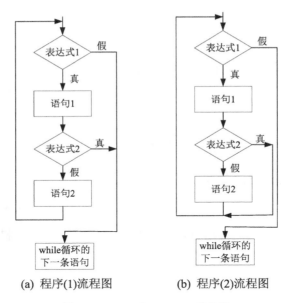

(a) 程序(1)流程图　　　　　(b) 程序(2)流程图

图 5.12　break 和 continue 的比较

5.3　C51 构造数据类型

前面讲述的字符型(char)、整型(int)、浮点型(float)等数据都属于基本数据类型。C 语言还提供了一些扩展的数据类型，我们称之为构造数据类型。这些按一定规则构成的数据类型有数组、指针、结构、联合、枚举等。

5.3.1　数组

数组是同一类型变量的有序集合。可以这样理解，就像一个学校在操场上排队，每一个年级代表一个数据类型，每一个班级为一个数组，每一个学生就是数组中的一个数据。数组中的每个数据都能用唯一的下标来确定其位置，下标可以是一维或多维的。就如在学校的方队中要找一个学生，这个学生在 I 年级 H 班 X 组 Y 号的，那么能把这个学生看做在 I 类型的 H 数组中(X，Y)下标位置中。

1. 数组的定义

数组和普通变量一样，要求先定义了才能使用。下面分别是定义一维数组和多维数组的方式：

　　　　数据类型　数组名[常量表达式];
　　　　数据类型　数组名[常量表达式 1]……[常量表达式 N];

"数据类型"是指数组中各数据单元的类型，每个数组中的数据单元只能是同一数据类型。"数组名"是整个数组的标识，其命名方法和变量命名方法一样。在编译时系统会根据数组大小和类型为变量分配空间，数组名可以说就是所分配空间的首地址的标识。"常量表达式"是表示数组的长度和维数，它必须用"[]"括起，括号里的数不能是变量，只能是常量。例如：

```
unsigned int xcount [10];          /*定义无符号整型数组，有 10 个数据单元*/
char inputstring [5];              /*定义字符型数组，有 5 个数据单元*/
float outnum [10] [10];            /*定义浮点型二维数组，有 100 个数据单元*/
```

在 C 语言中数组的下标是从 0 开始的而不是从 1 开始，如一个具有 10 个数据单元的数组 count，它的下标就是从 count[0]到 count[9]，引用单个元素就是数组名加下标，如count[1]就是引用 count 数组中的第 2 个元素，如果引用了 count[10]就会出现数组越界的错误。还需注意的是，在程序中只能逐个引用数组中的元素，不能一次引用整个数组，但是字符型的数组就能一次引用整个数组。

2. 数组的初始化

数组中的值，可以在程序运行期间，用循环和键盘输入语句进行赋值，但这样做将耗费机器运行的许多时间，对大型数组而言，这种情况更加突出。对此可以用数组初始化的方法来解决，即在定义数组的同时，给数组赋初值。这项工作是在程序编译中完成的。

赋初值的方式如下：

```
数据类型　[存储器类型]　数组名[常量表达式] = {常量表达式};
数据类型　[存储器类型]　数组名[常量表达式 1]…[常量表达式 N]={{常量表达式}…
                                                    {常量表达式 N}};
```

初值的个数必须小于或等于数组长度，不指定数组长度则会在编译时由实际的初值个数自动设置。

对全部元素赋初值，例如：

```
unsigned char LedNum[2]={12,35};   /*一维数组赋初值*/
int a[2][3]={{1,2,4},{2,2,1}};     /*二维数组赋初值*/
unsigned char c[]={1,5,6,7,3};     /*没有指定数组长度，编译时由实际的初值个数自动设置*/
```

对部分元素赋初值，例如：

```
unsigned char LedNum [2]={12};     /*一维数组赋初值*/
int onKey[2][3]={{1,2},{2}};       /*二维数组赋初值*/
```

如只对数组的部分元素赋初值，则数组中的其余元素被缺省地赋值为 0，即上面例子中的 LedNum 数组中的元素是{12, 0}，onKey 数组的元素为{{1, 2, 0}, {2, 0, 0}}。

3. 字符数组

基本类型为字符类型的数组称为字符数组。在字符数组中，一个元素存放一个字符，所以可以用字符数组来存储长度不同的字符串。

字符数组的定义与其他数组的定义方法一样，如 char a[10]，定义 a 为一个 10 个字符的一维字符数组。

字符数组赋初值的最直接方法是将各字符逐个赋给数组中的各个元素。例如：

```
char a[10] = {'B', 'E, , 'I, ' ', 'J', 'I', 'N', 'G', '\0'};
```

定义了一个字符型数组 a[ ]，有 10 个数组元素，并且将 9 个字符(包括字符串结束标志'\0')分别赋给了 a[0]～a[8]，剩余的 a[9]被系统自动赋予空格字符。

还可以用字符串直接给字符数组赋初值。其方法有以下两种形式：

```
char a[10] = {"BEI JING"};
char a[10] ="BEI JING";
```

用双引号""括起来的一串字符，称为字符串常量，如"Happy"。C 编译器会自动地在字符末尾加上结束符'\0' (NULL)。

用单引号''括起来的字符为字符的 ASCII 码值，而不是字符串。例如，'a'表示 a 的 ASCII 码值 97；而"a"表示一个字符串，由两个字符 a 和\0 组成。

一个字符串可以用一维数组来装入，但数组的元素数目一定要比字符多一个，以便 C 编译器自动在其后面加入结束符'\0'.

若干个字符串可以装入一个二维字符数组中，称为字符数组。数组的第一个下标定义字符串的个数，第二个下标定义每个字符串的长度。该长度应当比这批字符串中最长的字符串多一个字符，用于装入字符串的结束符为'\0'。如 char a[10][61]，定义了一个二维字符数组 a，可容纳 10 个字符串，每串最长可达 60 个字符。

```
uchar CodeMsg [ ] [17] = {    {"This is a test", \n},
                              {"message 1", \n},
                              {"message 2", \n}}
```

这是一个二维数组，第二个下标必须给定，因为它不能从数据表中得到，第一个下标可缺省，由数据常量表决定。

【例 5-7】一个简单的文本编辑器程序。

```
#include <REG52.H>
#include <stdio.h>
#define MAX 100
#define LEN 80
char text[MAX][LEN];
main()
{    register int t ,i ,j ;

     for(t=0;t<MAX; t++) /*逐行输入字符串*/
     {
```

```
            gets(text[t],LEN);
            if(!text[t][0]) break; /*空行退出*/
        }

    for(i=0;i<t;i++)
    {/*按行，逐个字符输出字符串*/
        for(j=0; text [i][j];j++)
        putchar(text [i][j]);
        putchar( '\n');
    }
    while (1) {};
}
```

本例先通过定义一个二维的字符数组，第一维表示字符串的最大长度，第二维表示字符串的数目。通过字符串库函数完成相应的输入/输出。

4. 数组与存储空间

当程序中设定了一个数组时，C 编译器就会在系统的存储空间中开辟一个区域，用于存放该数组的内容。对字符数组而言，每个成员占据了内存中一个字节的位置。对长整型数组而言，一个成员占据 4 字节的存储空间。对于多维数组来说，一个 10×10×10 的三维长整型数组需要大约 4KB 的存储空间，而一个 25×25×25 的三维长整型数组就需要大于 64KB 的存储空间，而 8051 单片机的最大寻址空间只有 64KB。

当数组，特别是多维数组中大多数元素没有被有效利用时，就会浪费大量的存储空间。51 单片机这样的嵌入式控制器，不像复用式系统那样拥有大型的存储区。其存储资源极为有限，因此无论如何不能被不必要地占用。因此在进行 C51 编程开发时，要仔细根据需要来选择数组的大小。

5.3.2　指针

首先从一个例子去理解指针的概念。李先生住在 301 房间，要访问李先生，可以通过两种方式。第一种方式是直接访问方式，直接到 301 房间找李先生。第二种方式是间接访问方式，例如，张先生知道李先生的房间号，张先生住在 501 房间，我们可以先到 501 房间去访问张先生，从而知道李先生的房间号 301，再按这个地址找李先生。这种方式就使用了指针。在这里，张先生相当于一个指针变量，他的地址是 501 房间，他指向一个变量的地址即 301 房间，李先生即 301 房间存放的变量。简言之，指针是一个存放变量地址的变量。因为指针中包含了变量的地址，它可以对它所指向的变量进行寻址，使用指针是非常方便的，因为它很容易从一个变量移到下一个变量，所以可以写出对大量变量进行操作的通用程序。

1. 指针的定义

所有的变量在使用之前必须先定义，以确定其类型。指针变量也不例外，由于它是用来专门存放地址的，因此必须将它定义为"指针类型"。指针定义的一般形式为：

　　　　类型说明符　*指针变量名;

例如：

```
int *p;                 //定义一个整型的指针变量 p
float *pointer;         //定义一个浮点型的指针变量 pointer
```

注意，指针变量名前面的"*"号表示该变量为指针变量。但指针变量名应该是 p、pointer，而不是*p、*pointer。

2. 指针变量的引用

定义了指针后，如果没对它赋值，那么指针所指向的内存地址单元仍然是空白的，为了使空白的指针变量指向某一具体的变量，就必须执行指针变量的引用操作。指针变量的引用通过取址运算符"&"来实现。使用取址运算符"&"和赋值运算符"="就可以使一个指针变量指向一个变量。

在完成了变量、指针变量的定义以及指针变量的引用之后，就可以通过指针和指针变量对内存进行间接访问了。这时就要用到指针运算符"*"。

例如，要将整型变量 a 的值赋给整型变量 x，若使用直接访问方式，则用：

　　　　x = a;

若使用指针变量 ap 进行间接访问，如图 5.13 所示，则用：

　　　　x = *ap;

图 5.13　用指针变量访问内存

此时程序先从指针变量 ap 中取出 a 变量的指针(地址)，然后从此地址中取出 a 变量的值 6 赋给指针变量 x。

应当注意的是，"*"在指针变量定义时和在指针运算时所代表的含义是不同的。在进行指针变量定义时，*ap 中的"*"是指针变量类型说明符。在进行指针运算时，x = *ap 中的"*"是指针运算符，表示取对应内存单元的值。

在实际的编程和运算过程中，变量的地址和指针变量的地址是不可见的。变量、指针变量和内存单元地址这三者之间的对应关系完全由 C 编译器来确定。程序设计者只能通过取地址运算符"&"和指针运算符"*"来使指针变量与变量建立起联系，初学者难免会觉得指针运算比较抽象，因此针对这部分内容再做如下说明。

如果已经完成了指针变量的定义和引用，即

```
int *ap, int a;
ap = &a;
```

则在进行指针运算时，有以下几种情况。

- *ap 与 a 是等价的，即*ap 就是 a。
- 由于*ap 与 a 等价，则&*ap 与&a 等价。
- 由于 ap 与&a 等价，则*&a 与*ap 等价，即与 a 等价。
- (*ap)++相当于 a++。

总之，"&"表示取地址，"*"表示取内容，在运算中它们是互相抵消的。

【例 5-8】指针使用举例。

```
main()
{
/*定义整型变量 a、b、c 和指针变量 p、q、s*/
    int a、b、c;
    int *p;
    int *q;
    int *s;

    /*对变量 a、b、c 赋初值*/
    a=6;
    b=8;
    c=10;

    /*对指针变量 ap、bp、cp 赋初值，使之分别指向变量 a、b、c*/
    p = &a;
    q = &b;
    s = &c;
printf("%d,%d,%d",*p,*q,*s);    /*输出*/
while(1);
}
```

本例首先定义了三个整型变量和三个指针变量，然后通过赋值初始化，最后输出三个指针所指向地址的值。最后输出结果为：

6,8,10

3. 指针变量的运算

由于指针也是变量，它具有变量的特性，可以对指针进行某些运算，但需要牢记一点：指针变量的值始终与某类型变量的地址有关。对于指针的运算，归纳起来，有如下 4 种运算：指针变量赋值、指针加(减)一个整数、两个指针比较和两个指针相减等。

(1) 指针变量赋值

赋值运算是指使指针变量指向一特定的内存地址。在前面讲解指针的引用时已经接触过。指针变量的赋值运算只能在相同的数据类型之间进行。

【例 5-9】指针运算举例 1。

```
main()
{
    int a=1;
    int *ptr1=&a;
    int *ptr2;
    ptr2=ptr1;    /*将 ptr1 所指向的地址赋给 ptr2*/
    printf("ptr2=%d\n", *ptr2);
}
```

运行结果为：

```
ptr2=1
```

(2) 指针加(减)一个整数

指针加(减)一个整数的意义是当指针指向某存储单元时，使指针相对该存储单元移动位置，从而指向另一个存储单元。不同类型的指针移动的字节数是不一样的，指针移动以它指向的数据类型所占的字节数为移动单位。例如，字符型指针每次移动一个字节，长整型指针每次移动四个字节。经常利用指针的加减运算移动指针来取得相邻存取单元的值，特别在使用数组时，经常使用该运算来存取不同的数组元素。

【例 5-10】指针运算举例 2。

```
main()
{
    int   array [10]＝{0,1,2,3,4,5,6,7,8,9};
    int *p＝&array[0];          /*初始化指针 p */
    for (i=0; i<10; i++)
    {
        printf("%d,",*p);       /*输出指针 p 所指向的数组元素的值*/
        p++;                    /*移动指针 p，使它指向数组的下一个元素*/
    }
}
```

运行结果为：

```
0,1,2,3,4,5,6,7,8,9,
```

(3) 两个指针比较

两个指针进行比较运算可以使用关系运算符对两个指针所指的地址进行比较。

- pi < pj;：当 pi 所指的地址在 pj 所指的地址之前时为真。
- pi > pj;：当 pi 所指的地址在 pj 所指的地址之后时为真。
- pi == pj;：当 pi 所指的地址与 pj 所指的地址相同时为真。
- pi != pj;：当 pi 所指的地址与 pj 所指的地址不同时为真。

指针比较运算经常用于数组，判定两个指针所指的数组元素的位置的先后，而将指向两个简单变量的指针进行比较或在不同类型指针之间的比较是没有意义的，指针与整数常量或变量的比较也没有意义，只有常量 0 例外，一个指针变量为 0(NULL)时表示该指针为空，没有指向任何存储单元。

(4) 两个指针相减

当两个指针指向同一数组时，两个指针相减的差值即为两个指针相隔的元素个数。

4. C51 的指针类型

C51 分通用指针和指定存储器指针两种指针类型。

(1) 通用指针

通用指针的声明和使用均与标准 C 相同,不过同时还可以说明指针的存储类型。例如：

```
char *ptr;              /*ptr 为指向 char 型数据的指针*/
char * xdata ptr;       /*ptr 为一个指向 char 数据的指针，而 ptr 本身放于 xdata 区*/
```

通用指针需占用 3 个字节：第 1 字节为存储器类型，第 2 字节为偏移量的高字节，第 3 字节则为偏移量的低字节。通用指针可以访问存储空间任何位置的变量，因此许多库程序使用这种类型的指针，使用这种普通隐式指针可访问数据而不用考虑数据在存储器中的位置。存储器类型的编码值如表 5.10 所示。

表 5.10　存储器类型的编码值

存储器类型	data.idata/bdata	xdata	pdata	code
编码	0x00	0x01	0xFE	0xFF

由于存储区在运行前是未知的，编译器不能优化存储区访问，而必须产生可以访问存储区的通用代码，因此通用指针产生的代码比指定存储区指针产生的代码的执行速度要慢。

(2) 指定存储器指针

C51 允许规定指针指向的存储器类型，这种指针称为基于存储器的指针或指定存储区指针。它以存储器类型为参量，在编译时才被确定。例如：

```
char data * str;    /*str 指向 data 区中 char 型数据*/
int xdata * pow;    /*pow 指向外部 RAMxdata 的 int 型整数*/
```

这种指针在存放时，只需 1 个字节(data *、bdata *、idata *、pdata *)或两个字节(xdata *、code *)就够了，因为只需存放偏移量。C51 提供了这几种存储类型：

- data：可寻址片内 RAM

- bdata：可位寻址片内 RAM
- idata：可寻址片内 RAM，允许访问全部内部 RAM
- pdata：分页寻址片外 RAM(256B/页)
- xdata：可寻址片外 RAM(64KB 地址范围)
- code：程序存储区(64KB 地址范围)

5.3.3　结构

C 语言中的结构，就是把多个不同类型的变量结合在一起形成的一个组合形变量，称为结构变量。这些不同类型的变量可以是基本类型、枚举类型、指针类型、数组类型或结构类型。当某些变量相关的时候使用结构是很方便的。

1. 定义结构类型

定义结构的一般形式为：

```
struct 结构名
{
    结构成员说明
};
```

结构成员说明的格式为：

```
类型标识符 成员名;
```

例如，用一系列变量来描述一天的时间，需要定义时、分、秒变量，还要定义一个"天"的变量，通过使用结构可以把这 4 个变量定义在一起，给它们一个共同的名字。声明如下：

```
struct time_str
{
    char hour;
    char min;
    char sec;
    int days;
};
```

在 C51 编译器中，结构被提供了连续的存储空间，成员名被用来对结构内部进行寻址。这样，结构 time_str 被提供了连续 5 个字节的空间。空间内的变量顺序和定义时的变量顺序一样，如表 5.11 所示。

表 5.11　结构体变量的存储

Offset	Member	Bytes
0	hour	1
1	min	1
2	sec	1
3	days	2

如果定义了一个结构类型，它就像一个新的变量类型。可建立一个结构数组，包含结构的结构和指向结构的指针。

2. 定义结构变量

上面定义的 struct time_str 只是结构体的类型名，而不是结构体的变量名。为了在程序中正常地执行结构操作，除了定义结构的类型名之外，还需要进一步定义该结构类型的变量名。

定义一个结构体变量的方法有如下几种。

(1) 先定义结构的类型，再定义该结构的变量名

其一般形式为：

```
struct  结构名
{
      结构成员说明
};
结构名  变量名 1,变量名 2,…,变量名 n;
```

例如：

```
struct time_str
{
      char hour;
      char min;
      char sec;
      int days;
};
time_str   time_of_day1, time_of_day2;
```

在本例中，定义了名为 time_str 的结构类型，然后使用"time_str time_of_day1，time_of_day2;"来定义 time_of_day1 和 time_of_day2 两个该类型的结构变量。

(2) 在定义结构类型的同时定义该结构的变量

其一般形式为：

```
struct  结构名
{
      结构成员说明程序
}变量名 1,变量名 2,…,变量名 n;
```

例如：

```
struct time_str
{
      char hour;
      char min;
```

```
        char sec;
        int days;
    }time_of_day1, time_of_day2;
```

(3) 直接定义结构类型变量

其一般形式为:

```
    struct
    {

    结构成员说明程序

    }变量名 1,变量名 2,…,变量名 n;
```

例如:

```
    struct
    {
        char hour;
        char min;
        char sec;
        int days;
    }time_of_day1, time_of_day2;
```

下面对结构做几点说明:

- 结构体类型和结构体变量是两个不同的概念,不能混淆。
- 结构体的成员也可以是一个结构变量。
- 结构体的成员可以与程序中的其他变量名相同,但两者代表不同的对象。
- 如果在程序中所用到的结构数目多、规模大,可以将它们集中定义在一个头文件中, 然后用宏指令#include 将该头文件包含在需要它们的源文件中。这样做,便于装配、 修改和使用。

3. 结构变量的引用

就结构而言,可操作的对象是结构类型变量,而不是结构类型。也就是说,当对结构 进行引用时,只能对结构类型变量进行赋值、存取和运算,而不能对结构类型做这些操作。 这是因为在编译时,C 编译器不对抽象的结构类型分配内存空间,只对具体的结构类型变 量分配内存空间。

结构不能作为一个整体参加赋值、存取和运算,也不能整体地作为函数的参数或函数 的返回值。对结构所执行的操作,只能用&运算符取结构的地址,或对结构变量的成员分 别加以引用。

结构体成员引用的一般形式为:

```
    结构变量名. 成员名;
```

例如：

time_of_day1. hour = 12;

"．"是成员运算符。它在所有的运算符中优先级最高。上面的赋值语句作用是将 12 赋给 struct time_str 类型的结构变量 time_of_day1 的成员 hour。

如果结构类型变量的成员本身又属于一个结构类型变量，则要用若干个成员运算符"．"一级一级地找到最低一级的成员，只有最低一级的成员才能参加赋值、存取和运算。"—>"和"．"等同。

结构类型变量的成员可以像普通变量一样进行各种运算。

4．结构数组

在讲到 struct time_str 结构类型时，虽然只定义了两个具有该类型的结构变量 time_of_day1、time_of_day2，但在使用时已经感到了引用它们的麻烦。因为尽管这两个变量结构相同，具有同样的成员项，但当使用 printf() 语句打印它们时，必须分别使用两个 printf() 语句。试想，假如有若干个这样的结构变量，要将它们的内容全部打印出来，将多么麻烦。要解决这个问题，可以将具有同样结构类型的若干个结构变量定义成结构数组。这样就可以使用循环语句对它们进行引用，从而大大提高效率。

结构数组的每个元素都是具有相同结构类型的结构变量，它们都含有相同的成员项。结构数组的定义与结构变量的定义方法相似，只需将结构变量改成结构数组即可。

5．指向结构的指针

一个指向结构类型数据的指针，就是该数据在内存中的首地址。定义的一般形式为：

```
struct  结构类型名
{
     结构成员说明
}*指针变量名;
```

或

```
struct  结构类型名 *指针变量名;
```

下面举例对其进行说明。指向结构变量的指针变量的一个实际应用例子就是对信息进行传送，一个任务使用"传送一条信息"的方法与另一任务进行通信。通过一个指向结构的指针来携带要传送的信息。

【例 5-11】用指向结构变量的指针变量实现信息的传送。

程序清单如下：

```
# define uint unsigned int
#define uchar unsigned char
struct msg1
```

```
{
    uint lnk;
    uchar len,flg,nod,sdt,cmd,stuff;
};
struct msg1 *msg;                    /*定义指向结构 msg1 的指针变量*/
void rqsendmessage (struct msg1 *m);  /* "传递信息"函数*/
main()
{
    uchar stuff = 0;
    msg  —> len = 8;                 /*msg 赋值*/
    msg  —> flg = 0;
    msg  —> nod =0;
    msg  —> sdt = 0x12;
    msg  —> cmd = 0;
    msg  —> stuff = stuff;
    rqsendmessage(msg);              /*发送信息*/
}
```

　　在程序中，函数 rqsendmessage()就是用于在两任务之间进行结构变量指针传送的专用函数，而 struct msg1 *msg 正是所要传递的结构变量的指针变量。在主程序中，首先对信息结构赋值，然后调用 rqsendmessage()函数将指针变量 msg 发送出去。

　　下面将对上面的程序做适当修改，使 rqsendmessage()函数传送一个指向结构数组的指针变量。

　　【例 5-12】用指向结构数组的指针变量实现多条信息的传送。

　　程序清单如下：

```
# define uint unsigned int
#define uchar unsigned char
struct
{
    uint lnk;
    uchar len,flg,nod,sdt,cmd,stuff;
} msg1[4];                           /*定义结构数组*/
void rqsendmessage (struct msg1 *m);  /* "传递信息"函数*/
main()
{
    uchar stuff = 0;
    struct msg1 *p;                  /*定义指向结构 msg1 的指针变量*/
    for (p = msg1; p < msg1 +4; p++) /*对数组的四个元素赋值，并传递信息*/
    {
        p  —> len = 8;
        p  —> flg = 0;
        p  —> nod =0;
        p  —> sdt = 0x12;
```

```
            p  —> cmd = 0;
            p  —> stuff = stuff;
            rqsendmessage(p);
        }
    }
```

本例通过定义一个指针指向结构体数组的首地址，然后对结构体变量进行赋值，再调用 rqsendmessage()函数将指针变量 msg 发送出去，接着 p++语句使 p 指向下一个结构体数组元素，利用 for 循环从而实现多条信息的传递。

5.3.4 联合

联合也称共用体，和结构很相似，它由相关的变量组成，这些变量构成了联合的成员。但是联合所占有的内存空间并不是各成员所占空间的总和，而是与其占用空间最大的其中一个成员相等。因为联合的各成员共用相同的内存空间，所以这些成员只能有一个起作用。联合的成员变量可以是任何有效类型，包括 C 语言本身拥有的类型和用户定义的类型，如结构和联合。

定义联合的一般形式为：

```
union  共用体类型名
{
    类型说明符   变量名 1;
    类型说明符   变量名 2;
    ...
    类型说明符   变量名 n;
};
```

例如：

```
union time_type
{
    unsigned long secs_in_year;
    struct time_str time;
}mytime;
```

用一个长整型来存放从这年开始到现在的秒数，另一个可选项是用 time_str 结构来存储从这年开始到现在的时间，time_str 结构在 5.3.3 节有定义。

对联合的成员引用如下：

```
mytime.secs_in_year=JUNEIST;
mytime.time.hour=5;
curdays=mytime.time.days;
```

像结构一样，联合也以连续的空间存储，空间大小等于联合中最大的成员所需的空间。time_type 中各成员所占空间大小如表 5.12 所示。

表 5.12　time_type 中各成员所占空间大小

Offset	Member	Bytes
0	secs_in_year	4
0	mytime	5

因为最大的成员需要 5 个字节,联合的存储大小为 5 个字节。当联合的成员为 secs_in_year 时,第 5 个字节没有使用。

联合经常被用来提供同一个数据的不同表达方式。

5.3.5　枚举

在实际问题中,有些变量的取值被限定在一个有限的范围内。例如,一个星期内只有七天,一年只有十二个月,一个班每周有六门课程等。如果把这些量说明为整型、字符型或其他类型显然是不妥当的。为此,C 语言提供了一种称为"枚举"的类型。在"枚举"类型的定义中列举出所有可能的取值,被说明为该"枚举"类型的变量取值不能超过定义的范围。应该说明的是,枚举类型是一种基本数据类型,而不是一种构造类型,因为它不能再分解为任何基本类型。

枚举类型定义的一般形式为:

```
enum  枚举名
{
        枚举值列表
};
```

在枚举值表中应罗列出所有可用值,这些值也称为枚举元素。

例如:

```
enum weekday
{
        sun,mon,tue,wed,thu,fri,sat
};
```

该枚举名为 weekday,枚举值共有 7 个,即一周中的七天。凡被说明为 weekday 类型变量的取值只能是七天中的某一天。

如同结构和联合一样,枚举变量也可用不同的方式说明,即先定义后说明、同时定义说明或直接说明。设有变量 a、b、c 被说明为上述的 weekday,可采用下述任一种方式:

```
enum weekday
{
        ...
};
enum weekday a,b,c;
```

或者为：

```
enum weekday
{
    …
}a,b,c;
```

或者为：

```
enum
{
    …
}a,b,c;
```

枚举类型在使用中有以下规定：

- 枚举值是常量，不是变量。不能在程序中用赋值语句再对它赋值。例如，对枚举 weekday 的元素再做以下赋值：

        sun=5;mon=2;sun=mon;

    是错误的。

- 枚举元素本身由系统定义了一个表示序号的数值，从 0 开始顺序定义为 0、1、2……如在 weekday 中，sun 值为 0，mon 值为 1，……，sat 值为 6。

- 只能把枚举值赋予枚举变量，不能把元素的数值直接赋予枚举变量。例如：a=sum; b=mon;是正确的。而 a=0; b=1;是错误的。如一定要把数值赋予枚举变量，则必须用强制类型转换。例如 a = (enum weekday)2;，其意义是将顺序号为 2 的枚举元素赋予枚举变量 a，相当于 a=tue;。

5.4　本 章 小 结

本章主要介绍了单片机的 C 语言设计，详细介绍了单片机的 C 语言的基础知识、存储类型、基本数据类型、构造数据类型、程序结构以及常用库函数。

通过本章的学习，读者应该掌握以下几个知识点：

- 理解 C51 的基本数据类型和构造数据类型，其中指针这一特殊的数据类型是难点。

- 理解 C51 的运算符，对于自增自减要重点掌握。

- 理解并熟悉 C51 程序的三种基本结构：顺序结构、选择结构、循环结构。

- 了解 C51 常用的库函数。

实验与设计

实验 5-1　用*号输出字母 C51 的图案

1. 实现思路

本实例要求用*输出 C51 这个图案到计算机显示屏幕上，如图 5.14 所示。

```
******    ******       *
*         *            *
*         ******       *
*              *       *
******    ******       *
```

图 5.14　用*画 C51 的图

很显然，这是一个关于单片机的软件编程，只要求将图显示在计算机上，因此需要利用 printf 函数，但是单片机 C 编程不同于平常的 C 程序设计，在使用之前需要加入如下代码：

```
SCON=0x52;
TMOD=0x20;
TH1=0xf3;
TR1=1;
```

这样才能正确地输出。

2. 程序设计

```
#include "stdio.h"                //I/O 库函数原型说明
#include "reg52.h"                //特殊寄存器的头文件
//专供 8051 扩展系列的单片机使用

#ifdef MONITOR51                  //是否需要使用 Monitor-51 调试
char code reserve [3] _at_ 0x23;  //如果是，留下该空间供串口使用
#endif                            //停止程序执行


//以下为程序主函数，在堆栈等初始化完成后，程序开始执行
main()
{
    SCON=0x52;
    TMOD=0x20;
    TH1=0xf3;
    TR1=1;
```

```
                                 //以上 4 行为 printf 函数所必需
printf("Hello C51 - world!\n");                 //输出字符
printf(" ******    ******     *\n");
printf(" *         *          *\n");
printf(" *         ******     *\n");
printf(" *                *   *\n");
printf(" ******    ******     *\n");
while(1) ;                       //程序停止，如果没有这一句，单片机将重复输出
}
```

3. 程序结果

由于这是个纯软件的问题，因此可以利用 Keil 的软件仿真而不需要硬件来完成。那么如何获得结果，或者说怎样验证程序的正确性呢？下面将重点讲述。

按照前面第 4 章所讲的内容已经建立好工程，并且已经把程序编好，接着就可以编译程序了。

(1) 编译程序

在已经打开的 Keil 窗口中，单击 Project 菜单，再在下拉菜单中单击 Built Target 选项(或者使用快捷键 F7)，编译成功后，再单击 Debug 菜单，在下拉菜单中单击 Start/Stop Debug Session(或者使用快捷键 Ctrl+F5)，屏幕如图 5.15 所示。

图 5.15　选择 Start/Stop Debug Session 后

(2) 调试程序

在图 5.15 中，单击 Debug 菜单，在下拉菜单中单击 Run 选项(或者使用快捷键 F5)，然后再单击 Debug 菜单，在下拉菜单中单击 Stop Running 选项(或者使用快捷键 Esc)；再单击 View 菜单，再在下拉菜单中单击 Serial Window 的 UART #1 选项(如图 5.16 所示)，就可以看到程序运行后的结果，其结果如图 5.17 所示。

图 5.16　选择 Serial Window 的 UART #1 选项

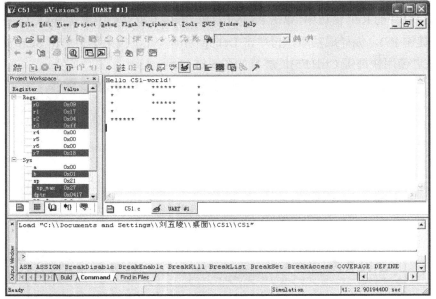

图 5.17　结果显示

实验 5-2　用自增自减运算控制 P1 口流水花样

1. 实现思路

本实验需要通过 8 位数码管来演示，我们将 8 位数码管接到单片机的 P1 口，具体电路原理图如图 5.18 所示。

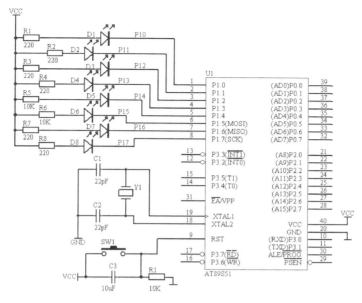

图 5.18　原理图

　　因为 8 位数码管表示的最大十六进制值为 0xFF，所以可以定义一个 unsigned char 型的
数据 a，它表示的数据范围为 0～255，然后将这个数据送到 P1 口显示到数码管上，并延时
显示一段时间，然后进行自加运算，再送到 P1 口，如此循环，就可以看到流水花样了。
同样，当达到最大值后再采用自减运算回到初始值。

2. 程序设计

　　根据上面的分析，程序如下：

```
#include <reg51.H>
void delay02s(void)                 //延时子程序
{
  unsigned char i,j,k;
  for(i=20;i>0;i--)
  for(j=20;j>0;j--)
  for(k=248;k>0;k--);
}

void main(void)

{
  unsigned char    a;
for(;;)
{
while(a<=255)                       //自加运算控制
{
```

```
        P1=a;                        //将值送到 P1 口
        delay02s();
        a++;
    }
    a—;                              //溢出恢复前一值
    while(a>=0                       //自减运算控制
    {
        P1=a;
        delay02s();
        a—;
    }
    a++;                             //溢出恢复前一值
    }

    }
```

实验 5-3　用不同数据类型控制灯闪烁的时间

1. 实现思路

前面已经有了闪烁实例,采用的是循环的方式进行延时。控制循环的变量是个 int 型变量,如果采用 char 型又要注意什么问题呢?

首先来看一下电路图,这个实例中只要两盏灯就可以了,因此在实例 5-2 的基础上再加一盏灯就构成了这个事例的原理图,如图 5.19 所示。

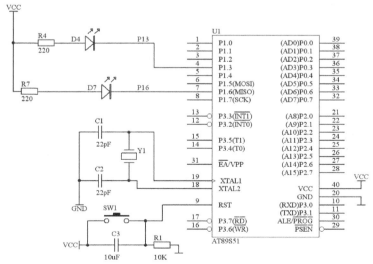

图 5.19　不同数据类型数值延时程序电路图

根据原理图,两个 LED 灯分别接到 P1.3、P1.6 口,在程序中应该首先定义这两个口。例如:

```
sbit L1=P1^3;                    //定义 P1.3 口输出，即 P1.3 的 SFR
sbit L2=P1^6;                    //定义 P1.6 口输出，即 P1.6 的 SFR
```

当然也可以不定义，直接用预处理命令定义就可以了，如 P1.3 口可以用 P1_3 表示，P1.6 可以用 P1_6 来表示，在此程序中直接采用第 2 种方法。

2. 程序设计

程序流程图如图 5.20 所示。

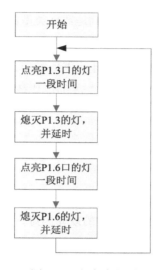

图 5.20　程序流程图

源程序如下：

```
#include <reg52.h>          //预处理命令

  main() //主函数名
{
unsigned int a;             //定义变量 a 为 unsigned int 类型
unsigned char b;            //定义变量 b 为 unsigned char 类型

    do
      {                     //do while 组成循环
        for (a=0; a<65535; a++)   //65535 次
            P1_3 = 0;       //设 P1.0 口为低电平，点亮 LED
            P1_3= 1;        //设 P1.0 口为高电平，熄灭 LED

        for (a=0; a<20000; a++);  //空循环

        for (b=0; b<255; b++)     //255 次
            P1_6 = 0;       //设 P1.1 口为低电平，点亮 LED
```

```
            P1_6 = 1;                //设 P1.1 口为高电平，熄灭 LED

            for (a=0; a<20000; a++);     //空循环
        }
    while(1);
    }
```

将程序编译、汇编、仿真后，用烧写器烧写芯片，即可看到 P1.3 口的灯亮的时间比 P1.6 口时间长。

这段程序很多读者容易犯的一个错误就是数据类型错误。在"for (b=0; b<255; b++)"语句中，b 的类型为 unsigned char，这是一个 8 位长度的数据类型，因此决定了 b 的最大值为 255，当 i 超过 255 时即溢出，从零开始重新累加。也就是说，当使用这种数据类型的时候，"b<255"中的 255 是不能用大于 255 的值代替的，如 256，否则此函数就会陷入死循环，永远执行这个语句。

实验 5-4　　灯的左移右移程序

1. 实现思路

花样灯就是要求 8 个 LED 灯按照一定的规律闪烁，电路原理图如图 5.21 所示。

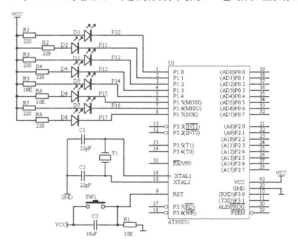

图 5.21　花样灯原理图

那么怎么控制灯的闪烁呢？由电路图可知，8 个 LED 灯是由 P1 口的 8 个 I/O 口控制，现在用 1 个 8 位的二进制数来表示这 8 个口(从高位到低位分别是 P1.7、P1.6、P1.5、P1.4、P1.3、P1.2、P1.1、P1.0)，首先要求这 8 个灯一个一个亮，则用二进制表示依次是 11111111(0xFF)、11111110(0xFE)、11111101(0xFD)、11111011(0xFB)、11110111(0xF7)、11101111(0xEF)、11011111(0xDF)、10111111(0xBF)、01111111(0x7F)，然后再按相反的循序一一点亮，顺序依次是 01111111(0x7F)、10111111(0xBF)、11011111(0xDF)、11101111(0xEF)、11110111(0xF7)、

11111011(0xFB)、11111101(0xFD)、11111110(0xFE)、11111111(0xFF)。

这样 0xFF 等数据就是常量，把它们的初始值赋给数组变量，然后依次送到 P1 口，就可以实现花样灯的程序了。

2. 程序设计

源程序如下：

```
#include <reg52.H> //预处理文件里面定义了特殊寄存器的名称，如 P1 口定义为 P1

main()
{
//定义花样数据
const unsigned char design[18]={0xFF,0xFE,0xFD,0xFB,0xF7,0xEF,0xDF,0xBF,0x7F,
                                0x7F,0xBF,0xDF,0xEF,0xF7,0xFB,0xFD,0xFE,0xFF
                               };
unsigned int a; //定义循环用的变量
unsigned char b; //在 C51 编程中因内存有限应注意变量类型的使用
                        //尽可能使用少字节的类型，尤其是在大型的程序中
while(1){
        for (b=0; b<18; b++)
            {
                for(a=0; a<25400; a++);       //延时一段时间
                P1 = design[b];   //读已定义的花样数据并写花样数据到 P1 口
            }
        }
}
```

将程序编译、汇编、仿真后，用烧写器烧写芯片，即可看到 8 只灯按照事先设计好的顺序点亮，读者在课后可以修改数组的值，继续发散自己的思维。

习　　题

一、填空题

1. C51 的特殊功能寄存器变量用关键字_____来声明，如要访问某可寻址位，用关键字_____来声明。

2. C 语言程序的基本结构有三种，即_____、_____、_____。

3. 有"int i, j, k;"，则表达式"i=1，j=2，k=3，++j+k+i++"的值为_____。

4. C51 提供了存储器指针，如"xdata *,code *"占_____个字节。

5. 一个函数在它的函数体内调用它自身称为_____。

二、选择题

1. 若 x、i、j 和 k 都是 int 型变量,则执行表达式 x=(i=4,j=16,k=32)后 x 的值为(　　)。

    A. 4 　　　　　　　　　　　B. 16

    C. 32 　　　　　　　　　　　D. 52

2. 一个 C 程序的执行是从(　　)。

    A. 本程序的 main 函数开始,到 main 函数结束

    B. 本程序文件的第一个函数开始,到本程序文件的最后一个函数结束

    C. 本程序的 main 函数开始,到本程序文件的最后一个函数结束

    D. 本程序文件的第一个函数开始,到本程序 main 函数结束

3. 以下符合 C 语言语法的赋值表达式是(　　)。

    A. d=9+e+f=d+9 　　　　　　　B. d=9+e=f=d+9

    C. d=d+9 　　　　　　　　　　　D. d=9+e+++=d+7

4. 阅读以下程序:

```
main()
{
    int  x,y,z
    scanf("%d%d%d",&x,&y,&z );
    printf("x+y+z=%d\n ,x+y+z);
}
```

当输入数据的形式为 25、13、10 时,正确的输出结果为(　　)。

    A. x+y+z=48 　　　　　　　　　B. x+y+z=35

    C. x+z=35 　　　　　　　　　　　D. 不确定值

5. 下面有关 for 循环的正确描述是(　　)。

    A. for 循环只能用于循环次数已经确定的情况

    B. for 循环是先执行循环体语句,后判断表达式

    C. 在 for 循环中,不能用 break 语句跳出循环体

    D. for 循环的循环体语句中,可以包含多条语句,但必须用花括号括起来

6. 关于 continue 语句和 break 语句,以下描述正确的是(　　)。

    A. continue 语句的作用是结束整个循环的执行

    B. 只能在循环体内和 switch 语句体内使用 break 语句

    C. 在循环体内使用 break 语句和 continue 语句的作用相同

    D. 从多层循环嵌套中退出时,只能使用 goto 语句

7. 以下能对一维数组 a 进行正确初始化的语句是(　　)。

    A. int a[10]=(0,0,0,0,0) 　　　　　B. int a[10]={ }

    C. int a[]={0,2}; 　　　　　　　　D. int a[10]={10*1};

三、上机题

1. 电路图如图 5.22 所示，编写一个程序完成以下任务。

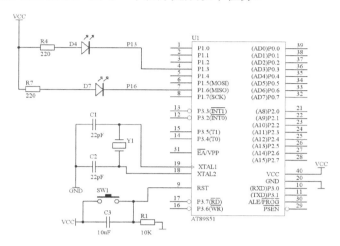

图 5.22　上机题 1 原理图

- 将初始值 0FH 送到 P1，然后再和 0FFH 异或从 P1 口输出，或使用 SWAP A 指令，然后再从 P1 口输出。
- 将初始值 01H 送到 P1，显示一段时间后，再将 09H 送到 P1，同样过一段时间，将前面两次的值相加再送到 P1，查看结果。

2. 实验 5-2 流水花样的流水速度是固定的，试编程实现不同速度的流水花样。电路原理图仍然可以采用图 5.23 所示的原理图。

提示：前面灯的流水速度固定，即灯点亮的时间是固定的，要控制流水花样的速度也就是要控制灯亮的时间。

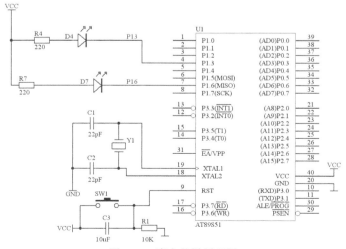

图 5.23　流水花样原理图

第6章 C51语言的进阶应用

本章将介绍 C51 语言的一些使用技巧，包括如何使用预定义关键字、如何养成良好的编程风格、自带库函数的使用以及常见的编译错误和处理方法等。

6.1 程序设计及编程方法

前面已经知道，对于 51 系列单片机，现有四种语言支持，即汇编、PL/M、C 和 Basic。它们的优缺点在前面已经学过，下面主要介绍单片机程序编制过程。

6.1.1 单片机程序的编制过程

无论高级语言还是汇编语言，源程序都要转换成目标代码(机器语言)，单片机才能执行。在 Keil 中程序的编译过程如图 6.1 所示。

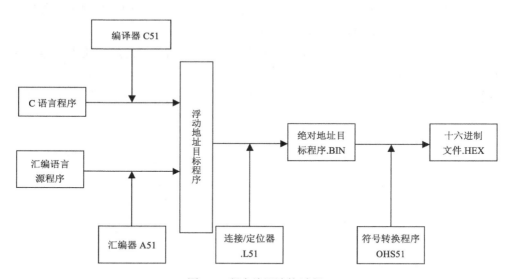

图 6.1 程序编译连接过程

C 语言程序经过 C51 编译器、汇编语言程序经过汇编器编译后可以产生浮动地址目标程序，经过连接定位器生成十六进制的可执行文件。

6.1.2 单片机程序设计技巧

同一般的 C/C++ 程序设计一样，C51 语言的程序设计也有一些共性的程序设计技巧。但同时由于嵌入式系统的实时性、资源有限性等特点，C51 的程序设计也有普通 C/C++ 程序设计所不具备的特点，本小节就将讲述 C51 程序设计中的一些技巧。

一个好的软件设计人员开发的程序应该是符合编程规范的、易于阅读和维护的、高质量的和高效的。它的诞生不是一蹴而就的，需要一个长期的对一个良好的、高效的编程习惯进行培养。本节将介绍一些被多数人认同的良好的编程习惯。

1. 程序的总体设计

设计一个程序编程者应该综合考虑程序的可行性、可读性、可移植性、健壮性以及可测试性。但在实际中很多人容易忽略了这些，把多数精力甚至全部都放在了程序的功能实现上。这在程序规模比较小时一般还显示不出什么不妥的地方，但是当项目规模比较庞大时，对于程序的阅读、维护、移植和测试的弊端就表现出来了。当项目较大时，一般采用模块化设计方法，按照需要实现的功能将程序分为不同功能的模块，一个模块一个程序，实现一个功能，这样做方便修改，也便于阅读、重用、移植和维护。

每个文件的开头应该写明这个文件是哪个项目里的哪个模块，实现什么功能，是在什么编译环境下编译的，编程者或修改者的姓名和编程或修改日期。其中编程日期很重要，有了它以后再看文件时，就会知道这个模块是什么时候编写的，做过什么改动了。

项目中多个模块都引用的头文件、宏定义、编译选项、数据表等可以都放在一个公共的头文件中。这样当有某些头文件、编译选项、常量值等改变时只要都在这个头文件里改就可以了，如下是一个用户设计的 C51 语言的标准头文件格式示例。

```
#include <AT89X52..h>          //包含项目所需要的其他头文件

#include "intrins.h"           //<>和""两种不同的引用方式

#define uchar unsigned char    //使用宏定义以使程序书写简化

#define uint unsigned int

#define PI    3.1416            //定义常量增加程序可读性

#define CONFIG_ARCH_51          //定义编译选项供编译器识别

const char code table[ ]={0x00,0x01,0x02,0x03,    //定义常数表
                          0x04,0x05,0x06,0x07,
                          0x08,0x09,0x0a,0x0b,
                          0x0c,0x0d,0x0e,0x0f} ;
   ...
```

2. 命名规则

虽然在 C51 程序中变量或函数等的名称可以任意选定，但建议命名应具有一定的实际意义。以下是一些命名规则或习惯。

● 常量的命名：全部用大写。当具有实际意义的变量命名含多个单词时，这些单词使用 "_" 连接，该规则不仅对常量适用，对其他变量和宏定义等都适用。程序举例如下：

> const float PI = 3.1416
>
> const int NUM = 100
>
> const unsigned int MAX_LENGTH = 100

> **注意**：这里的常量 PI 和上例宏定义中的 PI 的意义是不同的，上例中的 PI 只是一个宏，只是它在程序中出现时被替换为 3.1416，它没有自己的类型，而本例中的 PI 是实实在在的具有浮点类型的常量。

● 变量的命名：变量通常用小写字母开头的单词组合而成，当有多个单词时也用 "_" 连接，而且除第一个单词外的其他单词一般开头字母大写，另外一些全局变量和静态变量等一般以 g_ 和 s_ 等来开头。程序举例如下：

> bit flag;
>
> char rcvData;
>
> int maxValue;
>
> static uint s_Counter;

> **注意**：在更为严格的命名规范中，应该在变量名前加上变量对应的类型的缩写，例如 rcvData 应该命名为 c_rcvData。

● 函数的命名：函数名首字母大写，若包含有多个单词的每个单词首字母大写。程序举例如下：

> bit TransmitData(char data);
>
> void ShowValue(char *pData);
>
> int Sum(int x,int y);
>
> char *SearchChar(char *pStr, char chr);

3. 编程规范

一个好的程序设计人员写出的代码一定便于阅读和维护，好的程序书写规范一定要从最开始编程时养成。一些程序书写规范如下：

● 缩进：函数体内语句需缩进四个空格大小，即一个 Tab 单位。预处理语句、全局数据、函数原型、标题、附加说明、函数说明、标号等均顶格书写。

● 对齐：原则上每行的代码、注释等都应对齐，而每一行的长度不应超过屏幕太多，必要时适当换行，换行时尽可能在 "," 处或运算符处，换行后最好以运算符开头。

- 空行：程序各部分之间空两行，若不必要也可以只空一行，各函数实现之间一般空一行。
- 重要的或难懂的代码要写注释，如果必要，每个函数都要写注释，每个全局变量要写注释，一些局部变量也要写注释。注释时可以采用"/*"和"*/"配对，也可以采用"//"，但一定要一致。
- 函数的参数和返回值没有的话要使用 void，尽量不要图省事。
- 为了阅读和维护方便，一般一行只实现一个功能，如下语句

    a=1;b=2;c=3;

应该修改为：

    a=1;

    b=2;

    c=3;

- 不管有没有无效分支，switch 函数一定要处理 default 这个分支，这不仅让阅读者知道程序员并没有遗忘 default，另外也可以防止程序运行过程中出现的意外，可以加强程序的健壮性。

6.2　Keil C51 的预处理器

所谓预处理，是指在进行编译的第一遍扫描(词法扫描和语法分析)之前所做的工作。预处理是 C 语言的一个重要功能，它由预处理程序负责完成。当对一个源文件进行编译时，系统将自动引用预处理程序对源程序中的预处理部分做处理，处理完毕自动进入对源程序的编译。C51 编译器的预处理器支持所有满足 ANSI 标准 X3J11 细则的预处理命令。常用的预处理命令有宏定义、文件包含和条件编译。合理地使用预处理功能编写的程序便于阅读、修改、移植和调试，也有利于模块化程序设计。为了与一般 C 语言语句相区别，预处理命令由符号"#"开头。

6.2.1　宏定义

宏定义了一个代表特定内容的标识符。预处理过程会把源代码中出现的宏标识符替换成宏定义时的值。宏最常见的用法是定义代表某个值的全局符号，即定义不带参数的宏。宏的第二种用法是定义带参数的宏，这样的宏可以像函数一样被调用，但它是在调用语句处展开宏，并用调用时的实际参数来代替定义中的形式参数。使用宏定义一方面可以加强程序的可读性，特别是程序中出现的一些"魔鬼数字"，若使用宏来替代，其代表的意义

即一目了然；另一方面，使用宏定义便于对程序的维护，对于多次出现的数字或其他表达式，若需要修改，只修改宏定义就可以了，而不必修改程序中的每一处。

1. 无参宏定义

无参宏的宏名后不带参数。其定义的一般形式为：

#define 标识符 常量表达式

其中的"#"表示这是一条预处理命令，"define"为宏定义命令。"标识符"是所定义的宏符号名(也称宏名)，它的作用是在程序中使用所指定的标识符来代替所指定的常量表达式。

通常对程序中反复使用的表达式进行宏定义，例如，# define M(y*y+3*y)定义宏 M 来代替表达式(y*y+3*y)。在编写源程序时，不必每次都写出(y*y+3*y)，而可以由 M 代替。在源程序作编译时，将先由预处理程序进行宏代换，即用(y*y+3*y)表达式置换所有的宏名 M，然后再进行编译。程序举例如下：

```
#define M (y*y+3*y)
main()
{
    int s,y;

    printf("input a number: ");
    scanf("%d",&y);
    s=3*M+4*M+5*M;
    printf("s=%d\n",s);
}
```

程序中首先进行宏定义，在语句"s= 3*M+4*M+5*M"中做了宏调用。在预处理时经宏展开后该语句变为：

s=3*(y*y+3*y)+4(y*y+3*y)+5(y*y+3*y);

要注意的是，在宏定义中表达式(y*y+3*y)两边的括号不能少，否则会发生错误。如做以下定义：#define M y*y+3*y，在宏展开时将得到下述语句：s=3*y*y+3*y+4*y*y+3*y+5*y*y+3*y; 这相当于 $3y^2+3y+4y^2+3y+5y^2+3y$；显然与原题意要求不符。计算结果当然是错误的。因此在做宏定义时必须十分注意，应保证在宏代换之后不发生错误。

在 Keil C51 编译器中已经预先定义了下列宏符号名(注意首尾都有双下划线)。

- _ _ FILE _ _：被编译的文件名。
- _ _ LINE _ _：被编译文件的当前行号。
- _ _ TIME _ _：编译开始时间。
- _ _ DATE _ _：编译开始日期。
- _ _ STDC _ _：始终为"1"。

- ＿＿C51 ＿＿：C51 编译器的版本号。
- ＿＿ MODEL ＿＿：编译时所选择的存储器模式，0 为 Small，1 为 Compact，2 为 Large。

在使用符号常量定义时需要注意，这些预定义符号名不能用#define 命令进行重复定义。

对于宏定义还要说明以下几点：

- 宏定义是用宏名来表示一个字符串，在宏展开时又以该字符串取代宏名，这只是一种简单的代换，字符串中可以含任何字符，可以是常数，也可以是表达式，预处理程序对它不做任何检查。如有错误，只能在编译已被宏展开后的源程序时发现。
- 宏定义不是说明或语句，在行末不必加分号，如果加上分号则连分号也一起置换。
- 宏定义必须写在函数之外，其作用域为宏定义命令起到源程序结束。如要终止其作用域可使用# undef 命令。例如：

```
# define PI 3.14159
main()
{
…
}
# undef PIPI
f1()
{
…
}
```

在 main()函数结束处用# undef 命令结束宏定义命令# define PI 3.14159 的作用域，表示 PI 只在 main 函数中有效，在 f1 函数中无效。

- 宏名在源程序中若用引号括起来，则预处理程序不对其做宏代换。例如：

```
#define OK 100
main()
{
    printf("OK");
    printf("\n");
}
```

例中定义宏名 OK 表示 100，但在 printf 语句中 OK 被引号括起来，因此不做宏代换。程序的运行结果为：OK，这表示把"OK"当字符串处理。

- 宏定义允许嵌套，在宏定义的字符串中可以使用已经定义的宏名。在宏展开时由预处理程序层层代换。例如：

```
#define PI 3.1415926
#define S PI*y*y
```

PI 是已经定义的宏名，对于语句：

>   printf("%f",s);

在宏代换后变为：

>   printf("%f", 3.1415926 *y*y);

- 习惯上宏名用大写字母表示，以便于与变量区别，但也允许用小写字母。
- 可用宏定义表示数据类型，使书写方便。例如：

>   #define STU struct stu
>   #define INTEGER int

在程序中可用 STU 和 INTEGER 分别做结构变量和整型变量的说明：

>   STU body[5],*p;
>   INTEGER a,b;

应注意用宏定义表示数据类型和用 typedef 定义数据说明符的区别。宏定义只是简单的字符串代换，是在预处理完成的，而 typedef 是在编译时处理的，它不是做简单的代换，而是对类型说明符重新命名。被命名的标识符具有类型定义说明的功能。请看下面的例子：

>   #define PIN1 int*
>   typedef (int*) PIN2;

从形式上看这两者相似，但在实际使用中却不相同。下面用 PIN1、PIN2 说明变量时就可以看出它们的区别："PIN1 a,b;" 在宏代换后变成 "int *a,b;"，表示 a 是指向整型的指针变量，而 b 是整型变量。然而 "PIN2 a,b;" 表示 a、b 都是指向整型的指针变量。因为 PIN2 是一个类型说明符。由这个例子可见，宏定义虽然也可表示数据类型，但毕竟是做字符代换。在使用时要分外小心，以避免出错。

- 对输出格式做宏定义，可以减少书写麻烦。例如：

```
#define P printf
#define D "%d\n"
#define F "%f\n"
main()
{
    int a=5, c=8, e=11;
    float b=3.8, d=9.7, f=21.08;
    P(D F,a,b);
    P(D F,c,d);
    P(D F,e,f);
}
```

2. 带参数的#define 指令

C 语言允许宏带有参数。在宏定义中的参数称为形式参数，在宏调用中的参数称为实际参数。对带参数的宏，在调用中，不仅要展开宏，而且要用实参代换形参。带参宏定义的一般形式为：

> #define 宏名(形参表)字符串

在字符串中含有各个形参。例如：

```
#define MAX(a,b) (a>b)?a:b          /*宏定义*/
main()
{
    int x,y,max;
    printf("input two numbers: ");
    scanf("%d%d",&x,&y);
    max=MAX(x,y);                   /*宏调用*/
    printf("max=%d\n",max);
}
```

程序的第一行进行带参宏定义，用宏名 MAX 表示条件表达式(a>b)?a:b，形参 a、b 均出现在条件表达式中。程序第 7 行 max=MAX(x, y)为宏调用，实参 x、y 将代换形参 a、b。宏展开后该语句为：max=(x>y)?x:y;用于计算 x、y 中的大数。

对于带参的宏定义有以下问题需要说明。

● 带参宏定义中，宏名和形参表之间不能有空格出现。

例如，把#define MAX(a,b) (a>b)?a:b 写为#define MAX(a,b) (a>b)?a:b 将被认为是无参宏定义，宏名 MAX 代表字符串(a,b) (a>b)?a:b。

宏展开时，宏调用语句 max = MAX(x,y);将变为 max = (a,b) (a>b)?a:b(x,y); 这显然是错误的。

● 在带参宏定义中，形式参数不分配内存单元，因此不必做类型定义。而宏调用中的实参有具体的值，要用它们去代换形参，必须做类型说明。这是与函数中的情况不同的。在函数中，形参和实参是两个不同的量，各有自己的作用域，调用时要把实参值赋予形参，进行"值传递"。而在带参宏中，只是符号代换，不存在值传递的问题。

● 宏定义中的形参是标识符，而宏调用中的实参可以是表达式。

```
#define SQ(y) (y)*(y)              /*宏定义*/
main()
{
    int a,sq;
    printf("input a number: ");
    scanf("%d",&a);
    sq=SQ(a+1);                    /*宏调用*/
    printf("sq=%d\n",sq);
}
```

程序中第 1 行为宏定义，形参为 y。程序第 7 行宏调用中实参为"a+1"，是一个表达式，在宏展开时，用 a+1 代换 y，再用(y)*(y)代换 SQ，得到语句 sq=(a+1)*(a+1);这与函数的调用是不同的。函数调用时要把实参表达式的值求出来再赋予形参，而宏代换中对实参表达式不做计算直接照原样代换。

- 在宏定义中，字符串内的形参通常要用括号括起来以避免出错。在上例中的宏定义中"(y)*(y)"表达式的 y 都用括号括起来，因此结果是正确的。如果去掉括号，把程序改为以下形式：

```
#define SQ(y) y*y
main()
{
int a,sq;
printf("input a number: ");
scanf("%d",&a);
sq=SQ(a+1);
printf("sq=%d\n",sq);
}
```

运行结果为：

```
input a number:3  sq=7
```

同样输入 3，但结果却不一样。问题在哪里呢？这是由于代换只做符号代换而不做其他处理而造成的。宏代换后将得到语句 sq=a+1*a+1；由于 a 为 3，故 sq 的值为 7。这显然与题意相违，因此参数两边的括号是不能少的。

即使在参数两边加括号还是不够，请看下面的程序：

```
#define SQ(y) (y)*(y)
main()
{
int a,sq;
printf("input a number: ");
scanf("%d",&a);
sq=160/SQ(a+1);
printf("sq=%d\n",sq);
}
```

本程序与前例相比，只把宏调用语句改为 sq=160/SQ(a+1); 运行本程序，如输入值仍为 3，希望结果为 10。

而实际运行的结果为：

```
input a number:3    sq=160
```

为什么会得这样的结果呢?分析宏调用语句，在宏代换之后变为 sq=160/(a+1)*(a+1); a 为

3 时，由于"/"和"*"运算符优先级和结合性相同，则先做 160/(3+1)得 40，再做 40*(3+1)最后得 160。为了得到正确的答案，应在宏定义中的整个字符串外加括号，程序修改如下：

```
#define SQ(y) ((y)*(y))
main()
{
int a,sq;
printf("input a number: ");
scanf("%d",&a);
sq=160/SQ(a+1);
printf("sq=%d\n",sq);
}
```

以上分析说明，对于宏定义不仅应在参数两侧加括号，也应在整个字符串外加括号。

● 宏定义也可用来定义多个语句，在宏调用时，把这些语句又代换到源程序内。例如：

```
#define SSSV(s1,s2,s3,v) s1=l*w;s2=l*h;s3=w*h;v=w*l*h;
main()
{
int l=3,w=4,h=5,sa,sb,sc,vv;
SSSV(sa,sb,sc,vv);
printf("sa=%d\nsb=%d\nsc=%d\nvv=%d\n",sa,sb,sc,vv);
}
```

程序第 1 行为宏定义，用宏名 SSSV 表示 4 个赋值语句，4 个形参分别为 4 个赋值符左部的变量。在宏调用时，把 4 个语句展开并用实参代替形参，使计算结果送入实参中。

6.2.2　文件包含

文件包含命令的功能是把指定的文件插入该命令行的位置取代该命令行，从而把指定的文件和当前的源程序文件连成一个源文件。在程序设计中，文件包含是很有用的。一个大的程序可以分为多个模块，由多个程序员分别编程。有些公用的符号常量或宏定义等可单独组成一个文件，在其他文件的开头用包含命令包含该文件即可使用。这样，可避免在每个文件开头都书写那些公用量，从而节省时间，并减少出错。

文件包含命令的一般形式为：

　　#include"文件名"

或

　　#include <文件名>

#include 预处理命令的作用是在指令处展开被包含的文件，通常放在 C 语言程序的开头，被包含的文件一般是一些公用的宏定义和外部变量说明。

对文件包含命令有如下说明。

● 一个#include 命令只能指定一个被包含文件，若有多个文件要包含，则需用多个 include 命令。

● 文件包含允许嵌套，也就是说，一个被包含的文件中还可以包含其他文件。

● 包含命令中的文件名可以用双引号括起来，也可以用尖括号括起来，例如以下写法都是允许的：

```
#include <stdio.h>
#include "stdio.h"
```

但是这两种形式是有区别的：使用尖括号表示在编译器自带的或外部库的头文件中搜索被包含的头文件，而不在源文件所在的目录搜索；使用双引号则表示首先在当前被编译的应用程序的源代码文件中搜索被包含的头文件，如果找不到，再搜索编译器自带的头文件。

采用两种不同包含格式的理由在于，编译器是安装在公共子目录下的，而被编译的应用程序是在它们自己的私有子目录下的。一个应用程序既包含编译器提供的公共头文件，也包含自定义的私有头文件。采用两种不同的包含格式使得编译器能够在很多头文件中区别出一组公共的头文件。编程时可根据文件所在的目录来选择某一种命令形式。

6.2.3　条件编译

一般情况下对 C 语言程序编译时对所有的程序行都进行编译，但有时希望对其中一部分内容只在满足一定条件时才进行编译，这就是所谓的条件编译。C51 预处理器提供了条件编译的功能。用户可以按不同的条件编译不同的程序部分，因而产生了不同的目标代码文件，这对于程序的移植和调试很有用。条件编译有三种形式，分述如下。

1. 第一种形式

```
#ifdef 标识符

    程序段 1

#else

    程序段 2

#endif
```

这种形式的条件编译的功能是，如果标识符已被#define 命令定义过，则对程序段 1 进行编译；否则对程序段 2 进行编译。如果没有程序段 2(它为空)，本格式中的#else 可以没有，即可以写为：

```
#ifdef 标识符

    程序段

#endif
```

　　这种形式的条件编译对于提高 C 语言源程序的通用性很有好处。例如对于工作于 6MHz 和 12MHz 时钟频率下的 8051 和 8052 单片机，可以采用如下的条件编译使编写的程序具有通用性：

```
# ifdef CPU == 8051
        #define FREQ 6
#else
        #define FREQ 12
#endif
```

　　这样下面的源程序不做任何修改就可以适用于两种时钟频率的单片机系统。当然还可以类似地设计出其他多种条件编译。

2. 第二种形式

```
#ifndef 标识符
        程序段 1
#else
        程序段 2
#endif
```

　　与第一种形式的区别是将"ifdef"改为"ifndef"。它的功能与第一种形式正好相反，即如果标识符未被#define 命令定义过，则对程序段 1 进行编译并产生有效代码，而忽略程序段 2，否则对程序段 2 进行编译并产生有效代码，而忽略程序段 1。

　　以上两种格式的用法很相似，例如上面的例子也可以采用这种条件编译形式：

```
# ifndef CPU == 8051
        #define FREQ 12
#else
        #define FREQ 6
#endif
```

　　其效果与上一种格式是完全一样的。

3. 第三种形式

```
#if 常量表达式 1
        程序段 1
#elif 常量表达式 2
```

```
        程序段 2

...
#elif 常量表达式 n-1
        程序段 n-1
#else
        程序段 n
#endif
```

这种形式的条件编译的功能是，如果常量表达式 1 的值为真(非 0)，则程序段 1 参加编译，然后将控制传递给匹配的#endif 命令，结束本次条件编译，继续下面的编译处理。否则，如果常量表达式 1 的值为假(0)，则忽略掉程序段 1 而将控制传递给下面的一个#elif 命令，对常量表达式 2 的值进行判断。如果常量表达式的值为假(0)，则将控制再传递给下一个#elif 命令，如此进行，直到遇到#else 或#endif 命令为止。使用这种条件编译格式可以使程序在不同条件下，完成不同的功能。

【例 6-1】编写程序求圆的面积。

```c
#include <stdio.h>
#define CONDITION 1
main()
{
        float c,r,s;
        printf ("input a number: ");
        scanf("%f",&c);
#if CONDITION
        r=3.14159*c*c;
        printf("area of round is: %f\n",r);
#else
        s=c*c;
        printf("area of square is: %f\n",s);
#endif
}
```

在程序第 1 行宏定义中，定义 CONDITION 为 1，因此在条件编译时，常量表达式的值为真，故计算并输出圆面积。上面介绍的条件编译当然也可以用条件语句来实现。但是用条件语句将会对整个源程序进行编译，生成的目标代码程序很长，而采用条件编译，则根据条件只编译其中的程序段 1 或程序段 2，生成的目标程序较短。如果条件选择的程序段很长，采用条件编译的方法是十分必要的。

6.3　Keil C51 常用库函数

本节将列出部分重要的头文件和库函数，其余的头文件和库函数不在此一一列出，读者如果感兴趣可以在目录 Program Files\Keil C\C51\INC 下找到相应的头文件，查看函数原型。

6.3.1　内部函数 intrins.h

C51 编译器支持许多内部库函数，也称本征函数(Intrinsic Routines)，内部函数在编译时直接将固定的代码插入当前行，而不是用 ACALL 和 LCALL 语句来实现，这样就大大提高了函数访问的效率，而非内部函数则必须由 ACALL 及 LCALL 调用。

C51 的内部库函数只有 9 个，数目虽少，但都非常有用。使用时，必须包含头文件 intrins.h。这 9 个内部函数原型及功能如表 6.1 所示。

表 6.1　内部函数

函　　数	属　　性	说　　明
crol	reentrant/intrinsic	将字符型变量循环左移 n 位
irol	reentrant/intrinsic	将整型变量循环左移 n 位
lrol	reentrant/intrinsic	将长整型变量循环左移 n 位
cror	reentrant/intrinsic	将字符型变量循环右移 n 位
iror	reentrant/intrinsic	将整型变量循环右移 n 位
lror	reentrant/intrinsic	将长整型变量循环右移 n 位
nop	reentrant/intrinsic	产生一条 NOP 指令
testbit	reentrant/intrinsic	测试字节中的一位是否置位
chkfloat	reentrant/intrinsic	测试并返回源点数状态

6.3.2　输入/输出流函数 stdio.h

输入/输出流函数位于 stdio.h 中，它们通过 51 系列单片机的串行接口读写数据，如果希望支持其他 I/O 接口，如改为 LCD 显示，只要找到 lib 目录中的 getkey.c 及 putchar.c 源文件，修改其中 getkey()函数和 putchar()函数，然后在库中替换它们即可。stdio.h 中的函数功能如表 6.2 所示。其中，printf 支持的格式说明和修饰符说明如表 6.3 和表 6.4 所示。

表 6.2　输入/输出流函数

函　　数	属　　性	说　　明
_getkey	reentrant	从 51 单片机的串口读入一个字符，然后等待字符输入
getchar	reentrant	使用_getkey 从串口读入字符，并将读入的字符立即传给 putchar 函数输出
gets	non-reentrant	通过 getchar 从串口读入一个长度为 n 的字符串并存入由 's' 指向的数组。输入时一旦检测到换行符就结束字符输入
printf	non-reentrant	通过串口以一定的格式输出数值和字符串，格式控制串以%开始。printf 支持的格式见表 6.3，一个格式说明可以带有几个修饰符，用于控制输出位置、符号、小数点以及八进制和十六进制数的前缀等(见表 6.4)
putchar	reentrant	通过串口输出字符，与_getkey 一样
puts	reentrant	将字符串和换行符写入串行口

(续表)

函　　数	属　　性	说　　明
scanf	non-reentrant	在格式控制串的控制下，利用 getchar 函数从串行口读入数据，每遇到一个符合格式控制串规定的值，就将它按顺序存入由参数指针指向的存储单元。每个参数都必须是指针。格式控制串以%开始，具体格式转换字符可参考 printf 的说明
sprintf	non-reentrant	与 printf 的功能相似，但数据不是输出到串行口，而是通过一个指针 s 送入可寻址的内存缓冲区，并以 ASCII 码的形式储存。sprintf 允许输出的参数总字节数与 printf 完全相同
sscanf	non-reentrant	与 scanf 的输入方式相似，但字符串的输入不是通过串行口，而是通过另一个字符串
ungetchar	reentrant	将输入字符回送输入缓冲区，因此下次 gets 或 getchar 可用该字符。不能用 ungetchar 处理多个字符

表 6.3　printf 支持的格式说明

符　　号	说　　明
−	输出左对齐
+	输出如果是有符号数值，则在前面加上+/−号
空格	输出值如果为正则左边补以空格，否则不显示空格
#	如果它与 0、x 或 X 联用，则在非 0 输出值前面加上 0、0x 或 0X；当它与值类型字符 g、G、f、e、E 联用时，使输出值中产生一个十进制的小数点
b,B	当它们与格式类型字符 d、o、u、x 或 X 联用时，使参数类型被接受为[unsigned]char，如%bu、%bx 等
l,L	当它们与格式类型字符 d、o、u、x 或 X 联用时，使参数类型被接受为[unsigned]long，如%ld、%lx 等
*	下一个参数将不作输出

表 6.4　printf 修饰符的说明

符　　号	说　　明
c	单个字符
d	十进制整数
f	[−]dddd.dddd 形式的浮点数
e,E	[−]d.ddddE[sign]dd 形式的浮点数
g,G	选择 e 或 f 形式中更紧凑的一种输出格式
o	八进制数
u	无符号十进制数
x,X	十六进制数
s	字符串
p	带存储器类型标志和偏移的指针 M：aaaa；其中 M 为存储器类型，a 为指针偏移量

6.3.3　动态内存分配函数 stdlib.h

stdlib.h头文件中包括类型转换和存储器分配函数的原型和定义,具体函数说明如表6.5所示。

表6.5　动态内存分配函数说明

函　　数	属　　性	说　　明
atof	non-reentrant	f将字符串转换成浮点数并返回它
atoi	non-reentrant	将字符串转换成整型数并返回它,输入字符串中必须包含与整型数格式相符的字符串
atol	non-reentrant	将字符串转换成长整型数并返回它
calloc	non-reentrant	返回为 n 个具有指定大小对象所分配的内存的指针,如果返回 NULL,则表明没有这么多的内存空间可用,所分配的内存区域用 0 进行初始化
free	non-reentrant	释放指针所指向的存储器区域,该指针必须是以前用 calloc、malloc 或 realloc 函数分配的存储器区域
init_mempool	non-reentrant	对可被函数 calloc、free、malloc 和 realloc 管理的存储区进行初始化
malloc	non-reentrant	返回为一个指定大小对象所分配的内存指针;如果返回 NULL,则无足够的内存空间可用;内存区不做初始化
realloc	non-reentrant	改变指针所指对象的大小,原对象的内容被复制到新的对象中。如果该对象的区域较大,多出的区域将不做初始化。返回指向新存储区的指针,如果返回 NULL,则无足够大的内存可用,这时将保持原存储区不变

6.3.4　字符函数 ctype.h

字符转换和分类函数可以用来检测单个字符的属性并对其进行格式转换。这些函数原型声明包含在头文件 ctype.h 中。函数功能如表 6.6 所示。

表6.6　字符函数说明

函　　数	属　　性	说　　明
isalnum	reentrant	检查参数字符是否为英文字母或数字字符
isalpha	reentrant	检查参数字符是否为英文字母
iscntrl	reentrant	检查参数值是否在 0x00～0x1f 之间或等于 0x7f
isdigit	reentrant	检查参数的值是否为数字字符
isxdigit	reentrant	检查参数字符是否为十六进制数字字符
isgraph	reentrant	检查参数是否为可打印字符,可打印字符的值域为 0x21～0x7e
isprint	reentrant	除了与 isgraph 相同之外,还接受空格符(0x20)
ispunct	reentrant	检查字符参数是否为标点、空格或格式字符
isspace	reentrant	检查参数字符是否为下列之一:空格、制表符、回车、换行、垂直制表符和送纸
isupper	reentrant	检查参数字符的值是否为大写英文字母
islower	reentrant	检查参数字符的值是否为小写英文字母

(续表)

函　数	属　性	说　明
toascii(宏)	reentrant	该宏将任何整型数值缩小到有效的 ASCII 范围之内，它将变量和 0x7f 相与，从而去掉第 7 位以上的所有数位
toint(宏)	reentrant	将 ASCII 字符的 0～9、a～f(大小写无关)转换为十六进制数字
tolower(宏)	reentrant	将大写字符转换成小写形式，如果字符变量不在"A"～"Z"之间，则不做转换而直接返回该字符
toupper(宏)	reentrant	将小写字符转换为大写形式，如果字符变量不在"a"～"z"之间，则不做转换而直接返回该字符
tolower(宏)	reentrant	该宏将字符与常数 0x20 逐位相或
toupper(宏)	reentrant	该宏将字符 c 与常数 0xdf 逐位相与

6.3.5　缓冲区和字符串操作函数 string.h

头文件 string.h 头文件中包含了两类函数：缓冲区操作函数和字符串操作函数。

缓冲区操作函数(见表 6.7)可用来进行存储器缓冲区之间基于字符的操作。像字符串一样，缓冲区是一个字符数组，不同的是，缓冲区不用空字符符号"\0"作结束符。因此，缓冲区操作函数都需要缓冲区长度或计数参数。

表 6.7　缓冲区操作函数

函　数	属　性	说　明
memccpy	non-reentrant	将数据从一个缓冲区复制到另一个缓冲区，直到指定的字符或指定的字符数被复制为止
memchr	reentrant/intrinsic	返回指向缓冲区指定字符首次出现位置的指针
memcmp	reentrant/intrinsic	比较两个缓冲区中指定个数的字符
memcpy	reentrant/intrinsic	从一个缓冲区中复制指定个数的数据字节到另一个缓冲区，两个缓冲区不能发生交迭
memmove	reentrant/intrinsic	工作方式与 memcpy 相同，但复制的区域可以交迭
memset	reentrant/intrinsic	初始化缓冲区中指定个数的数据字节为某一指定的字符值

字符串函数(见表 6.8)可完成以下操作：比较字符串、追加字符串、复制字符串、确定字符在字符串中的位置。所有的这些字符串函数都可以对有空结束符的字符进行操作。

表 6.8　字符串函数

函　数	属　性	说　明
strcat	non-reentrant	连接两个字符串
strchr	reentrant	返回字符串中指定字符首次出现的位置指针
strpos	reentrant	与 strchr 类似，但返回的位置值减 1
strcmp	reentrant/intrinsic	比较两个字符串
strcpy	reentrant/intrinsic	将一个字符串(包括结束符)复制到另一字符串中
strspn	non-reentrant	比较两个字符串，返回两字符串匹配字符的个数
strcspn	non-reentrant	比较两个字符串，返回第一个匹配的字符
strpbrk	non-reentrant	比较两个字符串，返回指向第一个匹配字符的指针

函　　数	属　　性	说　　明
strrpbrk	non-reentrant	比较两个字符串，返回指向最后一个匹配字符的指针
strlen	reentrant	返回字符串的字符个数，包括结束符
strncat	non-reentrant	复制一个字符串中 n 个字符到另一个字符串的尾部
strncmp	non-reentrant	比较两个字符串的前 n 个字符
strncpy	non-reentrant	与 strcpy 相似，但它只复制 n 个字符
strrchr	reentrant	返回指向指定字符在字符串中最后出现的位置的指针
strrpos	reentrant	与 strrchr 相似，但返回的是指定字符在字符串中第一次出现的位置值减 1

6.3.6　绝对地址访问 absacc.h

absacc.h 头文件中包含的宏定义允许用户直接访问 51 单片机的不同存储区，可以像使用数组一样使用这些宏。例如：

rval CBYTE[0x0002];　/*读程序存储器地址 0002H 的内容*/

宏的说明如表 6.9 所示。

表 6.9　绝对地址访问宏

宏　　名	属　　性	说　　明
CBYTE	reentrant	允许用户访问程序存储器中的某一字节
DBYTE	reentrant	允许用户访问数据存储器中的某一字节
PBYTE	reentrant	允许用户按页访问外部数据存储器中的某一字节
XBYTE	reentrant	允许用户访问外部数据存储器中的某一字节
CWORD	reentrant	允许用户访问程序存储器中的某一字
DWORD	reentrant	允许用户访问数据存储器中的某一字
PWORD	reentrant	允许用户按页访问外部数据存储器中的某一字
XWORD	reentrant	允许用户访问外部数据存储器中的某一字

6.3.7　访问 SFR 和 SFR_bit 地址 regxx.h

头文件 regxx.h 中定义了多种 51 单片机中所有的特殊功能寄存器(SFR)名，一般的源文件都应该包含此文件，51 子系列包含 reg51.h，52 子系列包含 reg52.h。此外，也可以包含文件 AT89X52.h。

6.4　在 Keil μVision 中编写用户自己的库函数

在 51 单片机的应用系统设计中，可能需要对某些代码进行复用，此时可以建立用户自己的库函数。

6.4.1 用户库函数的建立步骤

在 Keil μVision 中建立用户库函数的详细操作步骤如下：

(1) 按照 C51 语言的规范在.c 文件中编写用户库的对应函数。

(2) 按照 C51 语言的规范在.h 文件中编写用户库函数对应的函数声明。

(3) 在选择 Keil μVision 的 Project/Option for 菜单弹出的设置窗体中选择生成.lib 文件而不是.hex 文件，如图 6.2 所示。

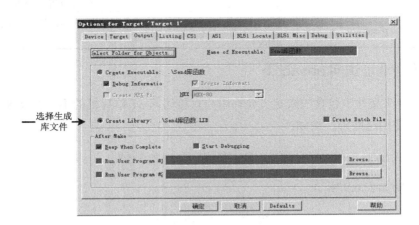

图 6.2 选择生成库文件

6.4.2 用户库函数的引用步骤

在 Keil μVision 中调用用户自己的库函数的详细操作步骤如下：

(1) 按照 C51 语言的规范在 C 语言文件中编写用户的应用代码。

(2) 将需要调用的库函数所在的.lib 文件加入 Keil 的工程项目。

(3) 在工程项目的 C 语言文件中调用对应的库函数。

6.4.3 一个用户库函数的应用实例

本应用是在 Keil μVision 中建立一个包括有 Send 函数的库函数以供其他应用代码调用的应用，Send 函数用于将一个字节的数据通过 51 单片机的串行通信模块发送。

Send 函数的 C51 语言的 C 文件内容如例 6-2 所示，H 文件如例 6-3 所示。

【例 6-2】Send 函数的 C 文件。

```
#include <Send.h>

#include <AT89X52.h>

void Send(unsigned char x)

{

    SBUF = x;
```

```
    while(TI == 0);

    TI = 0;

}
```

【例 6-3】Send 函数的 H 文件。

```
void Send(unsigned char x);
```

　　调用 Send 函数的 MCU.C 文件的应用代码如例 6-4 所示，其通过 51 单片机的串行通信模块接收一个字节的数据，然后调用 Send 函数将这个字节的数据通过串行通信模块发送出去，同时将一个连接到外部引脚 P2.0 上的 LED(发光二极管)闪烁一次。在 Keil μVision 工程文件加入并且调用.lib 文件后的项目管理窗口如图 6.3 所示。

图 6.3　在工程文件中加入对应库文件

【例 6-4】调用 Send 函数的 MCU.C 文件。

```
#include <AT89X52.h>

sbit LED = P2 ^ 0;                          //指示灯

void InitUART();

void Serial(void);

extern void Send(unsigned char x);

main()

{

    InitUART();

while(1)

{

}

}

void InitUART(void)

{

    TMOD = 0x20;        //9600bps
```

```c
        SCON = 0x50;

        TH1 = 0xFD;

        TL1 = TH1;

        PCON = 0x00;

        EA = 1;

        ES = 1;

        TR1 = 1;

}

void Serial(void) interrupt 4 using 1

{

unsigned char temp;

if(RI == 1)

{

    temp = SBUF;

    RI = 0;

    Send(temp);

    LED = ~LED;

}

}
```

6.5　C51 语言的编译常见报警错误以及解决办法

在 51 单片机的 C51 语言使用过程中，经常在编译过程中出现各种语法错误或者报警，Keil 的编译器通常都会将报错信息在 output 窗口给出，如图 6.4 所示。双击这些错误或者报警的提示编译器会自动在代码窗口中将光标定义在错误位置。

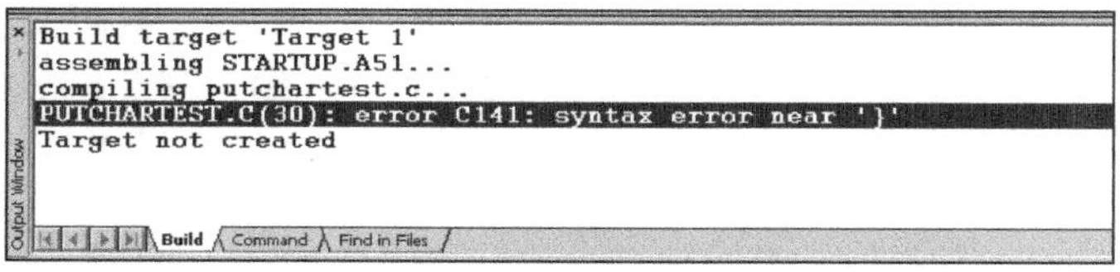

图 6.4　Keil μVision 下的编译器的错误报警

> 注意：错误的光标定位未必准确，可能被定位在出现错误的行，也可能被定位在和错误相关的
> 　　　行，此外编译器不能检查逻辑错误。

本小节将以实例的方式给出在 Keil 编译器下最常见的错误或者报警以及如何去解决这些错误和报警，最后将以列表的形式给出 Keil 的所有错误提示。

警告和错误的区别在于前者也许不影响程序的执行，只是可能出现问题，编译器能对代码进行链接生成目标文件，而后者严重影响程序的执行，编译器无法编译代码，也没有办法生成目标文件。所以，警告在某些情况下可以忽略，而错误绝对不能忽略。

6.5.1　变量未被使用警告(Warning 280)

变量未被使用是编译器产生的一个警告事件，其报警信息如下：

Warning 280:'i':unreferenced local variable

此类警告通常是用户在代码中声明了一个变量却没有使用这个它的时候产生，该警告在通常情况下完全不影响程序的正常执行，只是浪费了 51 单片机的内部存储器空间。其解决办法是删除对该变量的声明。

> 注意：通常情况下，声明后没有被使用的变量仅仅会导致内存的浪费，但是在程序未被正常执
> 　　　行的情况下该变量的存在可能导致其他变量出现错误。

6.5.2　函数未被声明警告(Warning C206)

函数未被声明是编译器给出的一个警告事件，其报警信息如下：

PUTCHARTEST.C(36): warning C206: 'Timer0Init': missing function-prototype

函数未被声明虽然是一个警告事件，但是该事件会引起另外一个错误，所以其实质上是一个错误，必须被解决。该警告是在 C51 语言的代码中使用了一个函数，却没有对这个函数进行声明造成的。解决方法是将该函数的实体放在调用该函数的语句之前，或者在这个语句之前对该函数进行声明，又或者在被.c 文件引用的头文件中对该函数进行声明。

6.5.3　头文件无法打开错误(Error C318)

头文件无法被打开是编译器给出的一个错误事件，其报警信息如下：

putchartest.c(2): warning C318: can't open file 'stdio5.h'

造成该错误的原因是.c 文件在使用"#include+头文件名"的语句来引用头文件的时候，头文件名称错误或者路径错误，又或者该头文件不存在，导致编译器无法找到该.h 文件。其解决办法是确认该头文件存在并且使用正确的路径和名称。

6.5.4　函数名称重复定义错误(Error C237)

函数名称重复定义错误是编译器给出的一个错误事件,其报警信息如下:

　　PUTCHARTEST.C(23): error C237: 'InitUart': function already has a body

该错误是由于使用两个相同名称的函数导致的,在 Keil 的工程文件中,不能允许有名称相同但是其实体不同的两个函数存在。其解决办法是修改其中的一个函数名称让其不重复。

6.5.5　函数未被调用警告

函数未被调用是 Keil 给出的一个警告事件,其报警信息说明如下:

　　*** WARNING L16: UNCALLED SEGMENT, IGNORED FOR OVERLAY PROCESS

当一个函数在代码声明且拥有函数实体之后没有被调用,即会出现该警告事件,从理论上来说该警告事件和变量未被使用警告事件类似,不会导致程序不能正常运行,仅仅占用代码空间,但是会增大系统的不稳定性。解决该警告的办法是去掉该函数的声明和实体或者对该函数进行调用。

6.5.6　内存空间溢出错误

内存空间溢出错误是编译器给出的一个错误警告事件,其报警信息说明如下:

　　*** ERROR L107: ADDRESS SPACE OVERFLOW

由于 51 单片机的内部存储空间是有限的,通常来说只有 256 字节,其中可以用于 RAM 操作的为 128 字节,也就是说,data 类型数据的存储空间地址范围为 0x00~0x7f,当代码的全局变量和函数里的局部变量超过这个大小则会出现内存空间溢出的错误。解决办法是将部分变量放在外部存储空间 xdata 中。

如果在 Keil 编译时将存储模式设为 Small,则局部变量首先选择使用工作寄存器 R2~R7,当存储器不够用时则会使用 data 的内存空间,但是当被使用的该内存大小超过 128 字节时也会出现内存空间溢出错误。此时的解决方法将以 data 类型定义的公共变量修改为 idata 类型的定义。

> 注意:在使用 xdata 关键字来定义变量在外部内存空间时,必须确保外部内存空间存在,否则在实际使用时会出现错误。

6.5.7　函数重入警告

函数重入警告是编译器给出的如下的一个警告事件,这个警告事件相对比较复杂。

　　*** WARNING L15: MULTIPLE CALL TO SEGMENT

该警告表示编译器发现有一个函数可能会被主函数和一个中断服务程序或者调用中断服务程序的函数同时调用又或者同时被多个中断服务程序调用。由于这个函数没有被定义为重入性函数，所以在该函数被执行时它可能会被一个中断服务程序中断执行，从而使得结果发生错误并可能会引起一些变量形式的冲突，如引起函数内一些数据的丢失。而可重入函数在任何时候都可以被中断服务程序中断运行，但是相应数据不会丢失。

这个警告产生的另外一个原因是函数的局部变量对应的内存空间会被其他函数的内存区所覆盖，如果该函数在执行过程中被打断，则它的内存区就会被别的函数使用，这会导致内存冲突。

如果用户确定两个函数绝对不会在同一时间被执行(该函数被主程序调用并且中断被禁止)，并且该函数不占用内存(假设只使用寄存器)，则可以完全忽略这种警告。

如果该函数可以在其执行时被调用，这时可以采用以下几种方法：

- 当主程序调用该函数时禁止中断，可以在该函数被调用时用#pragma disable 语句来实现禁止中断的目的。
- 复制两份该函数的代码，一份放到主程序中，另一份放到中断服务程序中。
- 将该函数用可重入关键字 reentrant 来定义，此时编译器产生一个可重入堆栈，该堆栈被用于存储函数值和局部变量，但是此时可重入堆栈必须在 STARTUP.A51 文件中配置，这种方法会消耗更多的内存空间，并会降低这个函数的执行速度。

6.5.8　常见编译器错误列表

表 6.10 所示是按照首字母排序的常见 Keil 编译错误和警告列表，方便读者查询。

表 6.10　常见 Keil 编译错误和警告列表

错　误　信　息	说　　明
Ambiguous operators need parentheses	当进行不明确的运算时需要加上括号
Ambiguous symbol	不明确的符号
Argument list syntax error	参数表语法错误，如少了一个参数
Array bounds missing	数组没有上标或者下标或者少了界限符
Array size toolarge	数组尺寸太大
Bad character in paramenters	参数中有不适当的字符，如将非指针变量赋给了指针变量参数
Bad file name format in include directive	在用#include 将文件包含进来时文件名格式不正确
Bad ifdef directive synatax	编译预处理 ifdef 有语法错误
Bad undef directive syntax	编译预处理 undef 有语法错误
Bit field too large	位字段太长
Call of non-function	调用了未定义的函数
Call to function with no prototype	调用了没有说明的函数
Cannot modify a const object	不允许修改一个常量

(续表)

错 误 信 息	说　　明
Case outside of switch	缺少了 case 语句
Case syntax error	case 语句语法错误
Code has no effect	代码无效，也就是不可能被执行到
Compound statement missing{	缺少 " { "
Conflicting type modifiers	类型说明不明确
Constant expression required	要求常量表达式未赋值
Constant out of range in comparison	在比较操作中常量超出范围
Conversion may lose significant digits	在进行转换时会丢失有意义的数据
Conversion of near pointer not allowed	不允许对近指针进行转换操作
Could not find file	找不到文件
Declaration missing;	声明缺少 " ; "
Declaration syntax error	在声明中出现语法错误
Default outside of switch	在 switch 语句之外出现了 default 关键字
Define directive needs an identifier	定义编译预处理需要一个标识符
Division by zero	除数为零
Do statement must have while	do-while 语句中缺少 while 关键字
Enum syntax error	枚举类型语法错误
Enumeration constant syntax error	枚举常数语法错误
Error directive	编译预处理命令错误
Error writing output file	对输出文件写操作错误
Expression syntax error	表达式语法错误
Extra parameter in call	在外部调用时出现多余参数错误
File name too long	文件名过长
Function call missing)	调用函数时少了 ") "
Function definition out of place	定义函数时位置超出
Function should return a value	函数没有返回值
Goto statement missing label	在使用 Goto 语句时必须有标号
Hexadecimal or octal constant too large	十六进制或八进制常数过大
Illegal character	非法字符
Illegal initialization	初始化时出现问题
Illegal octal digit	非法的八进制数字
Illegal pointer subtraction	非法的指针相减操作

（续表）

错　误　信　息	说　　　明
Illegal structure operation	结构操作非法
Illegal use of floating point	非法的浮点数运算
Illegal use of pointer	非法的指针使用方法
Improper use of a typedefsymbol	类型定义符号使用不恰当
In-line assembly not allowed	不允许使用行间汇编
Incompatible storage class	存储类别不相同
Incompatible type conversion	类型转换不能相容
Incorrect number format	数据格式错误
Incorrect use of default	Default 使用错误
Invalid indirection	无效的间接运算
Invalid pointer addition	指针相加无效
Irreducible expression tree	无法执行的表达式运算
Lvalue required	需要逻辑值 0 或非 0 值
Macro argument syntax error	宏参数语法错误
Macro expansion too long	宏的扩展以后超出允许范围
Mismatched number of parameters in definition	定义中参数个数不匹配
Misplaced break	不应出现 break 语句
Misplaced continue	此处不应出现 continue 语句
Misplaced decimal point	此处不应出现小数点
Misplaced elif directive	不应编译预处理 elif
Misplaced else	此处不应出现 else
Misplaced else directive	此处不应出现编译预处理 else
Misplaced endif directive	此处不应出现编译预处理 endif
Must be addressable	必须是可以编址的
Must take address of memory location	必须存储定位的地址
No declaration for function	函数没有声明
No stack	缺少堆栈
No type information	没有类型信息
Non-portable pointer assignment	不可移动的指针(地址常数)赋值
Non-portable pointer comparison	不可移动的指针(地址常数)比较
Non-portable pointer conversion	不可移动的指针(地址常数)转换
Not a valid expression format type	表达式格式不合法

（续表）

错 误 信 息	说　　明
Not an allowed type	不允许使用该类型
Numeric constant too large	常数太大
Out of memory	没有足够的内存
Parameter is never used	参数没有被使用
Pointer required on left side of ->	符号"->"的左边必须是指针
Possible use of before definition	使用之前没有定义
Possibly incorrect assignment	赋值可能不正确
Redeclaration of	重复定义
Redefinition of is not identical	两次定义不一致
Register allocation failure	寄存器寻址失败
Repeat count needs an lvalue	重复计数需要逻辑变量
Size of structure or array not known	结构体或数组大小不确定
Statement missing;	缺少";"
Structure or union syntax error	结构体或联合体语法错误
Structure size too large	结构体太大
Sub scripting missing]	下标缺少"]"
Superfluous & with function or array	函数或数组中有多余的"&"
Suspicious pointer conversion	可疑的指针转换
Symbol limit exceeded	符号超限
Too few parameters in call	调用函数时没有完整地给出参数
Too many default cases	在 case 语句中使用了超过一个的 default
Too many error or warning messages	错误或警告信息太多
Too many type in declaration	声明中使用了太多类型
Too much auto memory in function	函数占用的局部变量太大
Too much global data defined in file	全局变量过多
Type mismatch in parameter	参数的类型不匹配
Type mismatch in redeclaration of	重定义类型错误
Unable to create output file	无法建立输出文件
Unable to open include file	无法打开被包含的文件
Unable to open input file	无法打开输入文件
Undefined label	标号没有定义
Undefined structure	结构没有定义

（续表）

错 误 信 息	说　　明
Undefined symbol	符号没有定义
Unexpected end of file in comment started on line	从某行开始的注释没有结束标志
Unexpected end of file in conditional started on line	从某行开始的条件语句没有结束标志
Unknown assemble instruction	未知的汇编结构
Unknown option	未知的选项
Unknown preprocessor	未知的预处理命令
Unreachable code	不能被使用到的代码
Unterminated string or character constant	字符串缺少引号
Void functions may not return a value	void 类型的函数不应该有返回值
Wrong number of arguments	调用函数的参数数目有错
not an argument	某个表达式不是参数
not part of structure	某个表达式不是结构体的一部分
statement missing (	语句缺少 "("
statement missing)	语句缺少 ")"
declared but never used	被声明的表达式没有被使用
is assigned a value which is never used	被赋值的表达式没有被使用
Zero length structur	结构体的长度为零

6.6　本 章 小 结

本章主要介绍单片机的 C 语言的一些进阶应用, 包括程序设计和编程方法、预处理器、C51 自带的常用库函数、用户自行设计库函数的方法以及 C51 语言编译常见错误以及解决办法。

通过本章的学习, 读者应该掌握如下几个知识点:

* 了解单片机程序设计的过程和基本的设计技巧。
* 了解单片机的 C 语言预处理语句使用方法。
* 了解单片机的常用库函数的使用方法。
* 掌握如何在 Keil μVision 中设计用户自己的库函数。
* 掌握 Keil 中常见的报警、错误及其解决办法。

实验与设计

实验 6-1　处理代码段中未被使用的变量

在代码编写过程中常常会出现未被使用的变量，例如如下的代码：

```
main()
{
    unsigned char temps[]="hello world!";
    unsigned char temp;
    unsigned char i;
    InitUart();                       //初始化串口
    Timer0Init();                     //初始化时钟
    EA = 1;                           //打开串口中断标志
    while(1)
    {
        while(bT0Flg==FALSE);         //等待延时标志位
        bT0Flg=FALSE;
        putchar(temp);                //发送 temp
        temp++;                       //temp+1，等待下一次发送
    }
}
```

在 Keil 中对其编译会出现如下的警告：

```
Warning 280:'i':unreferenced local variable
```

对代码分析后会发现在主函数中声明了一个 unsigned char 类型的局部变量 i，但是在整个 main 函数中没有使用过这个变量 i(黑体加粗带下划线部分)，但是其占用了一个字节的内存空间，浪费了资源。解决这个警告的办法是将该声明的变量删除。

实验 6-2　内存空间溢出错误处理

在比较复杂的单片机应用中常常会使用大量的变量，而单片机的内部存储空间有限，如果变量占用的总空间大小超过内存空间的总数，例如如下代码：

```
unsigned char temp1[70];
unsigned char temp2[70];
```

如果目标单片机的 RAM 只有 128 字节，则会出现如下错误：

```
*** ERROR L107: ADDRESS SPACE OVERFLOW
```

这是内存空间溢出错误的实例，因为在代码中定义了两个大小为 70 字节的数字，此

时单片机的内存空间已经被超过了，所以会出现内存空间溢出错误，此时可以使用 xdata 关键字来定义 temp1 数组将其定位在外部数据存储器以保证有足够的空间。

习　题

一、填空题

1. 无论高级语言还是汇编语言，源程序都要转换成＿＿＿＿＿＿＿＿＿＿，单片机才能执行。

2. 不管有没有无效分支，switch 函数一定要处理＿＿＿＿＿＿＿＿＿＿这个分支，这不仅让阅读者知道程序员并没有遗忘，另外也可以防止程序运行过程中出现的意外，可以加强程序的＿＿＿＿＿＿＿＿＿＿。

3. C51 编译器支持许多内部库函数，也称本征函数(Intrinsic Routines)，内部函数在编译时直接将固定的代码插入当前行，而不是用＿＿＿＿＿＿＿＿＿＿和＿＿＿＿＿＿＿＿＿＿语句来实现。

4. ＿＿＿＿＿＿＿＿＿＿头文件中包含的宏定义允许用户直接访问 51 单片机的不同存储区。

二、选择题

1. 下面(　　　)中变量/函数的命名是不符合 C51 语言通常的命名规则的。
   A. const float LIGHT
   B. char rxData;
   C. void Send(unsigned char ucData);
   D. bit FLG;

2. 下面(　　　)中函数不是 C51 语言提供的输入/输出流函数(stdio.h)。
   A. getchar
   B. iscntrl
   C. putchar
   D. puts

三、上机题

1. 在 Keil 中输入下面的程序，编译看有哪些错误，并改正看看结果是什么。

```
# include <reg51.h>
main()
{   a=c;
   int a=8,c;
   delay(10)
   void delay()
   {   char I;
      for(i=0;i<=255;i++);
}
```

2. 第 5 章的实验 5-4 灯左移右移程序使用常量实现了花样灯，试编程调用 C51 内部库函数(intrins.h)中的相应函数完成对应的功能，电路原理图仍然可以采用图 5.23 所示的原理图。

第7章 51单片机的内部资源

单片机的内部资源，指的是单片机片内所具有的资源。基本型 51 单片机的内部资源包括 I/O 口、定时/计数器、中断系统、串行口。对于一些增强内核型的单片机，还包括看门狗、A/D 转换器等。本章将主要介绍 I/O 口、定时/计数器、中断系统三部分内容，并重点介绍中断系统和定时/计数器的内容，对于串行接口，将安排在后续章节中介绍。

7.1 输入/输出控制

在前面介绍单片机的内部结构的时候，已经详细介绍了单片机 P0～P3 并行接口的内部结构和功能，这里将对如何用 C 实现输入/输出控制进行详细介绍。

单片机 I/O 口即输入/输出接口，它可对开关量进行检测、判断、处理，从而去控制开关量设备。单片机 I/O 口是单片机与外界发生联系的窗口，只有了解和掌握 I/O 口的特点、原理、性能，才能真正发挥 I/O 口的功能，才能使单片机作为一种嵌入式微控制器应用到各种领域，发挥单片机的功能。

下面是 reg51.h 和 reg52.h 中并行 I/O 口的定义。使用 I/O 口时，不用关心 I/O 口的具体地址，直接使用 P0、P1、P2、P3 这些变量名就可以了。

```
sfr P0 = 0x80;          /*8 位 I/O 口 P0*/
sfr P1 = 0x90;          /*8 位 I/O 口 P1*/
sfr P2 = 0xA0;          /*8 位 I/O 口 P2*/
sfr P3 = 0xB0;          /*8 位 I/O 口 P3*/
```

当 I/O 口直接用做输入/输出时，CPU 既可以把它们看做数据口，也可以看做状态口，这是由用户决定的。前面介绍的流水灯就是一个很好的例子，这里不再赘述。下面是有关 I/O 应用的例子。

【例 7-1】I/O 的应用。

设计一电路，监视某开关 K，用发光二极管 LED 显示开关状态，如果开关合上，LED 灯亮；否则，LED 灯灭。

分析：设计电路图如图 7.1 所示。开关接在 P1.4 口，LED 灯接在 P1.0 口，当开关断开时，P1.4 为 VCC，对应数字量为"1"，开关合上时，P1.1 电平为 0，对应数字量为"0"。根据 LED 的解法，当 P1.0 输出为"0"时，LED 灯亮，反之，输出为"1"时，灯则熄灭。

用 C 语言编程如下：

```
#include <reg51.h>
```

```
sbit p1_0=P1^0;
sbit p1_1=P1^1;                  /*定义位变量*/
void main()
{
p1_0=0;                          /*使发光二极管灭*/
for(;;)
{
p1_1=1;                          /*对输入位 P1.1 写"1" */
if (p1_1==0)
p1_0=1;                          /*开关合上，二极管亮*/
else   p1_0=0;                   /*开关断开，二极管灭*/
}
}
```

　　程序处于监视开关状态，发光二极管处于亮和灭的无限循环(程序中的 for 语句)中。当合上开关时，LED 灯亮；断开开关时，灯就熄灭。

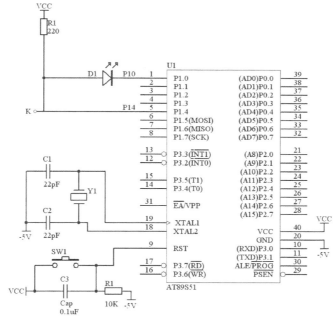

图 7.1　例 7-1 图

7.2　中　断　系　统

　　当 CPU 和外设交换信息时，存在着快速 CPU 和慢速外设间的矛盾，机器内部有时也可能出现突发事件，为此，计算机中通常采用中断技术。

7.2.1　中断的基本概念

首先介绍有关中断的几个基本概念。

1. 中断

所谓中断，是指 CPU 在正常运行程序时，由于内部/外部事件或由程序预先安排的事件，导致 CPU 中断正在运行的程序，而转到为内部/外部事件或为预先安排的事件服务的程序中去，服务完毕，再返回去执行被暂时中断的程序。

2. 中断源

中断源，即引起中断的原因、中断申请的来源，中断源可以是 I/O 设备、故障、时钟及调试中的人为设置。

3. 中断优先级和中断的嵌套

当有多个中断源同时向 CPU 申请中断时，CPU 优先响应最需紧急处理的中断请求，处理完毕再响应优先级别较低的，这种预先安排的响应次序就叫做中断优先级。值得一提的是，在中断系统中，高优先级的中断请求能中断正在进行的较低优先级的中断源处理，我们把这叫做中断的嵌套。

4. 中断系统

能实现中断功能并能对中断进行管理的硬件和软件称为中断系统。

中断请求是在执行程序的过程中随机发生的，中断系统要解决的问题如下：

- CPU 在不断执行指令的过程中，是如何检测到随机发生的中断请求的？
- 如何使中断的双方(CPU 方和中断源方)均能人为控制——允许中断或禁止中断？
- 由于中断的产生存在随机性，因此不可能在程序中使用调用子程序指令或转移指令，那么如何实现正确的转移，从而更好地为该中断源服务呢？
- 中断源有多个，而 CPU 只有一个，当有多个中断源同时有中断请求时，用户怎么控制 CPU 按照自己的需要安排响应次序？
- 中断服务完毕，如何正确地返回到原断点处？

下面将围绕上述问题进行讨论。

7.2.2　中断源及其中断的入口地址

C51 单片机有 6 个中断源，5 个在片内，1 个在片外，它们在程序存储器中有固定的中断入口地址，当 CPU 响应中断时，硬件自动形成这些地址，由此进入中断服务程序；6 个中断源有两级中断优先级，可形成中断嵌套。这 6 个中断源的符号、名称、产生条件及中断服务程序的入口地址如表 7.1 所示。

表 7.1　C51 单片机的中断源

符　号	名　称	产　生　条　件	中断服务程序入口地址
INT0	外部中断 0	P3.2 引脚的低电平或下降沿信号	0003H
INT1	外部中断 1	P3.3 引脚的低电平或下降沿信号	0013H
T0	定时器 0 中断	定时/计数器 0 计数回零溢出	000BH
T1	定时器 1 中断	定时/计数器 1 计数回零溢出	001BH
T2	定时器 2 中断	定时/计数器 2 中断(TF2 或 T2EX 信号)	002BH
TI/RI	串行口中断	串行通信完成一帧数据发送或接收引起中断	0023H

7.2.3　中断控制相关的寄存器

在中断系统中，用户对中断的管理体现在以下两个方面。

- 中断能否进行，即对构成中断双方进行控制，也就是是否允许中断源发出中断和是否允许中断，只有双方都被允许，中断才能进行。这是通过特殊功能寄存器 IE 进行管理的。
- 当有多个中断源有中断请求时，用户控制 CPU 按照自己的需要安排响应次序。用户中断的这种管理是通过对特殊功能寄存器 IP 进行设置完成的。

1. 中断允许控制寄存器 IE(地址 0A8H)

每个中断源都可以通过置位或清除中断允许控制寄存器 IE 中的相关中断允许控制位分别使得中断源有效或无效。IE 还包括一个中断允许总控制位 EA，它能一次禁止所有中断。中断允许寄存器如表 7.2 所示。

表 7.2　中断允许寄存器 IE

符　号	位	功　　能
EA	7	中断总能允许控制位。EA=0，中断总禁止；EA=1，各中断由各自的控制位设定
—	6	未定义
ET2	5	定时器 2 中断允许控制位
ES	4	串行口中断允许控制位
ET1	3	定时器 1 中断允许控制位
EX1	2	外部中断 1 允许控制位
ET0	1	定时器 0 中断允许控制位
EX0	0	外部中断 0 允许控制位

2. 定时/计数器控制寄存器(TCON)(地址 88H)

该寄存器用于保存外部中断请求以及定时器的计数溢出。寄存器的内容及位地址如表 7.3 所示。

表 7.3　定时/计数器控制寄存器 TCON 中与中断有关的位

符　号	位	功　能
TF1	7	定时/计数器 1 溢出中断请求标志位。当定时器 1 计数溢出时,由硬件置位(TF1=1),并且申请中断;当 CPU 响应中断时,由硬件自动清零(TF1=0)
	6	
TF0	5	定时/计数器 0 溢出中断请求标志位。其功能及操作情况同 TF1
无关位	4	
IE1	3	外部中断 1 请求标志位。当外部中断 1 依据触发方式满足条件产生中断请求时,由硬件置位(IE1=1);当 CPU 响应中断时,由硬件自动清零(IE1=0)
IT1	2	外部中断 1 触发方式选择位。由软件设置。为"1"时,中断采用下降沿触发方式,$\overline{INT1}$ 引脚上高到低的负跳变可引起中断;为"0"时,中断采用电平触发方式,$\overline{INT1}$ 引脚上低电平可引起中断
IE0	1	外部中断 0 请求标志位。其功能及操作情况同 IE1
IT0	0	外部中断 0 触发方式选择位。其功能及操作情况同 IT1

3. 串行口控制寄存器(SCON)(98H)

串行口控制寄存器与中断有关的控制位共两位,如表 7.4 所示。

表 7.4　串行口控制寄存器 SCON 中与中断有关的位

符　号	位	功　能
无关位	2~7	串行口的其他位
TI	1	串行口发送中断请求标志位。当串行口发送完一帧数据后请求中断时,由硬件置位(TI=1),且必须由软件清零
RI	0	串行口接收中断请求标志位。当串行口接收完一帧数据后请求中断时,由硬件置位(RI=1),且必须由软件清零

4. 中断优先级寄存器 IP(地址 8BH)

单片机采用了自然优先级和人工设置高、低优先级的策略,即可以由程序员设定哪些中断是高优先级、哪些中断是低优先级。AT89S52 可设置两个中断优先级,所以必有一些中断处于同一级别。处于同一级别的,就由自然优先级决定。六个中断源的自然优先级(由高到低排列)如下:外部中断 0→定时器 0 中断→外部中断 1→定时器 1 中断→串行口中断→定时器 2 中断。

中断优先级由中断优先级寄存器 IP(见表 7.5)来设置,IP 中某位设为 1,相应的中断就是高优先级,否则就是低优先级。

表 7.5　中断优先级寄存器 IP

符　号	位	功　能
—	7,6	未定义
PT2	5	T2 中断优先级控制位。PT2=1,设定定时器 T2 为高优先级中断;PT2=0,则为低优先级中断

(续表)

符　号	位	功　　能
PS	4	串行口中断优先级控制位。PS=1，设定串行口为高优先级中断；PS=0，则为低优先级中断
PT1	3	T1 中断优先级控制位。PT1=1，设定定时器 T1 为高优先级中断；PT1=0，则为低优先级中断
PX1	2	外部中断 1 优先级控制位。PX1=1，设定定时器外部中断 1 为高优先级中断；PX1=0，则为低优先级中断
PT0	1	T0 中断优先级控制位。PT0=1，设定定时器 T0 为高优先级中断；PT0=0，则为低优先级中断
PX0	0	外部中断 0 优先级控制位。PX0=1，设定定时器外部中断 0 为高优先级中断；PX0=0，则为低优先级中断

7.2.4　中断响应过程

单片机在每个机器周期的 S5P2 期间，顺序对每个中断源采样，CPU 在下一个机器周期 S6 期间按优先级顺序查询中断标志，如查询到某个中断标志为 1，将在下一个机器周期 S1 期间按优先级进行中断处理。中断得到响应后自动清除中断标志，由硬件将程序计数器 PC 内容压入堆栈保护，然后将对应的中断矢量装入程序计数器 PC 中，使程序转向中断矢量的地址单元中去执行相应的中断服务程序。

下列三种情况中的一种发生时，CPU 将封锁对中断的响应。

- CPU 正在处理一个同级或更高级别的中断请求。
- 现行的机器周期不是当前正执行指令的最后一个周期。我们知道，单片机有单周期、双周期、三周期指令，当前执行的指令是单字节没有关系，如果是双字节或四字节的，就要等整条指令都执行完了，才能响应中断(因为中断查询是在每个机器周期都可能查到的)。
- 当前正执行的指令是返回指令(RETI)或访问 IP、IE 寄存器的指令时，则 CPU 至少再执行一条指令才应中断。这些都是与中断有关的，如果正访问 IP、IE，则可能会开、关中断或改变中断的优先级，而中断返回指令则说明本次中断还没有处理完，因此都要等本指令处理结束、再执行一条指令才可以响应中断。

具体地说，CPU 响应中断的过程分为以下几个步骤：

(1) 保护断点，即保存下一个将要执行的指令的地址，也就是把这个地址送入堆栈。

(2) 寻找中断入口，根据 6 个不一样的中断源所产生的中断，查找 6 个不一样的入口地址。这 6 个中断源的编号和入口地址如表 7.6 所示，各中断服务程序的入口地址仅间隔 8 字节。编译器通过在这些地址放入无条件转移指令而跳转到服务程序的实际地址。以上工作是由计算机自动完成的，与编程者无关。

(3) 执行中断处理程序。

(4) 中断返回：执行完中断指令后，就从中断处返回到主程序，继续执行。

表 7.6　中断源编号及程序入口地址

编　　号	中　断　源	入　口　地　址
0	外部中断 0	0003H
1	定时器/计数器 0	000BH
2	外部中断 1	0013H
3	定时器/计数器 1	001BH
4	串行口中断	0023H
5	定时器/计数器 2	002BH

7.2.5　C51 中断的程序设计

C51 使用户能编写高效的中断服务程序。编译器在规定的中断源的矢量地址中放入无条件转移指令，使 CPU 响应中断后自动地从矢量地址跳转到中断服务程序的实际地址，而无需用户去安排。中断服务程序被定义为函数，函数的完整定义如下：

返回值　函数名([参数])[模式]　[再入] interrupt n [using m]

下面分别介绍后面三个参数。

1. 再入

通过属性关键字 reentrant 将函数定义为再入函数，这样函数才能被递归调用。这是因为在 C51 中，普通函数(非再入的)不能被递归调用，只有再入函数才可被递归调用。

2. interrupt n

interrupt n 表示将函数声明为中断服务函数，n 为中断源编号，它可以是 0～31 间的整数，不允许为带运算符的表达式。n 通常取以下值：

- 0：外部中断 0。
- 1：定时器/计数器 0 溢出中断。
- 2：外部中断 1。
- 3：定时器/计数器 1 溢出中断。
- 4：串行口发送与接收中断。

3. using m

定义函数所使用的工作寄存器组，m 的取值范围为 0～3，可缺省，它对目标代码有如下作用：函数入口处将当前寄存器保存，使用 m 指定的寄存器组，函数退出时原寄存器组恢复。选择不同的工作寄存器组，可方便实现寄存器组的现场保护。

值得注意的是，中断服务函数不允许用于外部函数，因为它对目标代码有下面这些影响：

- 当调用函数时，SFR 中的 ACC、B、DPH、DPL 和 PSW 在实际需要时应该入栈。
- 如果不使用寄存器组切换，中断函数所需的所有工作寄存器 Rn 都应该入栈。

- 函数退出前，所有工作寄存器应该出栈。
- 函数由 RETI 终止指令。

【例 7-2】中断的应用。

要求：电路原理图如图 7.2 所示。每按一次键，产生一次中断，P1 口输出并取反，用 C 语言编程如下：

```
//按键中断程序
#include<reg52.h>

main()
{
    P1=0x55;            //P1 口初始值
    EA=1;              //允许总断开
    EX0=1;             //允许 EXO 中断
    IT0=1;             //低电平产生中断
    while(1)           //等待中断，也是中断的返回点
    {
    }
}

void Izdcs(void) interrupt 0 using 1
{
    P1=~P1;            //按下触发一次，P1 取反一次
}
```

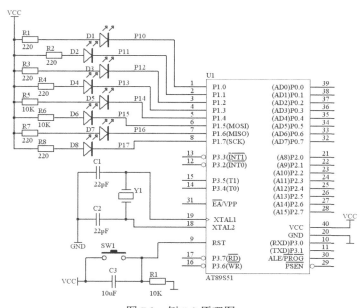

图 7.2　例 7-2 原理图

主函数执行 while 语句时就进入死循环等待中断，当拨动 P3.2 口($\overline{INT0}$)的开关 K1 后，

进入中断函数，对 P1 口取反。执行完中断，返回到等待中断的 while(1)语句，等待下一次的中断。

【例 7-3】利用中断来点亮灯。

硬件电路图如图 7.2 所示，用 $\overline{INT1}$ 引脚的按钮控制 P1 口的灯，要求每按一下按钮就申请一次中断，点亮一盏灯，依次点亮八盏灯中的一盏。要求采用边沿触发。

程序如下：

```
#include <reg51.h>

bit flag;                          /*中断申请标志位*/
unsigned char ledstatus;           /*每一位分别对应 P1 口灯亮状态，用于计算*/

void int1_isr (void) interrupt 2   /*INT1 的中断服务程序*/
{
    flag = 1;
}

void main (void)
{
    /*初始化灯*/
    P1 = 0xFF;                     /*初始化 P1 口的八盏灯，全灭*/
    ledstatus = 0x01;             /*第一次是 P1.0 口的灯亮*/

    /*初始化中断相关的寄存器*/
    EX1 = 1;                      /*允许 EX1 中断*/
    IT1 = 1;                      /*边沿触发*/
    EA = 1;                       /*允许总中断*/

    while (1)
    {
        if(flag)
        {
            P1 = (~ledstatus);            /*取反，因为低电平时灯亮*/
            ledstatus = (ledstatus << 1) ; /*下一次中断时灯的状态*/
            flag = 0;                     /*处理完成清除标志位*/
        }
    }
}
```

在编写中断服务程序时需要注意，中断函数要简短，不要处理太多事情，如上面的程序中，定义了一个标志位 flag，在中断服务程序中只设置标志位 flag，主函数 main 对标志位 flag 进行判断，看是否有中断发生，从而进行具体的操作。处理完之后，一定要记得清标志位 flag，以等待新的中断上报。

上例中只使用了其中一个按钮，即一个外部中断，如果两个按钮都要用上，那就要注意中断的优先级了，有时需要设置中断优先级寄存器。

【例 7-4】多中断源控制灯的设计。

采用图 7.3 所示的硬件电路图，要求每按一下 $\overline{INT1}$ 引脚的按钮就依次点亮八盏灯中的一盏，而每按一下 $\overline{INT0}$ 就使灯的亮灭变为相反的状态，$\overline{INT0}$ 为最高优先级。要求均采用边沿触发。

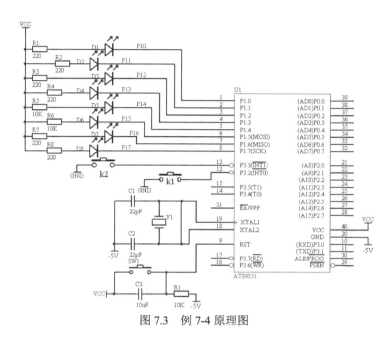

图 7.3　例 7-4 原理图

因为 $\overline{INT1}$ 的自然优先级比 $\overline{INT0}$ 低，如果想让 $\overline{INT1}$ 为高优先级，就要设置中断优先级寄存器为 0x04。

程序如下：

```c
#include <reg51.h>

unsigned char ledstatus;              /*对应 P1 口的灯亮状态，用于计算*/

void delay(void)                      /*延时子程序*/
{
    int x,y;
    for(x=0; x<100; x++)
        for(y=0; y<5000; y++);
}
void int1_isr (void) interrupt 2      /*INT1 的中断服务程序*/
{

    P1 = (~ledstatus);                /*取反，因为低电平时灯亮*/
```

```
            delay();                              /*延时*/
            ledstatus = (ledstatus << 1) ;        /*下一次中断时灯的状态*/
            flag1 = 0;                            /*处理完成清除标志*/
    }
    void int0_isr (void) interrupt 0              /*INT0 的中断服务程序*/
    {
            flag0 = 1;
            P1 = ~P1;                             /*灯由亮变灭或由灭变亮*/
            delay();                              /*延时*/
            flag0 = 0;                            /*处理完成清除标志*/

    }
    void main (void)
    {
            /*初始化中断相关的寄存器*/
            IP = 0x04;                            /*设置 INT1 为高优先级*/
            EX1 = 1;                              /*允许 EX1 中断*/
            EX0 = 1;                              /*允许 EX0 中断*/
            IT1 = 0;                              /*INT1 低电平触发*/
            IT0 = 0;                              /*INT0 低电平触发*/
            EA = 1;                               /*允许总中断*/

            ledstatus = 0x01;                     /*按下 INT1 开关时，第一次是 P1.0 口的灯亮*/

            while (1)
            {
                  P1 = 0xff;                      /*复位 P1 口的八盏灯，全灭*/
            }
    }
```

7.3 定时/计数器

测量控制系统中，常常要求有一些定时时钟，以实现定时控制、定时测量或延时动作、产生音响等功能，也往往要求有计数功能对外部事件进行计数，如测电动机转速、频率、工件个数等。单片机内部定时/计数器是用得非常多的一个功能部件。

7.3.1 定时/计数器的结构和工作方式

C51 系列单片机片内有两个十六位定时/计数器：定时器 0(T0)和定时器 1(T1)。定时器 T1 由寄存器 TH1、TL1 组成，定时器 T0 由寄存器 TH0、TL0 组成，它们均为八位寄存器。图 7.4 所示是定时器 T0 的内部结构和控制信号。定时器 T1 的内部结构和控制信号也一样。

T0 和 T1 有如下功能：

- 两个定时器都有定时或事件计数的功能，由软件选择是定时工作方式还是计数工作方式。
- 定时/计数器实际上是 16 位加 1 计数器。T0 由两个八位特殊功能寄存器 TH0 和 TL0 构成，T1 由两个八位特殊功能寄存器 TH1 和 TL1 构成。
- T0 和 T1 受特殊功能寄存器 TMOD 和 TCON 控制。

一些增强型的单片机中，增加了定时器 2(T2)。T2 除了具有 T1、T0 的计数功能外，还有 16 位自动重装载、捕获方式和加、减计数方式。

定时器 0 和定时器 1 实质上是一个加 1 计数器，它们可以工作于定时方式，也可以工作于计数方式。两种工作方式实际都是对脉冲计数，只不过所计脉冲的来源不同。

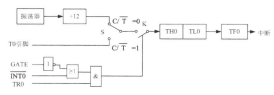

图 7.4　定时器 T0 的内部结构和控制信号

1. 定时方式

$C/\overline{T}=0$，开关 S 打向上，计数器 TH0、TL0 的计数脉冲来自振荡器的 12 分频后的脉冲(即 $f_{osc}/12$)，即对系统的机器周期计数。当开关 K 受控合上时，每过一个机器周期，计数器 TH0、TL0 加 1；当计数到了预设的个数，TH0、TL0 回零，置位定时/计数器溢出中断标志位 TF0(或 TF1)，产生溢出中断。例如，机器周期为 2μs，计满了 3 个机器周期，即定时了 6μs，中断标志位 TF0(或 TF1)被置位。如果允许中断，产生溢出中断。

由于 51 单片机的定时/计数器是加 1 计数，预定计数初值应载入负值(补码)，TH0、TL0 才可能加 1 回零。定时时，计数脉冲的最高频率为 $f_{osc}/12$。

2. 计数方式

$C/\overline{T}=1$，开关 S 打向下，计数器 T0、T1 的计数脉冲分别来自于引脚 T0(P3.4)或引脚 T1(P3.5)上的外部脉冲。当开关 K 受控合上时，计数器对此外部脉冲的下降沿进行加 1 计数，直至计满预定值后回零，置位定时/计数器中断标志位 TF0(或 TF1)，产生溢出中断。由于检测一个由 1 到 0 的跳变需两个机器周期，前一个机器周期测出 1，后一个机器周期测出 0，故计数脉冲的最高频率不得超过 $f_{osc}/24$。对外部脉冲的占空比无特殊要求。

当软件设定了定时/计数器的工作方式，则启动以后，定时/计数器就按规定的方式工作，而不占用 CPU 的操作时间。此时 CPU 可执行其他程序，除非定时/计数器溢出，才可能中断 CPU 执行的程序。这种工作的方式如同人类所设的闹钟一样，人在工作或睡觉的时候，闹钟仍然继续运行，到了设定的时间，闹钟就会响。

7.3.2　定时/计数器的寄存器

C51 单片机的定时/计数器为可编程定时/计数器。在定时/计数器工作之前，必须将控制命令写入定时/计数器的控制寄存器，即进行初始化。下面分别介绍与定时/计数器 0 以及定时/计数器 1 和定时/计数器 2 相关的寄存器。

1. T/C0 和 T/C1 的寄存器

定时/计数器 0 和定时/计数器 1 是所有 51 系列单片机都具有的功能，对它们的控制是通过定时/计数器模式寄存器 TMOD 和定时/计数器控制寄存器 TCON 来实现的。

(1) 定时/计数器模式寄存器 TMOD

定时/计数器模式寄存器 TMOD 主要用来设置定时/计数器的工作模式，它的地址是 89H，不能进行位寻址，只能用字节传送指令设置定时器的工作方式，复位时，TMOD 的所有位均为 0。每一位的定义如表 7.7 所示，高四位与定时/计数器 1 有关，低四位与定时/计数器 0 有关。

表 7.7　定时/计数器模式寄存器 TMOD

定时/计数器 1				定时/计数器 0			
D7	D6	D5	D4	D3	D2	D1	D0
GATE	C/$\overline{\text{T}}$	M1	M0	GATE	C/$\overline{\text{T}}$	M1	M0

GATE：定时操作开关控制位，当 GATE=1 时，INT0 或 INT1 引脚为高电平，同时 TCON 中的 TR0 或 TR1 控制位为 1 时，定时/计数器 0 或 1 才开始工作。若 GATE=0，则只要将 TR0 或 TR1 控制位设为 1，计时/计数器 0 或 1 就开始工作。

C/$\overline{\text{T}}$：定时器或计数器功能的选择位。C/$\overline{\text{T}}$=1 时为计数器，通过外部引脚 T0 或 T1 输入计数脉冲。C/$\overline{\text{T}}$=0 时为定时器，由内部系统的时钟提供计时工作脉冲。

M1 和 M0：分别是模式选择位的高位和低位，通过它们对定时/计数器的工作模式进行设置，如表 7.8 所示。

表 7.8　定时/计数器的工作模式设置

M1	M0	工 作 模 式
0	0	方式 0：13 位定时/计数器
0	1	方式 1：16 位定时/计数器
1	0	方式 2：8 位自动加载定时/计数器
1	1	方式 3：定时器 0 分为两个独立的 8 位定时器 TH0 及 TL0

可见，T/C0 和 T/C1 一共有四种工作方式：方式 0、方式 1、方式 2 和方式 3。

(2) 定时/计数器控制寄存器 TCON

定时/计数器控制寄存器 TCON 的地址是 88H，可进行位寻址。该寄存器除了用作定时/计数器控制寄存器之外，还有几位与中断有关，在前面已介绍过。每一位的定义如表 7.9 所示。

表 7.9　定时/计数器控制寄存器 TCON

符号	位	功　能
TF1	7	定时器 1 溢出标志位。当计时器 1 计满溢出时，由硬件使 TF1 置为 1，并且申请中断。进入中断服务程序后，由硬件自动清 0，在查询方式下用软件清 0
TR1	6	定时器 1 运行控制位。由软件清 0 时关闭定时器 1。当 GATE=1，且 INT1 为高电平时，TR1 置 1 并启动定时器 1；当 GATE=0，TR1 置 0 且关闭定时器 1
TF0	5	定时器 0 溢出标志位。其功能及操作情况同 TF1
TR0	4	定时器 0 运行控制位。其功能及操作情况同 TR1
IE1	3	外部中断 1 请求标志位
IT1	2	外部中断 1 触发方式选择位
IE0	1	外部中断 0 请求标志位
IT0	0	外部中断 0 触发方式选择位

2. T/C2 的寄存器

与 T/C2 相关的寄存器有控制寄存器 T2CON 和模式寄存器 T2MOD。

(1) 定时/计数器 2 控制寄存器 T2CON

定时/计数器 2 控制寄存器 T2CON 用来对其进行设置。T2CON 的地址为 0C8H，可进行位寻址，复位值是 0000 0000B，寄存器中每一位的定义如表 7.10 所示。

表 7.10　定时/计数器 2 控制寄存器 T2CON 的定义

符　号	位	功　能
TF2	7	定时器 2 溢出中断标志位。必须进行软件清 0。RCLK=1 或 TCLK=1 时，TF2 不用置位
EXF2	6	定时器 2 外部标志位。EXEN2=1 时，因 T2EX 上的负跳变而出现捕捉或重载时，EXF2 会被硬件置位。定时器 2 打开，EXF2=1 时，将引导 CPU 执行定时器 2 的中断程序。EXF2 必须清 0。在向下/向上技术模式(DCEN=1)下 EXF2 不能引起中断
RCLK	5	串行口接收数据时钟标志位。若 RCLK=1，串行口将使用定时器 2 溢出脉冲作为串行口工作模式 1 和 3 的串口接收时钟；若 RCLK=0，将使用定时器 1 计数溢出作为串口接收时钟
TCLK	4	串行口发送数据时钟标志位。若 TCLK=1，串行口将使用定时器 2 溢出脉冲作为串行口工作模式 1 和 3 的串口发送时钟；若 TCLK=0，将使用定时器 1 计数溢出作为串口发送时钟
EXEN2	3	定时器 2 外部允许标志位。当 EXEN2=1 时，如果定时器 2 没有用作串行时钟，T2EX(P1.1)的负跳变便引起定时器 2 的捕捉和重载。若 EXEN2=0，定时器 2 将视 T2EX 端的信号无效
TR2	2	开始/停止控制定时器 2。TR2=1，定时器 2 开始工作
C/$\overline{T2}$	1	定时器 2 定时/计数选择标志位。C/$\overline{T2}$=0，定时；C/$\overline{T2}$=1，外部事件计数(下降沿触发)
CP/$\overline{RL2}$	0	捕捉/重载选择标志位。当 EXEN2=1 时，CP/$\overline{RL2}$=1，T2EX 出现负脉冲，会引起捕捉操作；当定时器 2 溢出或 EXEN2=1 时，T2EX 出现负跳变，都会出现自动重载操作。CP/$\overline{RL2}$=0 将引起 T2EX 的负脉冲。当 RCLK=1 或 TCLK=1 时，此标志位无效，定时器 2 溢出时，强制做自动重载操作

定时/计数器 2 既可以做定时器，又可以做事件计数器。其工作方式由特殊寄存器 T2CON 中的 CP/ $\overline{RL2}$ 位选择。定时/计数器 2 有三种工作方式：捕获方式、自动重装载(向上或向下计数)方式和波特率发生器方式，工作方式由 T2CON 的控制位 RCLK、TCLK、CP/ $\overline{RL2}$ 和 TR2 来选择，如表 7.11 所示。

表 7.11　定时/计数器 2 的工作方式设置

RCLK+TCLK	CP/ $\overline{RL2}$	TR2	方　　式
0	0	1	捕获方式
0	1	1	自动重装载方式
1	—	1	波特率发生器方式
—	—	0	关闭

(2) 定时/计数器 2 模式寄存器 T2MOD

当定时器 2 工作于 16 位自动重载模式时，可对其编程实现向上计数或向下计数。这一功能可以通过定时/计数器 2 模式寄存器 T2MOD(见表 7.12)中的 DCEN(向下计数允许位)来实现。T2MOD 的地址是 0C9H，不可进行位寻址。

表 7.12　定时/计数器 2 模式寄存器 T2MOD

符　　号	位	功　　能
—	2～7	无定义，预留扩展
T2OE	1	定时/计数器 2 输出允许位
DCEN	0	置 1 后，定时/计数器 2 可配置成向上/向下计数

7.3.3　定时/计数器的工作方式

定时/计数器有四种工作方式，即方式 0、方式 1、方式 2 和方式 3。它们通过设置相应的寄存器来选择。对于增强型 51 单片机，定时/计数器 2 的使用略有不同，但它也有三种工作方式，即捕获方式、自动重装载方式和波特率发生器方式。下面介绍这些工作方式。

1. 方式 0

方式 0 是 13 位计数结构的工作方式，其计数器由 TH0 的全部 8 位和 TL0 的低 5 位构成。当 TL0 的低 5 位计数溢出时，向 TH0 进位，而 13 位计数全部溢出时，则向计数溢出标志位 TF0 进位。

在方式 0 下，当为计数工作方式时，计数值的范围是 1～8192(2^{13})；当为定时工作方式时，定时时间的计算公式为：

$$(2^{13}-计数初值)\times 晶振周期\times 12$$

或

$$(2^{13}-计数初值)\times 机器周期$$

其时间单位与晶振周期或机器周期相同(μs)。

2. 方式 1

方式 1 是 16 位计数结构的工作方式，计数器由 TH0 的全部 8 位和 TL0 的全部 8 位构成。与方式 0 基本相同，区别仅在于工作方式 1 的计数器 TL0 和 TH0 组成 16 位计数器，从而比工作方式 0 有更宽的定时/计数范围。

当为计数工作方式时，计数值的范围是 $1 \sim 65\,536(2^{16})$。

当为定时工作方式时，定时时间计算公式为：

$$(2^{16} - \text{计数初值}) \times \text{晶振周期} \times 12$$

或

$$(2^{16} - \text{计数初值}) \times \text{机器周期}$$

3. 方式 2

八位自动装入时间常数工作方式。由 TL1 构成八位计数器，TH1 仅用来存放时间常数。启动 T1 前，TL1 和 TH1 装入相同的时间常数，当 TL1 计满后，除定时器回零标志 TF1 置位、具有向 CPU 请求中断的条件外，TH1 中的时间常数还会自动地装入 TL1，并重新开始定时或计数。所以，工作方式 2 是一种自动装入时间常数的 8 位计数器方式。由于这种方式不需要指令重装时间常数，因而操作方便，在允许的条件下，应尽量使用这种工作方式。当然，这种方式的定时/计数范围要小于方式 0 和方式 1。

当计数溢出后，不是像前两种工作方式通过软件方法那样，而是由预置寄存器 TH 以硬件方法自动给计数器 TL 重新加载。变软件加载为硬件加载。

初始化时，8 位计数初值同时装入 TL0 和 TH0 中。当 TL0 计数溢出时，置位 TF0，同时把保存在预置寄存器 TH0 中的计数初值自动加载给 TL0，然后 TL0 重新进行计数。如此重复不止。这不但省去了用户程序中的重装指令，而且也有利于提高定时精度。但这种工作方式下是 8 位计数结构，计数值有限，最大只能到 255。

这种自动重新加载工作方式非常适用于循环定时或循环计数，例如用于产生固定脉宽的脉冲。此外，还可以作串行数据通信的波特率发送器使用。

4. 方式 3

两个 8 位方式。方式 3 只适用于定时器 0。如果设置定时器 1 为工作方式 3，则定时器 1 将处于关闭状态。

当 T0 为工作方式 3 时，TH0 和 TL0 分成两个独立的 8 位计数器。其中，TL0 既可用作定时器，又可用作计数器，并使用原 T0 中的所有控制位及其定时器回零标志和中断源。TH0 只能用作定时器，并使用 T1 的控制位 TR1、回零标志 TF1 和中断源。

通常情况下，T0 不运行于工作方式 3，只有在 T1 处于工作方式 2，并不要求中断的条件下才可能使用。这时，T1 往往用作串行口波特率发生器，TH0 用作定时器，TL0 作为定时器或计数器。所以，方式 3 是为了使单片机有 1 个独立的定时/计数器、1 个定时器以及 1 个串行口波特率发生器而特地提供的。这时，可把定时器 1 用于工作方式 2，把定时器 0 用于工作方式 3。

5. T/C2 的工作方式

定时/计数器 2 既可以用作定时器，又可以用作事件计数器。其工作方式由特殊寄存器 T2CON 中的 C/$\overline{T2}$ 位选择。定时器 2 有三种工作方式：捕获方式、自动重装载(向上或向下计数)方式和波特率发生器方式。

(1) 捕获方式

在捕获方式下，通过 T2CON 控制位 EXEN2 来选择两种方式。如果 EXEN2=0，定时器 2 是一个 16 位定时器或计数器，计数溢出时，对 T2CON 的溢出标志位 TF2 置位，同时激活中断。如果 EXEN2=1，定时器 2 完成相同的操作，而当 T2EN 引脚外部输入信号发生 1 至 0 负跳变时，也出现 TH2 和 TL2 中的值分别被捕获到 RCAP2H 和 RCAP2L 中。另外，T2EX 引脚信号的跳变使得 T2CON 中的 EXF2 置位，像 TF2 一样，T2EX 也会引起中断。

(2) 自动重装载方式

当定时器 2 工作于 16 位自动重载方式时，可对其编程而实现向上计数或向下计数。这一功能可以通过定时/计数器 2 模式寄存器 T2MOD 中的 DCEN(向下计数允许位)来实现。

DCEN=0 时，定时/计数器 2 自动计数。通过 T2CON 中的 EXEN2 位可以选择两种方式。如果 EXEN2=0，定时/计数器 2 计数，计到 0FFFFH 后对 TF2 溢出标志位置位。计数溢出也使得定时/寄存器重新从 RCAP2H 和 RCAP2L 中加载 16 位值。定时/计数器工作于捕捉模式，RCAP2H 和 RCAP2L 的值可以由软件预设。如果 EXEN2=1，计数溢出或在外部 T2EX(P1.1)引脚上的 1 到 0 的下跳变都会触发 16 位重载。这个跳变也对 EXF2 中断标志位置位。

DCEN=1，允许定时/计数器 2 向上或向下计数。在这种模式下，T2EX 引脚控制着计数的方向。T2EX 上的一个逻辑 1 使得定时器 2 向上计数。定时/计数器 2 计到 0FFFFH 时溢出，并置位 TF2。定时器的溢出也使得 RCAP2H 和 RCAP2L 中的 16 位值分别加载到定时/计数器的 TH2 和 TL2 中。

T2EX 上的一个逻辑 0 使得定时/计数器 2 向下计数。当 TH2 和 TL2 分别等于 RCAP2H 和 RCAP2L 中的值的时候，计数器下溢。计数器下溢，置位 TF2，并将 0FFFFH 加载到定时/计数器中。

定时/计数器 2 上溢或下溢时，外部中断标志位 EXF2 被锁死。在这种工作模式下，EXF2 不能触发中断。

(3) 波特率发生器方式

通过设置 T2CON 中的 TCLK 或 RCLK 可选择定时器 2 作为波特率发生器。如果定时器 2 作为发送或接收波特率发生器，定时器 1 可用作他用，发送和接收的波特率可以不同。设置 RCLK 和(或)TCLK 可以使定时器 2 工作于波特率产生模式。

波特率产生工作模式与自动重载模式相似，因此，TH2 的翻转使得定时器 2 寄存器重载被软件预置为 16 位值的 RCAP2H 和 RCAP2L 中的值。模式 1 和模式 3 的波特率由定时器 2 溢出速率决定，具体公式如下：

模式 1 和模式 3 波特率＝定时器 2 溢出率/16

定时器可设置成定时器，也可设置成计数器。在多数应用情况下，一般设置成定时器方式(CP/T2=0)。定时器 2 用于定时器操作时与波特率发生器有所不同，因为它在每一机器周期(1/12 晶振周期)都会增加；而作为波特率发生器，它在每一机器状态(1/2 晶振周期)都会增加。波特率计算公式如下：

模式 1 和模式 3 的波特率＝晶振频率/{32×[65 536−(RCAP2H,RCAP2L)]}

其中，(RCAP2H，RCAP2L)是 RCAP2H 和 RCAP2L 组成的 16 位无符号整数。定时器 2 作为波特率发生器，仅仅在 T2CON 中 RCLK 或 TCLK=1 才有效。特别强调，TH2 的翻转并不会置位 TF2，也不会产生中断；EXEN2 置位后，T2EX 引脚上 1～0 的下跳变不会使(RCAP2H，RCAP2L)重载到(TH2，TL2)中。因此，定时器 2 作为波特率发生器，T2EX 也还可以作为一个额外的外部中断。

定时器 2 处于波特率产生模式时，TR2=1，定时器 2 正常工作。TH2 或 TL2 不应该读写。在这种模式下，定时器在每一状态都会增加，读或写就不会准确。寄存器 RCAP2 可以读，但不能写，因为写可能和重载交迭，造成写和重载错误。在读写定时器 2 或 RCAP2 寄存器时，应该关闭定时器。

7.3.4　定时/计数器的程序设计

由于定时/计数器的功能是由软件编程确定的，所以一般在使用定时/计数器前都要对其进行初始化，使其按设定的功能工作。初始化的步骤一般如下：

(1) 确定工作方式(即对 TMOD 赋值)。

(2) 预置定时或计数的初值(可直接将初值写入 TH0、TL0 或 TH1、TL1)。

(3) 根据需要开放定时/计数器的中断(直接对 IE 位赋值)。

(4) 启动定时/计数器(若已规定用软件启动，则可把 TR0 或 TR1 置为 1；若已规定由外中断引脚电平启动，则需给外引脚步加启动电平。当实现了启动要求后，定时器即按规定的工作方式和初值开始计数或定时)。

因为在不同工作方式下计数器位数不同，因而最大计数值也不同。现假设最大计数值为 M，那么各方式下的最大值 M 值如下：

方式 0：$M=2^{13}=8192$

方式 1：$M=2^{16}=65\ 536$

方式 2：$M=2^8=256$

方式 3：定时器 0 分成两个八位计数器，所以两个 M 均为 256。

因为定时/计数器是做"加 1"计数，并在数满溢出时产生中断，因此初值 X 可以这样计算：$X=M-$ 计数值。

【例 7-5】在 XTAL 频率是 12MHz 的标准 8051 器件上，用定时器产生 10kHz 定时器滴答中断。

　　分析：利用 t1 来产生 10kHz 的滴答中断，也就是产生周期为 100μs 的滴答中断。因为时钟频率为 12MHz，采用方式 2，先计算计数初值：

　　机器周期 MC=12/f_{osc}=12/12=1μs。

　　应计脉冲个数=100μs/1μs=100。

　　程序如下：

```
#include <reg52.h>
static unsigned long overflow_count = 0;

/*定时器 1 中断服务程序：每 100 个时钟周期执行 1 次*/
void timer1_ISR (void) interrupt 3
{
    overflow_count ++;                 /*溢出计数器加 1*/
}

/*主函数：置定时器 1 为 8 位定时器重装(方式 2)
定时器计数到 255 时溢出，用 156 重装并产生中断*/
void main (void)
{
    TMOD = (TMOD & 0x0F) | 0x20;       /*设置方式(8 位定时器)*/
    TH1 = 256 – 100;                   /*重装 TL1 来计数 100 个时钟周期*/
    TL1 = TH1;
    ET1 = 1;                           /*允许定时器 1 中断*/
    TR1 = 1;                           /*启动定时器 1 运行*/
    EA = 1;                            /*总中断允许*/
    while (1);                         /*无限循环，等待定时器溢出中断*/
}
```

　　在实时系统中，通常使用定时器。这与软件循环的定时完全不同。尽管两者最终都依赖系统的时钟，但用定时器计数时，其他事件可继续进行，而软件定时时不允许任何事情发生。

　　对许多连续计数和持续时间操作，定时/计数器最好使用 16 位计数器的方式。当计数器翻转后，继续计数。若计数或时间间隔开始时读出计数器的值，则在计数或时间间隔结束时，从读出值中减去开始时的读出值，所得计数数值即为其间的计数或持续的时间间隔。

　　【例 7-6】 定时器 2 的使用。

　　程序如下：

```
#include <reg52.h>                                 /*定时器 2 是 52 子系列单片机的资源*/
static unsigned long overflow_count = 0;

void timer1_ISR(void)    interrupt 5
{
```

```
            TF2 = 0;                              /*清除中断请求*/
            overflow_count++;                     /*增加溢出数*/
        }


        void main(void)
        {
            T2CON = 0x80;                          /*置定时器 2～16 位自动初装值*/
            RCAP2L = (65536UL-1000UL);             /*置初装值到 1000 时钟*/
            RCAP2H = (65536UL-1000UL) >> 8;
            TH2 = RCAP2H;
            ET2 = 1;                               /*允许定时器 2 中断*/
            TR2 = 1;                               /*定时器 2 开始运行*/
            EA = 1;                                /*允许全程中断*/


            while(1);
        }
```

【例 7-7】 如图 7.5 所示，在 P1.7 端接有一个发光二极管，要求利用定时/计数器控制，使 LED 亮 1s，灭 1s，周而复始。

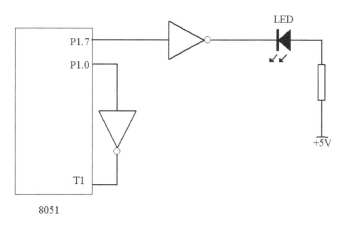

图 7.5　例 7-7 原理图

分析：题目要求定时 1s，定时器的三种工作方式都不能满足。对于较长时间的定时，应采用复合定时的方法。这里使定时/计数器 0 工作在定时器方式 1，定时 100ms，定时时间到后 P1.0 反相，即 P1.0 端输出周期为 200ms 的方波脉冲。另设定时/计数器 1 工作在计数器方式 2，对 T1 输入的脉冲计数，当计数满 5 次时，定时 1s 时间到，将 P1.7 端反相，改变灯的状态。

采用 6MHz 晶振，方式 1 的最大定时才能达到 100ms 多。对于 100ms，机器周期 2μs 需要的计数次数=$100 \times 10^3/2$=50 000，即初值为 65 536-50 000=15 536。

方式 2 满 5 次溢出后中断，初值为 256-5。

程序如下:

```
#include <reg51.h>

sbit P1_0=P1^0;
sbit P1_7=P1^7;
timer0()interrupt 1 using 1          /*T/C0 中断服务程序*/
{
        P1_0=!P1_0;                  /*100ms 到，P1.0 反相*/
TH0=(65536-50000)/256;               /*重载计数初值*/
        TL0=(65536-50000)%256;
}
timer1()interrupt 3 using 2          /*定时/计数器 1 中断服务程序*/
{
        P1_7=!P1_7;                  /*1s 到，灯改变状态*/
}
main()
{
        P1_7=0;                      /*置灯初始灭*/
        P1_0=1;                      /*保证第一次反相便开始计数*/
        TMOD=0x61;                   /*定时/计数器 0 方式 1 定时，定时/计数器 1 方式 2 计数*/
        TH0=(65536-50000)/256;       /*预置计数初值*/
        TL0=(65536-50000)%256;
        TH1=256-5;
        TH0=256-5;
        IP=0x08;                     /*置优先级寄存器*/
        EA=1;                        /*CPU 开中断*/
        ET0=1;                       /*允许定时器 0 中断*/
        ET1=1;                       /*允许定时器 1 中断*/
        TR0=1;                       /*启动定时器 0*/
        TR1=1;                       /*启动定时器 1*/
        for( ; ; )
        { }
}
```

7.4　本章小结

本章主要介绍了单片机的内部资源，详细介绍了单片机的 I/O 口、中断系统以及定时/计数器的应用。

通过本章的学习，读者应该掌握以下几个知识点:

- 熟悉 4 个 I/O 口的应用，重点理解 4 个口的使用特点。
- 理解 51 单片机的中断结构、中断响应过程以及中断程序的编程方法。

● 理解单片机定时/计数器的结构、工作方式以及特点并掌握它们的编程方法。

实验与设计

实验 7-1　设计报警器

1. 实验思路

实验原理图如图 7.6 所示，通过用 P0.7 输出不同频率的音频信号来使扬声器报警。首先让 P0.7 输出频率为 1kHz 的信号响应 100ms，然后让 500Hz 的信号响应 200ms，交替进行。P1.0 接一开关进行控制，当开关接 $\overline{\text{VCC}}$ 端时，即输入信号为 1 时，产生报警信号，当开关被拨到地端时，即输入信号为 0 时，报警信号停止。

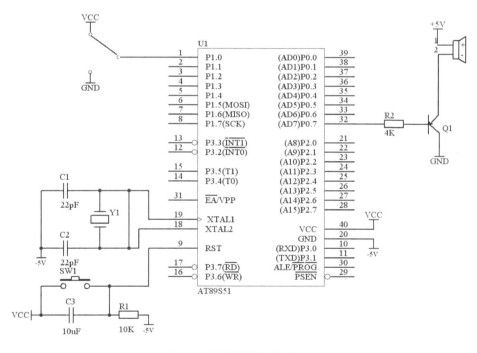

图 7.6　简易报警电路原理图

2. 程序设计

程序清单如下：

```
#include <reg51.H>
#include <INTRINS.H>
```

```
        bit flag;
        unsigned char count;

        void dely500(void)                //延时 500μs 子程序
        {
            unsigned char i;
            for(i=0;i<500;i++)
            {
                _nop_();
            }
        }

        void main(void)
        {
            while(1)                       //进入循环检测
            {
                if(P1_0==1)                //有报警进行报警
                {
                    for(count=0;count<200;count++)
                    {
                        P0_7=~P0_7;       //跟上次不同
                        dely500();
                    }
                    for(count=0;count<200;count++)
                    {
                        P0_7=~P0_7;       //跟上次不同
                        dely500();
                        dely500();
                    }
                }
            }
        }
```

程序经过 Keil 的编译连接并下载之后，就可以听到报警声了，但是报警周期和时间长短都是不符合要求的，如果想要符合要求，就要考虑使用定时器来定时了(详见 7.3 节)。

实验 7-2　统计外中断 1 的中断次数

1. 实验思路

实验原理图如图 7.7 所示，P1 口接了一个共阳极数码管，P3.3 口接一个按钮，用来产生中断。要求每产生一次中断，用数码管显示中断的次数(最多不超过 15 次)。

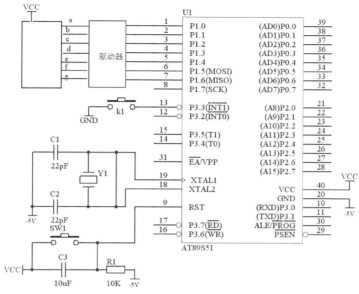

图 7.7　实验 7-2 原理图

2. 程序设计

程序清单如下：

```c
#include<reg51.h>
char i;
code unsigned char table[]={0xc0,0xf9,0xa4,0xb0,0x99,0x92, 0x82,0xf8,0x80,0x90,0x88,0x83,
0xc6,0xa1,0x86,0x8e};                    //共阳数码管，分别表示 0～9，'-' '熄灭'
int1() interrupt 2
{
    i++;                                 //计中断次数
 if (i<16) P0=table[i];                  //查表，次数送显示
    else
    {
    i=0;                                 //超过 16，i 清零
    P0=0xc0;                             //显示 0
    }
}
main()
{
    EA=1;                                //断开中断
    EX1=1;                               //允许外部中断 1
    IT1=1;                               //下降沿触发
    P0=0xc0;                             //从 0 开始计数，显示 0
    while(1);                            //等待中断，也是中断的返回点
}
```

实验 7-3　定时/计数器 T0 作定时应用实验

1. 实验思路

电路原理图如图 7.8 所示，用单片机的定时/计数器 T0 产生 1s 的定时时间作为秒计数时间，当 1s 产生时，秒计数加 1，秒计数到 60 时，自动从 0 开始。

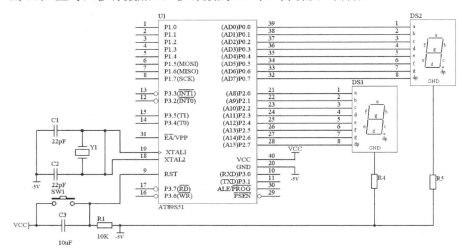

图 7.8　实验 7-3 原理图

接下来选择单片机的工作方式。这里选择 16 位定时工作方式，对于 T0 来说，最大定时也只有 65 536μs，即 65.536ms，无法达到所需要的 1s 的定时，因此，必须通过软件来处理这个问题，假设取 T0 的最大定时为 50ms，即要定时 1s 需要经过 20 次的 50ms 的定时。对于这 20 次就可以采用软件的方法来统计了。

因此，设定 TMOD=00000001B，即 TMOD=01H。

下面要给 T0 定时/计数器的 TH0、TL0 装入预置初值，通过下面的公式可以计算出：

TH0=(65 536－50 000) / 256

TL0=(65 536－50 000)%256

当 T0 在工作的时候，如何得知 50ms 的定时时间已到？这里通过检测 TCON 特殊功能寄存器中的 TF0 标志位来表示，如果 TF0=1，表示定时时间已到。

2. 程序设计

程序的流程图如图 7.9 所示。

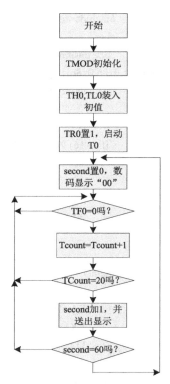

图 7.9　实验 7-3 程序流程图

采用中断法的程序设计如下：

```c
#include <AT89X51.H>

unsigned char code dispcode[]={0x3f,0x06,
                               0x5b,0x4f,

                               0x66,0x6d,0x7d,0x07,
                               0x7f,0x6f,0x00};
            //共阳数码管，分别表示 0～9，'-'，'熄灭'
unsigned char second;
unsigned char tcount;

void main(void)
{
   TMOD=0x01;                    //定时器 0 方式 1
   TH0=(65 536-50 000)/256;      //装载计数初值
   TL0=(65 536-50 000)%256;
   TR0=1;                        //启动定时器
   ET0=1;                        //开定时器 0 中断
   EA=1;                         //中断允许
   tcount=0;                     //计数初始化
   second=0;                     //计数初始化
   P0=table[second/10];          //显示
   P2=table[second%10];
   while(1);
}

void t0(void) interrupt 1 using 0    //T0 中断服务程序
{                                    //计数
   tcount++;                         //20 次中断，即 1s
   if(tcount==20)
     {                               //清零
        tcount=0;                    //增加 1
        second++;                    //六十进制，清 0
     if(second==60)
        {
           second=0;
        }
        P0=table[second/10];         //显示秒的十位
        P2=table[second%10];         //显示秒的个位
     }
   TH0=(65 536-50 000)/256;          //重载计数初值
   TL0=(65 536-50 000)%256;
}
```

习　　题

一、填空题

1. 中断技术是_____的有效方法，因此可以说中断技术实质上是一个_____的技术。

2. 基本型 51 有五个中断源：外部中断 0、外部中断 1、定时/计数器 0 中断、定时/计数器 1 中断和_____。

3. 定时/计数器 2 的工作方式由特殊寄存器 T2CON 中的_____位选择。

4. 外部中断 1 所对应的中断入口地址为_____H。

5. 8031 单片机响应中断后，产生长调用指令 LCALL，执行该指令的过程包括：首先把_____的内容压入堆栈，以进行断点保护，然后把长调用指令的 16 位地址送到_____，使程序执行转向_____中的中断地址区。

二、选择题

1. 使用定时器 T1 时，有(　　)种工作模式。

　　A. 1　　　　　　　　　　B. 2　　　　　　　　　　C. 3　　　　　　　　　　D. 4

2. 定时器/计数器的工作方式 0 是(　　)。

　　A. 八位计数器结构　　　　　　B. 两个八位计数器结构

　　C. 13 位计数器结构　　　　　　D. 16 位计数器结构

3. 以下(　　)中断源在响应后需要软件清除中断标志位。

　　A. 定时器/计数器 0　　　　　　B. 定时器/计数器 1

　　C. 外部中断　　　　　　　　　D. 串行口中断

4. 在 MCS-51 中，需要外加电路实现中断撤除的是(　　)。

　　A. 定时中断　　　　　　　　　B. 脉冲方式的外部中断

　　C. 外部串行中断　　　　　　　D. 电平方式的外部中断

5. 下列说法正确的是(　　)。

　　A. 同一级别的中断请求按时间的先后顺序响应

　　B. 同一时间同一级别的多中断请求，将形成阻塞，系统无法响应

　　C. 低优先级中断请求不能中断高优先级中断请求，但是高优先级中断请求能中断低优先级中断请求

　　D. 同级中断不能嵌套

三、上机题

1. 输入/输出口应用：根据电路图，按照如下要求编写程序。

● 电路原理图可以参考图 7.2，利用 P3.2 口控制 P1 口的 8 个 LED 灯。

● 相邻的 4 个 LED 为一组，分成两组，使每组每隔 0.5s 交替发亮一次，周而复始。

- 延时程序可以参考前面的例子，也可以用定时/计数器技术编程。

2. 中断应用：根据电路图，按照如下要求进行设计。

- 电路原理图可以参考图 7.2，利用 P3.2 口控制 P1 口的 8 个 LED 灯。要求利用外部中断实现。
- 开始 P1.0 亮，外部中断 0 接一开关，以后每中断一次，下一个 LED 灯亮，顺序下移，且每次只有一个 LED 灯亮，周而复始。

3. 定时/计数器应用：请读者按以下要求编写程序。

- 利用定时器 T0 来测量某脉冲的宽度。
- 该脉冲宽度小于 10ms，主机频率为 12MHz。
- 测量脉宽，并把结果转换为 BCD 码，顺序存放在以片内 50H 单元为首地址的内存单元中(50H 存个位)。

第8章 51单片机的系统扩展

51 系列单片机的特点是体积小、功能全、系统结构紧凑、硬件设计灵活。对于简单的应用而言，最小系统即能满足要求。但是在很多复杂的应用情况下，单片机内的 RAM、ROM 和 I/O 接口数量有限，不够使用，这种情况下就需要进行扩展。单片机的系统扩展主要是指外接数据存储器、程序存储器和 I/O 接口等，以满足应用系统的需要。本章将主要介绍系统扩展方面的内容。

8.1 单片机外部扩展资源和扩展编址技术概述

单片机内部资源不够的时候就需要利用系统扩展来完善我们的系统，那么一般需要扩展哪些资源？要用到哪些器件？这是首先要解决的问题。

8.1.1 单片机外部扩展资源简介

单片机外部扩展资源包括外部 RAM/ROM、键盘、显示器、A/D、D/A、I/O 扩展、中断扩展、串行通信、总线驱动、电源监控、看门狗等一些最基本的模块，它们是大多数单片机应用系统必不可少的关键部分。下面简单介绍一下各扩展模块。

1. 外部程序存储器 ROM

外部进行扩展的程序存储器种类主要有 EPROM、EEPROM 和 Flash EEPROM。但是由于大部分单片机提供了大容量的 Flash EEPROM，且价格相当低，故一般没有必要进行扩展。

2. 外部数据存储器 RAM

一般在有大量数据缓冲需要的单片机应用系统(如语音系统、收费系统等)中需要扩展外部数据存储器。常用的有静态随机存储器 RAM6264、RAM62256 和 RAM628128，但随机存储器不具备数据掉电保护特性，因此许多都采用 Flash EEPROM 作为数据存储器。

3. 并行 I/O 口资源扩展

由于 I/O 资源是比较珍贵的，一般在较为复杂的控制系统(尤其是工业控制系统中，如可编程控制器)中，需要扩展 I/O 口。常用的 I/O 接口芯片有 74HC 系列锁存寄存器、8255 和 8155 等。

4. 键盘和显示器

键盘和显示器提供了用户与单片机应用系统之间的人机交互界面，用户通过键盘向单片机系统输入数据或程序，而通过显示器用户可以了解系统的运行状态。

5. 串行通信接口

单片机本身只提供一个串行通信接口，为了使单片机系统与 PC、打印机、外设等接口通信，往往需要扩展通用 RS-232 通信接口，为了实现远距离通信，还要扩展 RS-485 通信接口。常用的 RS-232 接口芯片为 MAX232，常用的 RS-485 接口芯片为 MAX485。当需要更多的接口时，可以通过串行口芯片扩展，常用的串行口芯片有 8251、8250、16C554 等。

6. 模数转换 A/D

A/D 转换接口将外设输入的模拟量转换为计算机使用的数字量，常用的 A/D 转换芯片有 ADC0808/0809、ADC0816/0817、ADC1140、ADC71/76、ADC574A、14433 等。

7. 数模转换 D/A

D/A 转换接口将计算机的数字量转换为外设使用的模拟量，常用的 D/A 转换芯片有 DAC 0832、DAC7520、DAC1208、DAC1230、DAC82 等。

8. 电源监控和硬件看门狗

为了防止在电源不稳定或有干扰源时系统出现"程序跑飞"等异常情况，需要使用专用的电源监控复位芯片，即硬件看门狗，当出现这些情况时即发出复位信号，以保证正常工作。常用的这类芯片有 CSI24C161、DS1232、X5045 等。

9. 硬件日历时钟

由单片机构成的大多数计费、计时系统中，日期和时间是数据库的一个重要参数，为此需要在单片机系统中扩展日历时钟芯片。常用的日历时钟接口电路有 DS1305、DS 12887 等。

8.1.2　单片机系统扩展原理

单片机通过三总线扩展外部接口电路。这时 P0、P2 口用作外部扩展总线，无法再用作通用 I/O 口。下面首先了解片外总线的工作原理。

图 8.1 所示是单片机的三总线结构示意图，各个外围功能芯片通过三组总线与单片机相连。这三组总线分别是地址总线、数据总线和控制总线。下面一一进行介绍。

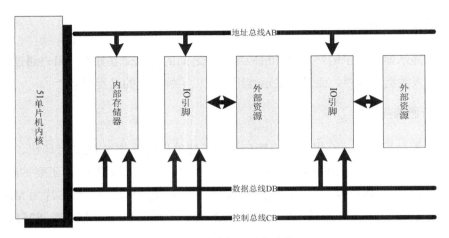

图 8.1   单片机三总线结构

1. 数据总线(DB)

用于外围芯片和单片机之间进行数据传递,如将外部存储器中的数据送到单片机的内部,或者将单片机中的数据送到外部的 D/A 转换器。在 51 单片机中,数据的传递是用 8 根线同时进行的,也就是 51 单片机的数据总线的宽度是 8 位,这 8 根线就被称为数据总线。数据总线是双向的,既可以由单片机传到外部芯片,也可以由外部芯片传入单片机。

2. 地址总线(AB)

如果单片机扩展外部的存储器芯片,当在一个存储器芯片中有许多的存储单元时,要依靠地址进行区分,即在单片机和存储器芯片之间要用一些地址线相连。除存储器之外,其他扩展芯片也有地址问题,也需要和单片机之间用地址线连接,各个外围芯片共同使用的地址线构成了地址总线。地址总线也是公用总线中的一种,用于单片机向外部输出地址信号,它是一种单向的总线。地址总线的根数决定了单片机可以访问的存储单元数量和 I/O 端口的数量。有 n 根线,则可以产生 2^n 个地址编码,可以访问 2^n 个地址单元。

3. 控制总线(CB)

这是一组控制信号线,有一些是由单片机送出(去控制其他芯片)的,而有一些则是由其他芯片送出(由单片机接收以确认这些芯片的工作状态等)的。对于 51 单片机而言,这一类线的数量不多。这类线就某一根而言是单向的,可能是单片机送出的控制信号,也可能是外部送到单片机的控制信号,但就其总体而言,则是双向的,因为控制总线里面有几根是送出的,就有几根是接收的,所以在图 8.1 中以双向的方式来表示控制总线。

4. 三总线扩展系统的方法

那么应该怎么利用三总线来扩展系统呢? 图 8.2 所示为单片机与各总线的信号的连接图。

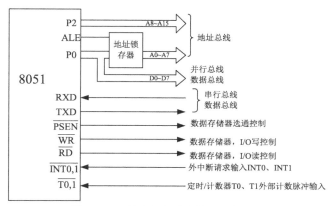

图 8.2　51 单片机与总线接口的信号图

由图 8.2 可见：

- 由于 P0 分时传送地址/数据信息，在接口电路中，通常配置地址锁存器，由 ALE 信号锁存低八位地址 A0～A7，从而分离地址和数据信息。
- P2 口传送高八位地址 A8～A15。
- $\overline{\text{PSEN}}$ 为程序存储器的控制信号，当取指令码时或者执行 MOVC 指令时变为有效。
- $\overline{\text{RD}}$ 和 $\overline{\text{WR}}$ 为数据存储器和 I/O 口的读、写控制信号。当执行 MOVX 指令时变为有效。

系统的扩展归结为三总线的连接，连线时应遵守下列原则：

- 连接双方的数据线、地址线、控制线要相互对应地连接，即数据线连数据线，地址线连地址线，控制线连控制线。特别需要注意的是：程序存储器接 $\overline{\text{PSEN}}$，数据存储器接 $\overline{\text{WR}}$ 和 $\overline{\text{RD}}$。
- 控制线相同的地址线不能相同，地址线相同的控制线不能相同。
- 片选信号有效的芯片才能被选中工作，当同类芯片只有一片时片选端可接地，当同类芯片有多片时片选端可通过线译码、部分译码、全译码接地址线(通常是高位地址线)，在单片机系统中一般多采用线选法。

三总线的扩展方法简单来说就是将单片机的数据总线、地址总线以及可能有的控制总线和外围器件对应连接的扩展方法，该扩展方法中需要解决最大的问题是单片机的低 8 位地址总线和数据总线都是对应于 I/O 引脚 P0.0～P0.7 的，所以需要增加一套地址——数据分离电路将地址信号和数据信号分离开来。P0 端口上输出的地址/数据信号受到 51 单片机的 ALE 引脚控制，在 ALE 信号为高电平的时候 P0 上输出地址信号，否则为数据信号。其时序关系如图 8.3 所示。

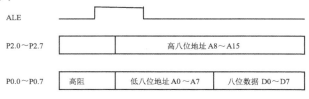

图 8.3　ALE 控制的 P0 端口输出时序

从图 8.3 可以看到，在 ALE 高电平到来的时候 I/O 口 P0 上输出了低八位地址，但是这个信号需要被保持一段时间以便于和 I/O 口 P2 上的高八位地址配合起来对接下来的 I/O 口 P0 上的数据进行读或者写操作，所以需要一个辅助器件来完成这项工作锁存器。在 51 单片机应用系统中使用最多的锁存器是 74HC373，其典型应用电路如图 8.4 所示。

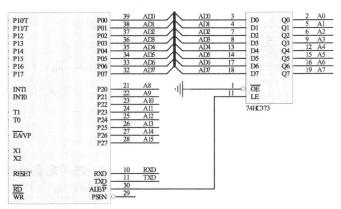

图 8.4 单片机和 74HC373 组成的典型应用电路

74HC373 的真值表如表 8.1 所示。当 74HC373 的控制引脚 LE 为高电平时其输出引脚 Q 和输入引脚 D 上的值相同，当 LE 为低电平的时候输出端 Q 的值保持不变。所以把 LE 引脚和 51 单片机的 ALE 引脚连接到一起就能构成一个地址——数据分离电路，如图 8.4 所示。ALE 引脚在 P0 端口输出地址信号时候输出高电平，74HC373 将该地址信号锁存在输出引脚 Q 上，和 P2 端口上输出高 8 位地址信号一起对外部资源进行寻址，在 ALE 引脚输出低电平的时候则可以使用 P0 端口进行数据通信。

表 8.1　74HC373 的真值表

D	LE	OE	Q
H	H	L	H
L	H	L	L
X	L	L	Q
X	X	H	Z

8.1.3　存储器扩展的编址技术

进行存储器扩展时，可供使用的编址方法有两种，即线选法和译码法。

1. 线选法

所谓线选法，就是直接以系统的地址作为存储芯片的片选信号，为此只需把高位地址线与存储芯片的片选信号直接连接即可。特点是简单明了、不需增加另外电路。缺点是存储空间不连续。适用于小规模单片机系统的存储器扩展。

2. 译码法

所谓译码法，就是使用译码器对系统的高位地址进行译码，以其译码输出作为存储芯片的片选信号。这是一种最常用的存储器编址方法，能有效地利用空间，特点是存储空间连续，适用于大容量多芯片存储器的扩展。

常用的译码芯片有 74LS139 和 74LS138 等，它们的 CMOS 型芯片分别是 74HC139 和 74HC138。74LS139 是 2－4 译码器，即对 2 个输入信号进行译码，得到 4 个输出状态。74LS138 是 3－8 译码器，即对 3 个输入信号进行译码，得到 8 个输出状态。

8.2　程序存储器的扩展

程序存储器是单片机软件程序的载体，对于没有内部程序存储器的单片机(如 8031)或者当程序较长、片内程序存储器容量不够时，用户需要在单片机外部扩展程序存储器。MCS-51 单片机片外有 16 条地址线，即 P0 口和 P2 口，因此最大寻址范围为 64KB(0000H～FFFFH)。

这里要注意的是，MCS-51 单片机有一个引脚 $\overline{EA}$ 与程序存储器的扩展有关。如果接高电平，那么片内存储器地址范围是 0000H～0FFFH(4KB)，片外程序存储器地址范围是 1000H～FFFFH(60KB)。如果接低电平，不使用片内程序存储器，片外程序存储器地址范围为 0000H～FFFFH(64KB)。

8.2.1　程序存储器的典型芯片

程序存储器须具有系统掉电后信息不会丢失的特性，因此，EPROM、EEPROM、Flash 芯片都可以作为程序存储器。EPROM 是紫外线擦除的程序存储器，程序修改不太方便，在一些需要系统有在线编程功能时，就只能用 EEPROM 和 Flash 作为程序存储器。

电擦除可编程只读存储器 EEPROM 是一种可用电气方法在线擦除和再编程的只读存储器，它既有 RAM 可读可改写的特性，又具有非易失性存储器 ROM 在掉电后仍能保持所存储数据的优点。因此，EEPROM 在单片机存储器扩展中，可以用作程序存储器，也可以用作数据存储器，至于具体做什么用，由硬件电路确定。

EEPROM 作为程序存储器使用时，CPU 读取 EEPROM 数据同读取一般 EPROM 的操作相同；但 EEPROM 的写入时间较长，必须用软件或硬件来检测写入周期。

常用的 EEPROM 芯片如表 8.2 所示，它们有如下特点：

- 单一+5V 供电，电可擦除可改写。
- 使用次数为 1 万次，信息保存时间为 10 年。
- 读出时间为 ns 级，写入时间为 ms 级。
- 芯片引脚信号与相应的 RAM 和 EEPROM 芯片兼容，如表 8.2 所示。

表 8.2　常用的 EEPROM 芯片

型　　号	引 脚 数	容量(KB)	引脚兼容的存储器
2816	24	2	2716，6116
2817	28	2	2717
2864	28	8	2764，6264
28C256	32	32	27C256
28F512	32	64	27C512
28F010	32	128	27C010
28F020	32	256	27C020
28F040	32	512	27C040

8.2.2　EEPROM 与单片机的连接

2864 是一个 8KB 的 EEPROM，维持电流为 60mA，典型读出时间为 200～350ns，字节编程写入时间为 10～20μs，芯片内有电压提升电路，编程时不必设置增高压，单一+5V供电。引脚和 6264、2764 兼容。

下面以 2864 为例来说明 EEPROM 和单片机的连接方法。

【例 8-1】利用 2864 来扩展程序存储器。

51 系列单片机扩展 2864 硬件的电路如图 8.5 所示。

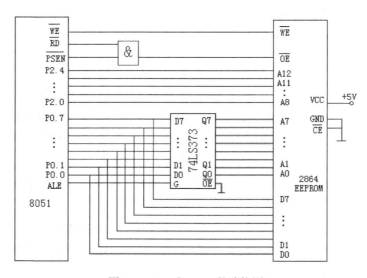

图 8.5　2864 与 8051 的连接图

图 8.5 中地址锁存器可以使用 74LS373 或 74LS573(两者性能一样，只是后者的引脚排列方便印制板设计)。图中，74LS373 为 8D 锁存器，其主要特点在于：控制端 G 为高电平时，输出 Q0～Q7 复现输入 D0～D7 的状态；G 为下跳沿时，D0～D7 的状态被锁存在 Q0～Q7 上。当把 ALE 与 G 相连后，ALE 的下跳沿正好把 P0 端口上此时出现的 PC 寄存器指

示的低八位指令地址 A0～A7 锁存在 74LS373 的 Q0～Q7 上，由于 P2 口有锁存功能，A8～A12 的高四位地址直接接在 P2.0～P2.4 口线上，而无需加接锁存器。74LS373 的 $\overline{OE}$(输出使能)接地，使其始终处于允许输出的状态。

$\overline{RD}$ 和 $\overline{PSEN}$ 通过与门接 2864 $\overline{OE}$ 端，无论 $\overline{RD}$ 还是 $\overline{PSEN}$ 有效(变为低电平)，均会使 2864 的 $\overline{OE}$ 有效，使得 2864 中 A0～A12 指定地址单元中的指令码从 2732 的 D0～D7 输出，被正好处于读入状态的 P0 端口输入到单片机内执行，因此该电路中的 2864 既可作为数据存储器，又可作为程序存储器。由于只扩展了一片，片选端接地。

8.3　数据存储器的扩展

RAM 是用来存放各种数据的，当单片机用于实时数据采集或处理大批量数据时，仅靠片内提供的 RAM 是远远不够的。此时，可以利用单片机的扩展功能，扩展外部数据存储器。

8.3.1　单片机 RAM 的读写时序

下面首先分析一下单片机数据存储器的读写时序。

1. 外部数据 RAM 的读周期时序

图 8.6 所示是单片机对片外 RAM 进行读操作的时序。当执行读外部数据指令时，进入外部数据 RAM 的读周期。

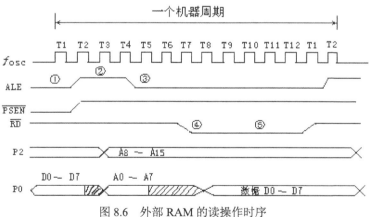

图 8.6　外部 RAM 的读操作时序

在 ALE 的上升沿，把外部程序存储器的指令读入后就开始了对片外 RAM 的读过程。

ALE 高电平期间，在 P0 处于高阻三态后，根据指令间址提供的地址，P2 口输出外部 RAM 的高八位地址 A15～A8，P0 端口输出低八位地址 A7～A0；在 ALE 下跳沿，P0 输出的低八位地址被锁存在锁存器中，随后 P0 又进入高阻三态，$\overline{RD}$ 信号有效后，被选中的 RAM 的数据出现在数据总线上，P0 处于输入状态，CPU 从 P0 读入外部 RAM 的数据。

2. 外部数据 RAM 的写周期时序

当执行写外部数据指令后就进入了外部数据 RAM 的写周期，其时序如图 8.7 所示。

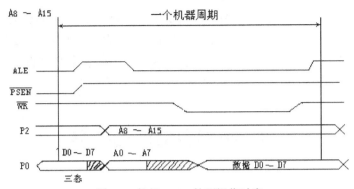

图 8.7　外部 RAM 的写操作时序

写外部 RAM 的操作时序与读外部 RAM 的时序差别在于：其一，$\overline{WR}$ 有效代替 $\overline{RD}$ 有效，以表明这是写数据 RAM 的操作；其二，在 P0 输出低八位地址 A0～A7 后，P0 立即处于输出状态，提供要写入外部 RAM 的数据供外部 RAM 取走。

由以上时序分析可见，访问外部数据 RAM 的操作与从外部程序存储器读取指令的过程基本相同，只是前者有读有写，而后者只有读而无写；前者用 $\overline{RD}$ 或 $\overline{WR}$ 选通，而后者用 $\overline{PSEN}$ 选通；前者一个机器周期中，ALE 两次有效，后者则只有一次有效。因此，不难得出 51 单片机和外部 RAM 的连接方法。

8.3.2　RAM 与单片机的连接

6264 是一款具有 8KB 的静态 RAM，下面将以 6264 为例来说明 8051 单片机的数据存储器的扩展。

【例 8-2】用 6264 扩展 AT89S51 的数据存储器，画出电路图。

电路图如图 8.8 所示。

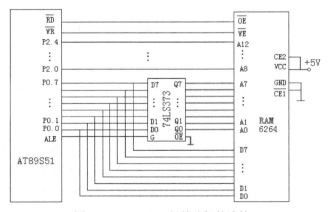

图 8.8　RAM6264 与单片机的连接

由图 8.6 可见，ALE 把 P0 端口输出的低八位地址 A0～A7 锁存在 74LS373 中，P2 口的 P2.0～P2.4 直接输出高五位地址 A8～A12，由于单片机的 $\overline{RD}$ 和 $\overline{WR}$ 分别与 6264 的输出允许 $\overline{OE}$ 和写信号 $\overline{WE}$ 相连，执行读操作指令时，$\overline{RD}$ 使 $\overline{OE}$ 有效，6264 RAM 中指定地址单元的数据经 D0～D7 由 P0 口读入；执行写指令时，$\overline{WR}$ 使 $\overline{WE}$ 有效，由 P0 口提供的要写入 RAM 的数据经 D0～D7 写入 6264 的指定地址单元中。

单片机 8XX51 读写外部数据 RAM 的操作使用 MOVX 指令，用 Ri 间址或用 DPTR 间址。例如，将外部数据 RAM1066H 地址单元中的内容读入 A 累加器，在 C51 中完成这些操作可以通过使用指向外部数据存储器的指针进行。程序设计如下：

```
# include <reg51.h>
#include<absacc.h>
    ...
ACC=XBATE[0X1066]; /*外部数据 RAM1066H 地址单元中的内容读入 A 累加器中*/
    ...
XBATE[0X1066]=ACC;/*A 累加器中的内容写入外部数据 RAM1066H 的地址单元中*/
```

51 单片机中的数据存储器和程序存储器在逻辑上是严格分开的，在实际设计和开发单片机系统时，程序若放在 RAM 中，可方便调试和修改，为此需要将程序存储器和数据存储器混合使用，只要在硬件上将 $\overline{RD}$ 信号和 $\overline{PSEN}$ 相"与"后连到 RAM 的读选通端 $\overline{OE}$ 即可以实现，如图 8.9 所示。

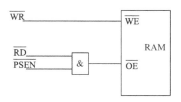

图 8.9　混合的读选通信号

8.4　并行 I/O 口的扩展

在无片外存储器扩展的系统中，51 单片机的 4 个端口都可以作为准双向通用 I/O 口使用，而在具有片外扩展存储器的系统中，P0 口分时地作为低八位地址线和数据线，P2 口作为高八位地址线。这时，P0 口和部分或全部的 P2 口无法再作通用 I/O 口。P3 具有第二功能，在应用系统中也常被使用。因此在大多数的应用系统中，真正能够提供给用户使用的只有 P1 和部分 P2、P3 口。所以，51 单片机的 I/O 端口通常需要扩充，以便和更多的外设进行联系。在 51 单片机中，扩展的 I/O 口采用与片外数据存储器相同的寻址方法，所有扩展的 I/O 口，以及通过扩展的 I/O 口连接的外设都与片外 RAM 统一编址。

8.4.1　采用 TTL 电路扩展 I/O 接口

TTL 电路扩展 I/O 口是一种简单的 I/O 口扩展方法。它具有电路简单、成本低、配置灵活的特点。

【例 8-3】采用 TTL 电路扩展 I/O 口。

电路图设计如图 8.10 所示。

图 8.10 所示为采用 74LS244 作为扩展输入、74LS273 作为扩展输出的简单 I/O 口扩展。

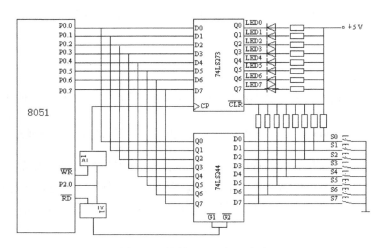

图 8.10　简单 I/O 口扩展电路

其中，74LS244 为八缓冲线驱动器(三态输出)，为低电平有效的使能端。当 P2.0 和 $\overline{RD}$ 两者之中有一个为高电平时，输出为三态。74LS273 为 8D 触发器，为低电平有效的清除端。当 P2.0 和 $\overline{WR}$ 均为 0 时，输出全为 0 且与其他输入端无关；CP 端是时钟信号，当 CP 由低电平向高电平跳变时，D 端输入数据传送到 Q 输出端。

P0 口作为双向八位数据线，既能够从 74LS244 输入数据，又能够从 74LS273 输出数据。输入控制信号由 P2.0 和 $\overline{RD}$ 相"或"后形成。当两者都为 0 时，74LS244 的控制端有效，选通 74LS244，外部的信息输入到 P0 数据总线上。当与 74LS244 相连的按键都没有按下时，输入全为 1，若按下某键，则所在线输入为 0。

输出控制信号由 P2.0 和 $\overline{WR}$ 相"或"后形成。当两者都为 0 时，74LS273 的控制端有效，选通 74LS273，P0 上的数据锁存到 74LS273 的输出端，控制发光二极管 LED，当某线输出为 0 时，相应的 LED 发光。

8.4.2　采用 8255 芯片扩展 I/O 接口

8255 是 Intel 公司生产的可编程并行 I/O 接口芯片，有三个八位并行 I/O 口。具有三个通道三种工作方式的可编程并行接口芯片(40 引脚)。其各口功能可由软件选择，使用灵活、通用性强。8255 可作为单片机与多种外设连接时的中间接口电路。

1. 基本原理

8255 与单片机的连接方式多种多样，下面以 8255 与 AT89S51 的连接为例来说明怎么用 8255 扩展单片机的 I/O 口。

图 8.11 所示为 8255 与 AT89S51 的连接图。由图中可以看出，它们是以三总线方式连接的，下面根据三总线结构逐一进行介绍。

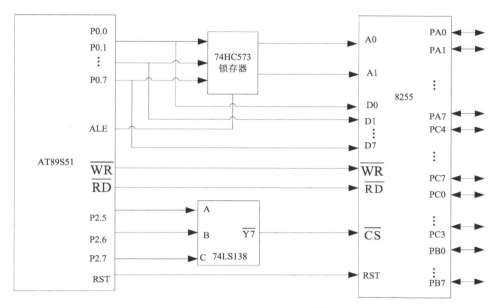

图 8.11　8255 与 AT89S51 的连接图

(1) 数据总线 DB 引脚

8255 的数据总线 DB 有 8 根：D0～D7。因为 AT89S51 用其 P0 口作为数据总线口，所以 AT89S51 与 8255 数据线连接为：AT89S51 的 P0.0～P0.7 与 8255 的 D0～D7 连接，如图所示。

(2) 地址总线 AB 引脚

8255 的地址总线 AB 有两根：A0～A1。A0、A1 通过 74HC573 锁存器与 AT89S51 的 P0.0、P0.1 连接。A1A0 取 00～11 的值，可选择 A、B、C 口与控制寄存器。选择方法如下：

- A1A0=00：选择 A 口。
- A1A0=01：选择 B 口。
- A1A0=10：选择 C 口。
- A1A0=11：选择控制寄存器。

(3) 控制总线 CB

片选信号 CS：由 P2.5～P2.7 经 74LS138 译码器 $\overline{Y7}$ 产生。若要选中 8255，则 $\overline{Y7}$ 有效，此时 P2.7P2.6P2.5＝111。由此可推知各口地址如下：

- A 口：111x～x00=E000H(当 x～x=0～0 时)。
- B 口：111x～x01=E001H(当 x～x=0～0 时)。

● C 口：111x～x10=E002H(当 x～x＝0～0 时)。

● 控制口：111x～x11=E003H(当 x～x＝0～0 时)。

其中，x～x 表示取值可任意，以表示各口地址不唯一。

注意：此处要说明的是单片机与 8255 的连接方法是多种多样的，8255 各口地址也随连接方式而变化。读者在使用其他单片机系统的时候，只需将 8255 中的各 I/O 口做相应替换即可。

(4) 三个通道引脚

● A 口的 8 个引脚 PA0～PA7 与外设连接，用于八位数据的输入与输出。

● B 口的 8 个引脚 PB0～PB7 与外设连接，用于八位数据的输入与输出。

● C 口的 8 个引脚 PC0～PC7 与外设连接，用于八位数据的输入与输出或通信线。

2. 8255 的工作方式

8255 有 3 种工作方式，这些工作方式可用工作方式控制字来指定，如表 8.3 所示。

表 8.3　8255 的工作方式

方　　式	接　口　A	接　口　B	接　口　C
方式 1	基本 I/O 方式	基本 I/O 方式	基本 I/O 方式
方式 2	应答 I/O 方式	应答 I/O 方式	通信线
方式 3	双向应答 I/O 方式	无	通信线

3. 初始化

8255 有两个控制字，即方式控制字和 C 口置位/清零控制字，这两个控制字共用一个地址，并通过最高位来选择使用哪个控制字。

(1) 工作方式控制字

8255 工作方式控制字共八位，如图 8.12 所示，存放在 8255 控制寄存器中，最高位 D7 为标志位，D7=1 表示控制寄存器中存放的是工作方式控制字，D7=0 表示控制寄存器中存放的是 C 口置位/清零控制字。

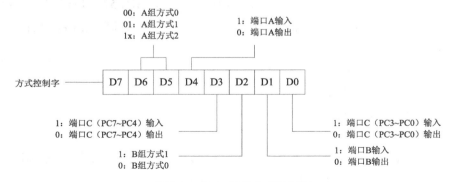

图 8.12　8255 工作方式控制字

如图 8.12 所示，D3～D6 用于 A 组的控制；D0～D2 用于 B 组的控制，因此 8255 的初始化即根据工作要求确定工作方式控制字,并输入到 8255 控制寄存器。

　　【例 8-4】设 8255 的口地址为 80H～83H,将 A 口设定为方式 0 输入,B 口为方式 0 输出,C 口为方式 0 输出,写出控制字。

　　分析:根据上面控制字格式,对应位填写 1 或 0:10010000,即控制字 90H,且控制只能写入控制口,按口地址的规定 A1A0 为 11 时选择控制口,控制口的地址必为 80H～83H 中的 83H。

　　C 语言程序如下:

```
#include "absacc.h"
        ...
XBATE[0x0083]=0x90; /*控制字写入控制口*/
```

(2) C 口置位/清零控制字

8255 的 C 口可进行位操作,即可对 8255 的 C 口的每一位进行清零操作,该操作通过设置 C 口置位/清零实现。各位的含义如图 8.13 所示。

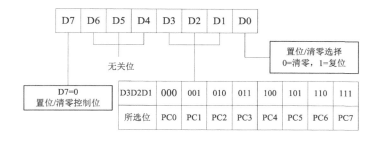

图 8.13　C 口置位/清零控制字

　　由于 8255 的工作方式控制字与 C 口置位/清零共用一个控制寄存器,故设 D7 为标志位,D7=0 表示控制字为 C 口置位/清零。各位示意图如图 8.13 所示。

　　【例 8-5】设定 8255 的口地址为 EFH～FFH,将 A 口设定为方式 0 输出,B 口为方式 0 输出,C 口为方式 0 输出,使 PC3 位输出为 1。

　　C 语言程序如下:

```
#include "absacc.h"
        ...
XBATE[0xefff]=0x80; /*控制字写入控制口*/
XBATE[0xefff]=0x07; /*PC3 位输出 1*/
```

　　【例 8-6】图 8.14 所示是一个用 AT89S51 扩展 1 片 8255 的电路,8255 的 PA 口接输出设备(八个发光二极管)、PB 口接输入设备(八个开关),PC 口不用,均采用方式 0,将 8255 中 B 口输入的开关设置的数据从 A 口输出,要求开关合上时对应的 LED 亮。编出程序段。

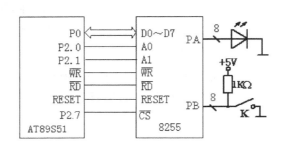

图 8.14　8255 和单片机的连接电路

分析：由图可知，P2.7=0 时选中该 8255，A1A0(P2.1P2.0)为 00、01 时对应 PA 口和 PB 口，为 11 时对应控制口。其余地址写 1，A 口、B 口、控制口的地址分别为 7CFFH、7DFFH、7FFFH。设定 PA 口为方式 0 输出，B 口为方式 0 输入，控制字 10000010B＝82H。用 C 语言编程如下：

```
#include<absacc.h>
#include<reg51.h>
#define    COM8255    XBYTE[0x7FFF]
#define    PA8255    XBYTE[0x7CFF]
#define    PB8255    XBYTE[0x7DFF]
#define    PC8255    XBYTE[0x7EFF]
#define    uchar    unsigned    char
main()
{
    char    a;
    COM8255=0x82;              /*写方式控制*/
    a=PB8255;                  /*读取 B 口状态存入 a 中*/
    PA8255=~a;                 /*将 a 从 A 口输出*/
}
```

8.5　可编程外围定时/计数器 8253

Intel 8253 是可编程定时/计数器，片内包含有 3 个独立的通道，每个通道均为 16 位的计数器，其计数速率均可达 2.6MHz。

8.5.1　8253 的结构和引脚

8253 的结构图如图 8.15 所示。

8253 具有两个功能相同的 16 位递减计数器，每个计数器的工作方式和计数长度分别由软件编程来选择，8253 可以直接和 C51 相接。

8253 的引脚图如图 8.16 所示，下面给出具体的引脚定义。

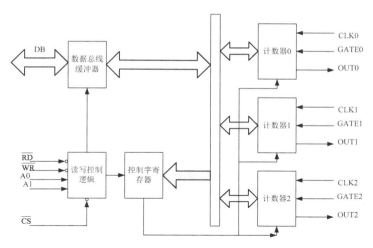

图 8.15　8253 的结构图

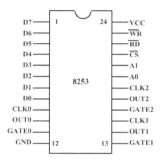

图 8.16　8253 的引脚配置

- D7～D0：双向三态数据总线。
- $\overline{\text{CS}}$：片选信号线。
- $\overline{\text{RD}}$、$\overline{\text{WR}}$：读、写信号线。
- A1、A0：地址，其组合如表 8.4 所示。
- CLK：时钟输入线，这是计数脉冲输入端。
- OUT：计数器输出信号线，当计数器减为零时输出相应的信号。
- GATE：门控信号，用于启动或禁止计数器的工作。

表 8.4　A1、A0 的组合

A1	A0	选　择
0	0	计数器 0
0	1	计数器 1
1	0	计数器 2
1	1	控制寄存器

8.5.2　8253 的工作方式和控制字

8253 计数器的工作方式由编程设定，通过将控制字写入控制寄存器，来选择每一个计数器的工作方式。控制字的格式如图 8.17 所示。

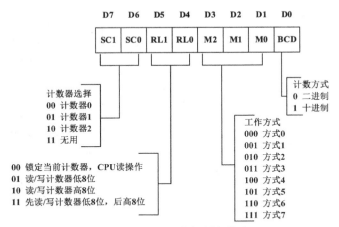

图 8.17　8253 的控制字格式

8253 的 6 种控制方式如下。

- 方式 0：这种方式在计数器减为 0 时，输出线 OUT 升为高电平，向 CPU 发出中断请求。方式控制字写入后，输出线 OUT 为低电平，计数器初值写入后计数器开始计数，计数期间仍为低电平。

- 方式 1：方式 1 输出单拍负脉冲信号，脉冲宽度可编程设定。在设定工作方式和写入计数值后，OUT 输出高电平。在门控信号 GATE 上升为高电平时，OUT 输出低电平，并开始计数。在计数器减为 0 时，输出变为高电平。

- 方式 2：方式 2 为脉冲发生器方式，产生连续的负脉冲信号。OUT 输出的负脉冲宽度等于一个时钟周期，脉冲周期等于写入计数器的计数值和时钟周期的乘积。OUT 受门控信号 GATE 控制。

- 方式 3：方式 3 计数时，计数器输出方波。若计数值 N 为偶数，在前 $N/2$ 计数期间，OUT 输出高电平，后 $N/2$ 计数期间 OUT 输出低电平。如果 N 为奇数，高低电平为 $(N+1)/2$ 和 $(N-1)/2$。其余特性同方式 2。

- 方式 4：方式 4 为软件触发选通方式。方式控制字写入 8253 后，计数器输出高电平，再写入计数值之后开始计数。当计数到 0 时输出一个时钟周期的负脉冲。当门控信号 GATE 输入低电平时，计数停止。

- 方式 5：方式 5 为硬件触发选通方式。写入方式控制字和计数值后，输出保持高电平，只有在门控信号 GATE 上升沿之后才开始计数，计完最后一个数，输出一个时钟周期的负脉冲。

8.5.3　8253 与 C51 单片机的接口

例 8-7 按照如图 8.18 所示的连接，对 8253 进行编程，实现图中的输出波形。

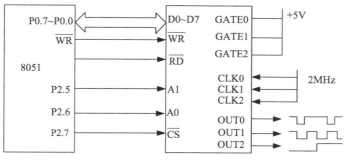

图 8.18　8253 与 8051 的连接图

分析：

- 8253 控制字的地址为 0B 1111 1111 1111 1111，即 0xFFFF；通道 0 的地址为 0B 0011 1111 1111 1111，即 0x3FFF；通道 1 的地址为 0B 0111 1111 1111 1111，即 0x7FFF；通道 2 的地址为 0B 1011 1111 1111 1111，即 0xBFFF。
- 通道 0 为工作方式 0，通道 1 为工作方式 3，通道 2 为工作方式 4。程序如下：

【例 8-7】

```c
#include <reg51.h>
#include <stdio.h>
#define P8253CW 0XFFFF                    //8253 控制字
#define P8253T0 0X3FFF                    //8253 通道 0 地址
#define P8253T1 0X7FFF                    //8253 通道 1 地址
#define P8253T2 0XBFFF                    //8253 通道 2 地址
#define uchar unsigned char
#define uint unsigned int
void WCW(uchar data);                     //函数声明
void WT0(uchar data);
void WT1(uchar data);
void WT2(uchar data);
xdata uchar c8253word=0;
Uart_init();
void Delay;
main()
{
  Uart_init();
  P0=0XFF;                                //端口初始化为 0xFF
  P1=0XFF;
  P2=0XFF;
  P3=0XFF;
  c8253word=0x10;                         //通道 0 为方式 0
  WCW(c8253word);                         //写入控制字
  WT0(0x80);                              //写入计数初值
  c8253word=0x56;                         //通道 1 为方式 3
```

```
        WCW(c8253word);                            //写入控制字
        WT1(0x80);                                 //写入计数初值
        c8253word=0x98;                            //通道 2 为方式 4
        WCW(c8253word);                            //写入控制字
        WT2(0x80);                                 //写入计数初值
        while(1);
    }
//串口初始化
Uart_init()
    {
        SCON = 0X52;                               //设置串行口控制寄存器 SCON
        TMOD =0X21;                                //12MHz 时钟波特率为 2400
        TCON = 0X69;                               //TCON
        TH1=0XF3;                                  //计数值
    }
//延时程序
void Delay()
    {
        uint i;
        for(i=0;i<250;i++)
    }
//写控制字
void WCW(uchar data)
    {   *((uchar xdata *)P8253CW)=data;
    }
//写通道 0 初值
void Wt0(uchar data)
    {   *((uchar xdata *)P8253T0)=data;
    }
//写通道 1 初值
void WT1(uchar data)
    {   *((uchar xdata *)P8253T1)=data;
    }
//写通道 2 初值
void WT2(uchar data)
    {   *((uchar xdata *)P8253T2)=data;
    }
```

> 注意：● 对于可编程接口芯片的编程一般只包括一些寄存器的设置，在该例中只是对 8253 的 4 个寄存器进行赋值。
>
> ● 在写入控制字和通道初值之间不需要调用延时函数 Delay()。

8.6　外部中断的扩展

MCS-51 系列单片机只有两个外部中断源,并且也只有两个相应的中断服务顺序入口(0003H 和 0013H),一个中断输入只对应一个中断入口,因此只能为两个外设服务。但在大多数系统中,两个中断往往无法实现系统的功能要求,因此需要扩展外部中断源。主要有 3 种扩展外部中断源的方式:定时/计数器方法、查询法和采用专用芯片方法。

8.6.1　采用定时/计数器溢出中断扩展外部中断源

如果在应用系统中,定时/计数器没有全部使用完,可用来作为外部中断。利用定时/计数器在产生计数溢出后向 CPU 提出中断申请。CPU 响应中断后转入中断入口(000BH 或 001BH),进入中断服务子程序。其具体用法如下:

(1) 将定时/计数器置于模式 2 的工作方式下,其低八位用来计数,高八位用来存放初值。

(2) 将高八位和低八位的初值都置为 0FFH。

(3) 将定时/计数器的计数输入端(T0 或 T1)作为外部的中断请求输入。

(4) 在相应的中断入口中存放外部中断服务的中断服务程序。

在利用定时/计数器作为外部中断时,中断初始化程序还应包括对定时器工作方式的设置和定时器初值的设定,之所以采用模式 2 的工作方式,是由于在此模式下,定时/计数器在响应一次中断后可以立刻为响应下一次中断做准备。

例 8-8 是用定时/计数器来扩展外部中断方法的实例,其利用 T0 和 T1 实现了两个对"外部中断"的处理。

【例 8-8】

```
TMOD = 0x66;                              //定时/计数器工作方式 2
TH0 = 0xFF;
TL0 = 0xFF;
TH1 = 0xFF;
TL1 = 0xFF;                               //设置初始化值
EA = 1;
ET0 = 1;
ET1 = 1;                                  //打开相应中断
TR0 = 1;
TR1 = 1;                                  //启动定时/计数器 0 和 1
void Timer0(void) interrupt 1 using 1     //1 号中断处理
{
1 号外部中断处理;
}
void Timer1(void) interrupt 3             //2 号中断处理
{
2 号外部中断处理;
}
```

8.6.2 采用串行通信接口扩展外部中断源

在本书的第 9 章中介绍了单片机的串行通信接口的使用方法,除了利用定时/计数器中断来扩展外部中断之外,还可以利用串行口中断来扩展外部中断。把需要检测的外部信号加在 RXD 外部引脚上,设置串行口为工作方式 1,设置 REN = 1 来允许串行接收,并且设置 SM2=0。在串行口检测到由高到低的电平跳变之后,会认为是接收到一个起始位,进入接收模式,当完成 8 位数据的接收后,单片机将申请一个串行中断,可以利用这个串行中断来扩充外部中断。

利用串行口来扩展外部中断同样有一定的缺点:

● 这个信号也必须是负跳变触发。

● 这个信号的负电平保持时间必须使得单片机的串行口确认这个起始位。

● 串行口在检测到这个跳变之后会有 9 个位传输时间的延迟,其具体时间和波特率有关系。

例 8-9 是利用串行通信模块扩展外部中断的 C51 语言实现。

【例 8-9】

```
TMOD = 0x20;                    //设置计数器工作方式
SCON = 0x50;                    //设置串行口工作方式
EA = 1;
ES = 1;
TR1 = 1;                       //启动计数器
void Serial(void) interrupt 4 using 4      //外部中断处理
{
1 号中断处理子程序;
}
```

> 注意:在利用串行通信模块的中断来扩展外部中断的时候,串行通信模块必须工作于工作方式 1,并且设置 SM2 位为 0,因为只有在这种情况下才能确保即使没有收到停止位也能够触发串行口的接收中断。

8.6.3 采用中断源查询法扩展外部中断源

当外部中断源较多时,借用定时/计数器也无法满足其要求,此时可采用查询方式来扩展外部中断源。如图 8.19 所示,假设有三个外部中断源,如果有一个或一个以上的中断源发出中断请求后,通过一个"或非"门,就会产生一个中断信号向 CPU 提出中断请求。为了确定是哪个中断源产生的中断,需将每个中断源接入到单片机的并行端口(P 口)中,在响应中断后,CPU 检测 P 口中的电平,以确定是哪个中断源产生的中断。

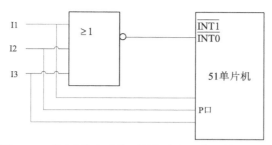

图 8.19　采用查询方式扩展外部中断源的硬件示意图

由于中断源较多，因此需要首先设定各个中断源的优先级，以确定当一个以上的中断源产生中断时，首先应响应哪个中断。此种中断查询方式与查询式输入/输出方式不同，在查询式输入/输出方式中，CPU 不断地查询外部设备的状态以确定是否可以进行数据交换；而在中断查询方式中，只有当 CPU 响外部中断后，才开始查询是哪个中断源产生的中断，不必反复进行查询。

8.6.4　用优先权编码器扩展中断源

外部中断源也可以通过优先权编码电路加以实现。74LS148 是一种有 8 个输入端的优先权编码器，为 16 脚的集成芯片。引脚图如图 8.20 所示。

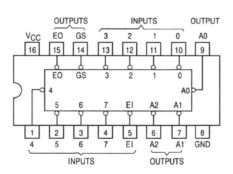

图 8.20　74LS148 的引脚图

V_{CC}、GND 分别是电源正极和地；0～7 为输入信号端口，可接 8 个外部中断源；A2、A1、A0 为三位二进制编码输出信号，可接到单片机的 I/O 端口；GS 为片优先编码输出端，可与单片机的外部中断引脚 $\overline{INT1}$ 或 $\overline{INT0}$ 相连；EI 是输入端使能，低电平时有效；EO 是输出端使能，高电平时有效。74LS148 的真值表如表 8.5 所示。

表 8.5　74LS148 的真值表

输　　入									输　　出			
EI	0	1	2	3	4	5	6	7	A2	A1	A0	GS
1	x	x	x	x	x	x	x	x	1	1	1	1
0	1	1	1	1	1	1	1	1	1	1	1	1
0	x	x	x	x	x	x	x	0	0	0	0	0
0	x	x	x	x	x	x	0	1	0	0	1	0

(续表)

输　　入									输　　出			
0	x	x	x	x	x	0	1	1	0	1	0	0
0	x	x	x	x	0	1	1	1	0	1	1	0
0	x	x	x	0	1	1	1	1	1	0	0	0
0	x	x	0	1	1	1	1	1	1	0	1	0
0	x	0	1	1	1	1	1	1	1	1	0	0
0	0	1	1	1	1	1	1	1	1	1	1	0

　　从表 8.5 中可以看出，74LS148 在 EI 低电平使能的情况下，允许编码输入信号，端口 7 的优先权最高，端口 0 的优先权最低。当端口 7 为低电平时，无论其他端口有无输入信号，输出端只给出端口 7 的编码，即 A2、A1、A0 为 000(111 的反码)。其他端口也是一样，当某一输入端为低电平输入，且比它优先级别高的输入端没有低电平输入时，输出端才输出相应该输入端的代码。这就是优先编码器的工作原理。

　　【例 8-10】用 74LS148 扩展外部中断源。原理图如图 8.21 所示。

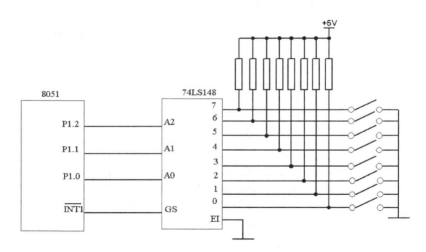

图 8.21　多个中断源的连接电路图

　　程序如下：

```
#include < reg51.h>
unsigned char status;
bit flag;
void service_int1() interrupt 2 using 2        /*INT1 中断服务程序，使用第二组寄存器*/
{
        flag = 1;                              /*设置标志*/
        status = (P1 & 0x07);                  /*存状态，只取低三位*/
}

void main(void)
{
```

```
    IP = 0x04;                          /*置 INT1 为高优先级中断*/
    IE = 0x84;                          /*INT1 开中断，CPU 开中断*/
    while (1)
    {
        if(flag)                        /*有中断*/
        {
            switch (status)
            {
                case 0: {/*处理 0*/} break;
                case 1: {/*处理 1*/} break;
                case 2: {/*处理 2*/} break;
                case 3: {/*处理 3*/} break;
                case 4: {/*处理 4*/} break;
                case 5: {/*处理 5*/} break;
                case 6: {/*处理 6*/} break;
                case 7: {/*处理 7*/} break;
                default: break;
            }
            flag = 0;                   /*处理完成清除标志位*/
        }
    }
}
```

8.7　I^{2}C 接口芯片 AT24CXX

I^{2}C(Inter-Integrated Circuit)总线是由 Philips 公司开发的一种两线式串行总线，用于连接微控制器及其外围设备。I^{2}C 总线产生于 20 世纪 80 年代，最初为音频和视频设备开发，如今主要在服务器管理中使用，其中包括单个组件状态的通信。例如，管理员可对各个组件进行查询，以管理系统的配置或掌握组件的功能状态，如电源和系统风扇；可随时监控内存、硬盘、网络、系统温度等多个参数，增加了系统的安全性，便于管理。

8.7.1　I^{2}C 总线的特点

I^{2}C 总线最主要的优点是简单性和有效性。由于接口直接在组件之上，因此 I^{2}C 总线占用的空间非常小，减少了电路板的空间和芯片引脚的数量，降低了互联成本。总线的长度可高达 25 英尺，并且能够以 10Kb/s 的最大传输速率支持 40 个组件。I^{2}C 总线的另一个优点是它支持多主控(Multimastering)，其中任何能够进行发送和接收的设备都可以成为主总线。一个主控能够控制信号的传输和时钟频率。当然，在任何时间点上只能有一个主控。

8.7.2 I²C 总线通信技术

在 I²C 总线中，一般启动 I²C 总线就能自动完成规定的数据传送操作。在实际设计中，需要对总线的构成、数据的传输、信号类型以及一些基本操作有所了解。下面将详细讲述这方面的内容。

1. 总线的构成

I²C 总线是一种串行数据总线，只有两根信号线，一根是双向的数据线 SDA，另一根是时钟线 SCL。在 CPU 与被控 IC 之间、IC 与 IC 之间进行双向传送，最高传送速率 100Kb/s。各种被控制电路均并联在这条总线上，但就像电话机一样只有拨通各自的号码才能工作，所以每个电路和模块都有唯一的地址，在信息的传输过程中，I²C 总线上并联的每一模块电路既是主控器(或被控器)，又是发送器(或接收器)，这取决于它所要完成的功能。CPU 发出的控制信号分为地址码和控制量两部分，地址码用来选址，即接通需要控制的电路，确定控制的种类；控制量决定该调整的类别(如对比度、亮度等)及需要调整的量。这样，各控制电路虽然挂在同一条总线上，却彼此独立、互不相关。

2. 位的传输

SDA 线上的数据必须在时钟的高电平周期内保持稳定，数据线的高或低电平状态只有在 SCL 线的时钟信号是低电平时才能改变，如图 8.22 所示。

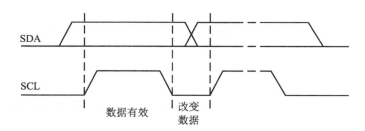

图 8.22 I²C 位传输数据改变时序图

3. 开始信号

SCL 为高电平时，SDA 由高电平向低电平跳变，开始传送数据。

4. 结束信号

SCL 为高电平时，SDA 由低电平向高电平跳变，结束传送数据。I2C 位传输时序如图 8.23 所示。

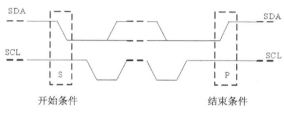

图 8.23　I²C 位传输时序图

5. 应答信号

接收数据的 IC 在接收到 8 位数据后，向发送数据的 IC 发出特定的低电平脉冲，表示已经收到数据。CPU 向受控单元发出一个信号后，等待受控单元发出一个应答信号，CPU 接收到应答信号后，根据实际情况做出是否继续传递信号的判断。若未收到应答信号，则判断受控单元出现故障。

6. 总线基本操作

I²C 规程运用主/从双向通信。器件发送数据到总线上定义为发送器，器件接收数据则定义为接收器。主器件和从器件(本书为从 AT24C01)都可以工作于接收和发送状态。总线必须由主器件(通常为微控制器 CPU)控制，主器件产生串行时钟(SCL)控制总线的传输方向，并产生起始和停止条件。SDA 线上的数据状态仅在 SCL 为低电平期间才能改变，SCL 为高电平期间，SDA 状态的改变被用来表示起始和停止条件，参见图 8.23 所示的时序图。

8.7.3　AT24C 系列与 C51 的接口

AT24C 系列的特点是：单电源供电、工作电压范围宽(1.8～5.5V)；低功耗 CMOS 技术，100kHz(2.5V)和 400kHz(5V)兼容，自定时写周期(包含自动擦除)、页面写周期的典型值为 2ms，具有硬件写保护。

1. AT24C 系列串行 EEPROM 的引脚结构

AT24C 系列串行 EEPROM 的引脚结构如图 8.24 所示。

其中，A0、A1、A2 为芯片地址线；单片使用时一般接 VSS；SCL 为串行移位时钟；SDA 为串行数据或地址，通过 SDA，CPU 可对芯片写入或读出数据；WP 为写保护，若 WP 接 VSS，芯片为只读。

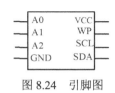

图 8.24　引脚图

2. AT24C 系列 EEPROM 的接口及地址选择

由于 I²C 总线可挂接多个串行接口器件，在 I²C 总线中每个器件应有唯一的器件地址。按 I²C 总线规则，器件地址为七位数据(即一个 I²C 总线系统中理论上可挂接 128 个不同地址的器件)，它和一位数据方向位构成一个器件寻址字节，最低位 D0 为方向位(读/写)。器件寻址字节中的最高四位(D7~D4)为器件型号地址,不同的 I²C 总线接口器件的型号地址是厂家给定的,如 AT24C 系列 EEPROM 的型号地址皆为 1010,器件地址中的低三位为引脚地址 A2、A1、A0,对应器件寻址字节中的 D3、D2、D1 位,在硬件设计时由连接的引脚电平给定。AT24C 系列地址分配情况如表 8.6 所示。

表 8.6　AT24C 系列的地址分配

D7	D6	D5	D4	D3	D2	D1	D0
1	0	1	0	A2	A1	A0	R/W

对于 EEPROM 的片内地址,容量小于 256 字节的芯片(AT24C01/02),八位片内寻址(A0~A7)即可满足要求。然而对于容量大于 256 字节的芯片,则八位片内寻址范围不够,如 AT24C16,相应的寻址位数应为 11 位(2^{11}=2048)。若以 256 字节为 1 页,则多于八位的寻址视为页面寻址。在 AT24C 系列中对页面寻址位采取占用器件引脚地址(A2、A1、A0)的办法,如 AT24C16 将 A2、A1、A0 作为页地址。凡在系统中,引脚地址用作页地址后,该引脚在电路中不得使用,作悬空处理。AT24C 系列串行 EEPROM 的器件地址寻址字节如图 8.25 所示,图中 P0、P1、P2 表示页面寻址位。

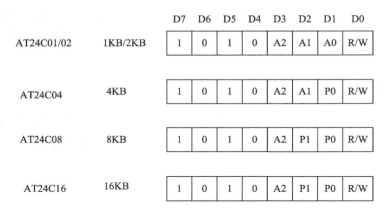

图 8.25　AT24C 系列串行 EEPROM 的器件地址寻址字节

3. C51 单片机与 AT24C01 系列 EEPROM 通信的硬件实现

图 8.26 所示是用 C51 的 P2 口模拟 I²C 总线与 EEPROM 通信的连接电路图(以 AT24C01 为例)。由于 AT24C01 是漏极开路,图中 R44、R45 为上拉电阻(4kΩ)。A0~A2 和 VCC 地址引脚均接地。串行时钟 SCL 接 P2.1,串行数据或地址线 SDA 接 P2.0 引脚。其芯片的写地址为 A0H,读地址为 A1H。

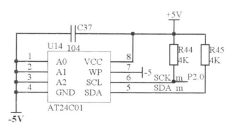

图 8.26　AT24C01 与 C51 单片机接口

4. AT24C 系列 EEPROM 的读写操作

对 AT24C 系列 EEPROM 的读写操作完全遵守 I^{2}C 总线的主收从发和主发从收的规则。单片机对 AT24C 系列 EEPROM 的读写，在串行线 SDA 上遵循以下的数据传送约定步骤：

(1) 单片机发送起始信号，占据串行总线，随后发送七位芯片地址和一位数据传送方向位 R/W，构成寻址字节。此处为 A0H。

(2) EEPROM 接收到单片机发送的芯片寻址字节后返回给单片机一个响应位(低电平)，以做好读、写准备。

(3) 单片机收到 EEPROM 片内读写单元，随后 EEPROM 返回单片机一个响应位，至此，EEPROM 的读、写准备工作皆已完成。

(4) 单片机对 EEPROM 的读、写方向已在芯片寻址字节中规定好了，若是写，则在步骤(3)后由单片机向 EEPROM 发送所写数据字节，每发送一字节数据，片内地址自动加 1，若连续发送数据超过 8 字节，则需换页，每次换页间隔时间至少为 10ms(芯片写入周期)，若是读，则在步骤(3)后由单片机接收 EEPROM 发送的指定单元数据。数据读、写的终止随着单片机发送停止信号而终止。

写操作分为字节写和页面写两种操作，对于页面写，根据芯片一次装载的字节不同有所不同。连续写操作是对 EEPROM 连续装载 n 个字节数据的写入操作，n 随型号不同而不同，一次可装载的字节数也不同。例如，AT24C01/02 为 8 字节/页；AT24C04/08/16 为 16 字节/页。

【例 8-11】C51 模拟 I^{2}C 总线程序设计，利用 I^{2}C 总线在 0x10 写入 3 个数据，并读出。

由于 C51 没有 I^{2}C 接口，与 I^{2}C 总线通信就要用软件模拟 I^{2}C 时序。程序清单如下：

```
#include <reg51.h>
#include <intrins.h>
#define WriteAddress 0xA0          //芯片写地址
#define ReadAddress 0xA1           //芯片读地址
sbit SCL = P2^1;                   //串行时钟
sbit SDA = p2^0;                   //串行数据或地址
//延时子程序
void Delay(unsigned char n)
{
int i,j;
```

```
    for(i=0;i<n;i++)
        for(j=0;j<200;j++);
}
//产生启动信号
void I2CStart()
{
SDA=1;
SCL=1;                          //SCL 为高电平时 SDA 由高变低
SDA=0;
SCL=0;
}
//产生停止信号
void I2CStop()
{
SCL=0;
SDA=0;
SCL=1;                          //SCL 为高电平时 SDA 由低变高
SDA=1;
}
//发送 ACK 确认信号
void I2CSend_AcK()
{
SDA=0;
SCL=1;
    SCL=0;
SDA=1;
}
//读结束响应程序
void I2CEndAction()
{
SDA=1;
SCL=1;
    SCL=0;
}
//检查 AT24C02 的 ACK 信号
bit TestI2C()
{
bit ErrorBit;
SDA =1;
SCL =1;
ErrorBit =SDA;                  //读取 SDA 线上电平，等待确认
SCL =0;
return(ErrorBit);               //若 SDA=1，说明尚未处理完
}
```

```
//向 AT24C02 写一字节
bit Writebyte(unsigned char input)
{
    unsigned char temp;
    for(temp =8;temp!=0;temp--)    //发送八位数据
    {
    SDA=(bit)(input&0x80);              //SDA 为将要发送的位
    SCL=1;                             //发送一位数据
    SCL=0;
    input=input<<1;                   //左移一位
    }
}
//从 RomAddress 开始的地址连续写入 n 个字节
void WriteP(unsigned char *Wdata,unsigned char RomAddress, unsigned char n)
{
I2CStart();                          //产生启动条件
    Writebyte(WriteAddress);          //给出从地址(写)
while(TestI2C());                    //等待接收方确认
Writebyte(RomAddress);               //给出数据地址
while(TestI2C());                    //等待接收方确认
for(;n !=0;n--)                      //连续发送 n 个字节数据
{
    Writebyte(*Wdata);                //写入一个字节数据
    while(TestI2C());                 //等待接收方确认
    Wdata++;                          //指针后移一个字节
}
I2CStop();                           //产生停止条件
Delay(50);                           //延时，保证足够的内部操作时间
}
//向 AT24C02 读一字节程序
unsigned char Readbyte()
{
unsigned char temp, rbyte=0;         //rbyte 存放读入的数据
for(temp =8;temp!=0;temp--)          //读取八位数据
{
    SCL=1;
    rbyte=rbyte<<1;                   //左移一位
    rbyte=rbyte|((unsigned char)(SDA)); //SDA 为将要发送的位
    SCL=0;                            //读取一位数据
}
return(rbyte);
}
//从 RomAddress 开始的地址连续读出 n 个字节
void ReadP(unsigned char *RamAddress,unsigned char RomAddress,unsigned char n)
```

```
{
unsigned char temp,rbyte;
    I2CStart();                            //产生启动条件
    Writebyte(WriteAddress);               //给出从地址(读)
while(TestI2C());                          //等待接收方确认
while(n!=1)                                //连续读取 n-1 个数据
{
    *RamAddress =Readbyte();               //将一个字节存入 RamAddress 所指向的地址
        I2CSend_AcK();                     //发送 ACK 信号
    RamAddress++;                          //指针移动一个字节
    n--;                                   //计数减 1

    *RamAddress =Readbyte();               //将最后一个字节读出
I2CEndAction();
    I2CStop();                             //产生停止条件
}
main()
{
unsigned char buffer1[3]={5,2,6};          //要写入的数据
    unsigned char buffer2[3];              //读出的数据的存放地址
WriteP(buffer1,0x010,3);                   //将 buffer1 中的元素写入 0x010 开始的地址
ReadP(buffer2,0x010,3);                    //从 0x010 开始的地址读出 3 个字节
while(1)
{;}
}
```

8.8　SPI 接口芯片 X5045

SPI(Serial Peripheral Interface，串行外设接口)总线系统是一种同步串行外设接口，它可以使 MCU 与各种外围设备以串行方式进行通信以交换信息，如外围设置 Flash RAM、网络控制器、LCD 显示驱动器、A/D 转换器和 MCU 等。SPI 总线系统可与各个厂家生产的多种标准外围器件直接接口，该接口一般使用 4 条线：串行时钟线(SCK)、主机输入/从机输出数据线(MISO)、主机输出/从机输入数据线(MOSI)和低电平有效的从机选择线(SS)。注意，有的 SPI 接口芯片带有中断信号线 INT 或 $\overline{\text{INT}}$，有的 SPI 接口芯片没有主机输出/从机输入数据线 MOSI。由于 SPI 系统总线总共只需 3～4 位数据线和控制线即可实现与具有 SPI 总线接口功能的各种 I/O 器件进行接口，而扩展并行总线则需要 8 根数据线、8～16 位地址线、2～3 位控制线，因此，采用 SPI 总线接口可以简化电路设计，节省很多常规电路中的接口器件和 I/O 口线，提高设计的可靠性。

8.8.1　SPI 总线的组成

利用 SPI 总线可在软件的控制下构成各种系统。如一个主 MCU 和几个从 MCU 或几个从 MCU 相互连接构成多主机系统(分布式系统)、一个主 MCU 和一个或几个从 I/O 设备所构成的各种系统等。大多数应用场合下，可使用一个 MCU 作为控机来控制数据，并向一个或几个从外围器件传送该数据。从器件只有在主机发出命令时才能接收或发送数据。其数据的传输格式是高位(MSB)在前，低位(LSB)在后。SPI 总线接口系统的典型结构如图 8.27 所示，SPI 总线读写数据的读写时序如图 8.28 所示。

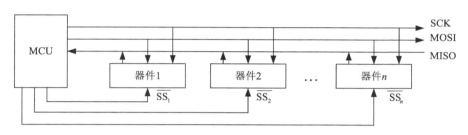

图 8.27　典型的 SPI 总线系统结构示意图

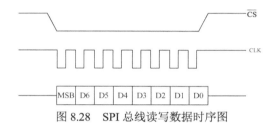

图 8.28　SPI 总线读写数据时序图

当 SPI 与几种不同的串行 I/O 芯片相连时，必须用每片的允许控制端，如可用 CPU 的 I/O 端口输出线来实现。此时应特别注意这些串行 I/O 芯片的输入、输出特性。

1. 输出芯片的串行数据输出是否有三态控制端

三态控制端未被选中时，芯片的输出端应处于高阻态。若没有三态控制端，应外加三态门。否则 CPU 的 MISO 端只能连接一个输入芯片。

2. 输出芯片的串行数据输入是否有允许控制端

只有在这片芯片允许时，SCK 脉冲才把串行数据移入该芯片；芯片禁止时，SCK 对芯片无影响。若没有允许控制端，应在外部用门电路对 SCK 进行控制后，再加到芯片的时钟输入端，否则 SPI 只连接一个芯片，不能再连接其他输入或输出芯片。

8.8.2　X5045 简介

X5045 是在单片机系统中被广泛应用的一种看门狗芯片，它把上电复位、看门狗定时器、电压监控和 EEPROM 四种常用功能组合在单个芯片里，以降低系统成本、节约电路板空间。其看门狗定时器和电源电压监控功能可对系统起到保护作用；512×8 位的 EEPROM 可用来存储单片机系统的重要数据。

1. X5045 芯片的特点

X5045 具有如下特点：

- 可编程的看门狗定时器；
- 低电压检测和复位信号提供；
- 5 种标准复位端电压；
- 使用特殊编程序列可重复对低 VCC 复位电压的编程；
- 低功耗情况下，当看门狗开时，最大电流小于 50fA，看门狗关时，最大电流小于 10fA，读数据时最大电流小于 2mA，工作电压可以为 118～316V、217～515V 或 415～515V；
- 内置 4KB EEPROM，可写入 1 000 000 次；
- 使用块保护功能可以保护存入的数据不被意外改写；
- 313MHz 时钟速率；
- 片内偶然性的写保护，即有写锁存和写保护引脚；
- 最小编程时间：16 位页写模式和 5ms 写周期(典型)。

2. X5045 芯片的引脚

X5045 芯片的引脚结构如图 8.29 所示。下面对其引脚功能进行说明。

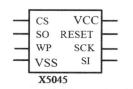

图 8.29　X5045 引脚结构图

- SO：串行数据输出脚，在一个读操作的过程中，数据从 SO 脚移位输出，在时钟的下降沿时数据改变。
- SI：串行数据输入脚，所有的操作码、字节地址和数据从 SI 脚写入，在时钟的上升沿时数据被锁定。
- SCK：串行时钟，控制总线上数据输入和输出的时序。
- CS：芯片使能信号。当其为高电平时，芯片不被选择，SO 脚为高阻态。除非一个内部的写操作正在进行，否则芯片处于待机模式；当引脚为低电平时，芯片处于活动模式，上电后在任何操作之前需要 CS 引脚的一个从高电平到低电平的跳变。
- WP：当 WP 引脚为低电平时，芯片禁止写入，但是其他的功能正常；当 WP 引脚为高电平时，所有的功能都正常。当 CS 为低时，WP 变低，可以中断对芯片的写操作。但是如果内部的写周期已经被初始化，则 WP 变低不会对写操作造成影响。

● RESET：复位输出端。

3. 工作原理

X5045 除了作为看门狗芯片使用外，另外一个基本的功能就是作为 EEPROM 数据存储器使用，它内部包含了 512×8 的串行 EEPROM，以保证系统在掉电后仍可维持重要数据不变。X5045 与 MCU 采用流行的 SPI 总线接口方式，可以和任意一款单片机的接口直接连接。芯片内部含有一个位指令移位寄存器，该寄存器可以通过 SI 来访问。数据在 SCK 的上升沿由时钟同步输入，在整个工作期内，CS 必须是低电平且 WP 必须是高电平。如果在看门狗定时器预置的溢出时间内没有总线活动(通常指 CS 引脚电平变化)，那么 X5045 将提供复位信号输出以保证系统的可靠运行。X5045 内部有一个"写使能"锁存器，在执行写操作之前该锁存器必须被置位，在写周期完成之后，该锁存器自动复位。X5045 还有一个状态寄存器，用来提供 X5045 状态信息以及设置块保护和看门狗的定时周期。对芯片内部寄存器的读写均按一定的指令格式进行，表 8.7 所示为 X5045 的指令格式。

表 8.7　X5045 的指令格式

指 令 名 称	指 令 格 式	操　作
WREN	00000110	设置写使能锁存器(允许写操作)
WRDI	00000100	复位写使能锁存器(禁止写操作)
RSDR	00000101	读状态寄存器
WRSR	00000001	写状态寄存器
READ	0000A8011	从所选地址的存储器阵列中读取数据
WRITE	0000A8010	把数据写入所选地址的存储器阵列中

在进行数据读写时，MSB(最高位)在前。表 8.7 中的 A8 表示内部存储器的高地址位。在实际应用中，往往要对状态寄存器进行读写操作，它是一个八位的寄存器，用来标识芯片的忙闲状态、内部 EEPROM 数据块保护范围以及看门狗定时器的定时周期。其内部格式如图 8.30 所示。

图 8.30　状态寄存器格式

8.8.3　X5045 芯片与 C51 单片机的连接

对于不带 SPI 串行总线接口的 C51 系列单片机来说，可以使用软件来模拟 SPI 的操作，包括串行时钟、数据输入和数据输出。对于不同的串行接口外围芯片，它们的时钟时序是不同的。对于在 SCK 在上升沿输入(接收)的数据和在下降沿输出(发送)的数据的器件，一般应将其串行时钟输出口 P1.1 的初始状态设置为 1，而在允许接收后再置 P1.1 为 0。这样，MCU 在输出 1 位 SCK 时钟的同时，将使接口芯片串行左移，从而输出 1 位数据至 C51 单片机的 P1.3 口(模拟 MCU 的 SI 线)，此后再置 P1.1 为 1，使 C51 系列单片机从 P1.0(模拟

MCU 的 SO 线)输出一位数据(先为高位)至串行接口芯片。至此，模拟 1 位数据输入/输出便宣告完成。此后再置 P1.1 为 0，模拟下一位数据的输入/输出……依此循环 8 次，即可完成 1 次通过 SPI 总线传输八位数据的操作。对于在 SCK 的下降沿输入的数据和上升沿输出的数据的器件，则应取串行时钟输出的初始状态为 0，即在接口芯片允许时，先置 P1.1 为 1，以便外围接口芯片输出一位数据(MCU 接收一位数据)，之后再置时钟为 0，使外围接口芯片接收一位数据(MCU 发送一位数据)，从而完成一位数据的传送。

1. 硬件连接

C51 系列单片机与存储器 X5045(EEPROM)的硬件连接图如图 8.31 所示。图中，P1.0 模拟 MCU 的数据输出端(SO)，P1.1 模拟 SPI 的 SCK 输出端，P1.2 模拟 SPI 的从机选择端，P1.3 模拟 SPI 的数据输入端(SI)。

下面介绍用 C51 单片机的汇编语言模拟 SPI 串行输入、串行输出和串行输入/输出的三个子程序。实际上，这些子程序也适用于在串行时钟的上升沿输入和下降沿输出的其他各种串行外围接口芯片(如 A/D 转换芯片、网络控制器芯片、LED 显示驱动芯片等)。对于下降沿输入、上升沿输出的各种串行外围接口芯片，只要改变 P1.1 的输出电平顺序，即先置 P1.1 为低电平，之后再置 P1.1 为高电平，再置 P1.1 为低电平……则这些子程序也同样可用。

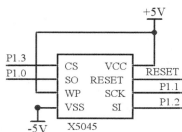

图 8.31　X5045 的硬件连接图

2. 程序设计

操作码如下：

WREN	0x06	设置写允许位
WRDI	0x04	复位写允许位
RDSR	0x05	读状态寄存器
WRSR	0x01	写状态寄存器
READ	0x03 / 0x0b	读操作时内部 EEPROM 的页地址
WRITE	0x02 / 0x0a	写操作时内部 EEPROM 的页地址

程序部分清单如下：

```
#include "reg51.h"
```

```
#include "intrins.h"

//对从芯片而言
sbit CS =P2^7;                  //将 P2.7 口模拟片选
sbit SO =P2^6;                  //将 P2.6 口模拟主机输入
sbit SCK =P2^5;                 //将 P2.5 口模拟时钟输出
sbit SI =P2^4;                  //将 P2.4 口模拟主机输出

//5045 的命令定义
#define WREN 0x06               //读允许命令
#define WRDI 0x04               //读禁止命令
#define RDSR 0x05               //读状态寄存器
#define WRSR 0x01               //写状态寄存器
#define READ0 0x03              //读低 256 字节 EEPROM
#define READ1 0x0b              //读高 256 字节 EEPROM
#define WRITE0 0X02             //写低 256 字节 EEPROM
#define WRITE1 0X0a             //写高 256 字节 EEPROM
#define delayNOP(); {_nop_();_nop_();_nop_();_nop_();};

//读一字节
unsigned char SPIReadByte()
{
unsigned char idata n=8;        //从 SO 线上读取一位数据字节，共八位
unsigned char tdata;
    SCK = 1;                    //时钟为高
    CS   = 0;                   //选择从机
while(n--)
{
    delayNOP();
    SCK = 0;                    //时钟为低
    delayNOP();
    tdata = tdata<<1;           //左移一位，或_crol_(temp,1)
    if(SO == 1)
        tdata = tdata|0x01;     //若接收到的位为 1，则数据的最后一位置 1
    else
        tdata = tdata&0xfe;     //否则数据的最后一位置 0
    SCK=1;                      //时钟为高
}
return(tdata);
}
//写一字节
void SPIWriteByte(unsigned char ch)
{
unsigned char idata n=8;        //向 SDA 上发送一位数据字节，共八位
```

```
        SCK = 1 ;                       //时钟置高
        CS   = 0 ;                      //选择从机
while(n--)
{
        delayNOP();
    SCK = 0 ;                           //时钟置低
    if((ch&0x80) == 0x80)               //若要发送的数据最高位为 1, 则发送位为 1
    {
        SI = 1;                         //传送位为 1
    }
    else
    {
        SI = 0;                         //否则传送位为 0
    }
    delayNOP();
    ch = ch<<1;                         //数据左移一位
    SCK = 1 ;                           //时钟置高
}
}
//读状态寄存器
unsigned char ReadStatus(void)
{
unsigned char buf;
SPIWriteByte(RDSR);                     //写字节
buf=SPIReadByte();                      //读字节并存放到 buf 中
CS=1;
delayNOP();
return(buf);
}
//写状态寄存器
unsigned char WriteStatus(void)
{
SPIWriteByte(WREN);
if((ReadStatus&0x01)= =1) return 0;     //设备忙
    CS=1;
delayNOP();                             //如果 CS 不变高, 下面的写 WRSR 操作会被忽略
SPIWriteByte(WRSR);
SPIWriteByte(0x33);                     //写状态寄存器, 不保护写地址, 不设置看门狗
    CS=1;                               //解除对 5045 的选择
delayNOP();
return 1;
}
//从 EEPROM 中读取数据, Addr 为读入地址
unsigned char ReadEEP(unsigned char Addr)
```

```
{
unsigned char i;
SPIWriteByte(READ_0);
SPIWriteByte(Addr);
i=SPIReadByte();
CS=1;                              //解除对 5045 的选择
delayNOP();
return(i);
}
//向 EEPROM 写入数据，Data 为写入的内容，Addr 为写入的地址
void WriteEEP(unsigned char Data,unsigned char Addr)
{
SPISendByte(WREN);
    CS=1;
delayNOP();                        //理由同写状态寄存器
SPIWriteByte(WRITE0);
SPIWriteByte(Addr);
SPIWriteByte(Data);
    CS=1;                          //解除对 5045 的操作
delayNOP();
}
//检测写操作
bit CheakWrite(void)
{
unsigned char j;
j=ReadStatus();
    CS=1;                          //解除对 5045 的选择
delayNOP();
if((j&0x01)==0)
    return(0);                     //表示闲，可以写入数据，写数据前需检查其闲或忙的状态
else
    return(1);                     //表示忙，须等待
}
```

8.9　本　章　小　结

本章主要介绍了单片机的外部资源扩展，详细介绍了单片机的数据存储器和程序存储器的扩展、外部 I/O 口的扩展、中断系统以及定时/计数器的扩展，同时还介绍了 I²C 总线、SPI 总线的应用。

通过本章的学习，读者应该掌握以下几个知识点：

● 重点掌握单片机扩展的方法和地址的编译，理解三总线原理。

- 掌握单片机的三总线结构和连接方法，学会查阅芯片功能、结构和引脚、控制字格式。
- 掌握本章介绍的几种常用的扩展方法，如 8255 扩展 I/O 口、优先编码器扩展中断源等。

实验与设计

实验 8-1　　8255 并口扩展实验

1. 实现思路

电路原理图如图 8.32 所示，8255 的 D0～D7 分别与单片机的 P0.0～P0.7 相连，A0、A1 与 P2.0、P2.1 相连，片选 $\overline{CS}$ 与 P2.7 相连，$\overline{RD}$、$\overline{WR}$、RESET 分别与单片机的 $\overline{RD}$、$\overline{WR}$、RESET 相连，8255 的 PA 口接 8 个 LED 灯输出，PB 口接 8 个按键输入，PC 口不使用。

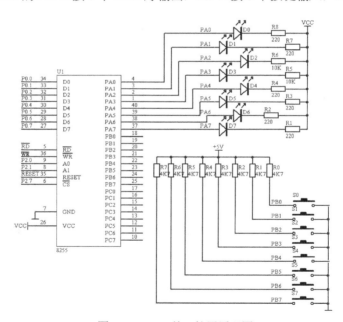

图 8.32　　8255 并口扩展原理图

2. 程序设计

由图 8.32 可知，当 P2.7＝0 时选中该 8255，A1 A0(P2.1 P2.0)为 00、01 对应 PA 口和 PB 口，为 11 时对应控制口。其余地址写 1，PA 口、PB 口、控制口地址分别为 7CFFH、7DFFH、7FFFH。设定 PA 口为方式 0 输出，PB 口为方式 0 输入，控制字 10000010B＝82H，程序清单如下：

```
//PB 口输入，8255 驱动 A 口 LED 灯发光
#include <reg51.h>
#include <absacc.h>
#define COM8255 XBYTE[0x7fff]          /*命令口地址*/
#define PA8255   XBYTE[0x7cff]          /*PA 口地址*/
#define PB8255   XBYTE[0x7dff]          /*PB 口地址*/
#define PC8255   XBYTE[0x7eff]          /*PC 口地址*/
void delay(unsigned int j)              //延时子程序
{      while(j--); }
void main(void)
{      COM8255=0x82;                    /*输出方式选择命令字——PA 口输出，PB 口输入*/
while(1)
{
    PA8255 = PB8255;                    //将输入送到输出
    delay(1000);                        //延时
    }
}
```

程序下载到单片机中后，长按 S0 键，相应的 LED 灯就会亮。

实验 8-2　I²C 总线实验

1. 实现思路

I²C 采用两根 I/O 线：一根时钟线(SCL 串行时钟线)，一根数据线(SDA 串行数据线)，实现全双工的同步数据通信。I²C 总线通过 SCL/SDA 两根线使挂接到总线上的器件相互进行信息传递。原理图如图 8.33 所示，单片机的 P1.6 连接 AT24C01 的第 6 脚 SCL 上，作为串行时钟输入线；单片机的 P1.7 连接 AT24C01 的第 5 脚 SDA，作为串行时钟输入线。SDA 和 SCL 都需要和正电源间各接一个 4.7kΩ 的上拉电阻。第 7 脚需要接地才能写入。

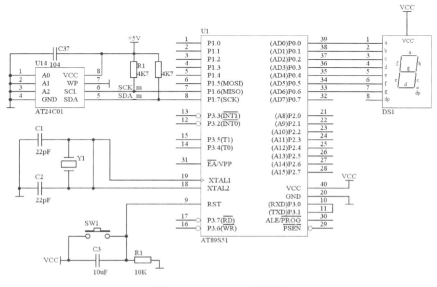

图 8.33　AT24C01 接线图

单片机 P0 口接了一个 7 段共阳的数码管，用来显示从 AT24C01 中读取出来的数据，首先显示高位，然后再显示低位。

2. 程序设计

程序清单如下：

```c
#include<reg51.h>
sbit    SDA=P1^7;                                    //串行数据或地址
sbit    SCL=P1^6;                                    //串行时钟
sbit    reset=P3^3;
//函数声明
unsigned char LED_seg[10]={0xc0,0xf9,0xa4,0xb0,0x99,0x92,0x82,0xf8,0x80,0x90};   //共阳
unsigned char LED_bit[4]={0x01,0x02,0x04,0x08};      //段码
unsigned LED_buf[6]={0,0,0,0};                       //
unsigned char    num;                                //数码
unsigned char i2c_read(unsigned char);              //读出
void i2c_write(unsigned char,unsigned char);        //写入
void i2c_send8bit(unsigned char);                   //写一个字节
unsigned char i2c_receive8bit(void);                //读一个字节
void i2c_start(void);                               //产生启动信号函数
void i2c_stop(void);                                //产生停止信号函数
bit i2c_ack(void);                                  //发送确认信号函数
void delay(unsigned int j)                          //延时
{
while(j--);
}
//将 AT24C01 中的数转换
void convert(unsigned long n)
{
unsigned char i=0,j;
while(i<4)
{
    LED_buf[i]=(unsigned char)(n%10);               //取低位，保存到 LED_buf 中
    n=n/10;i++;                                     //将高位转换为最低位
    if(n!=0)j++;                                    //计数位数
}
num=j+1;                                            //转换位数
}

void main(void)
{
    unsigned char dd,j;
  char i;
    dd=i2c_read(0x00);                              //从 0x00 中读出
```

```
            dd++;                                    //增加
            j=dd;                                    //将 dd 暂存
            i2c_write(0x00,dd);                      //将增加后的写入 AT24C01
            convert(dd);
        while(1)
            {

                for(i=num－1;i>=0;i－－)
                {
                    P0=LED_seg[LED_buf[i]];          //显示
                    P1=LED_bit[i];                   //选择数码管
                    delay(500);
                }
            if(reset==0)                             //按下复位键
            {
                    dd=0x00;
                        i2c_write(0x00,dd);          //在 0x00 写入 0
                }


                }

}
//i2c_write(地址，数据)，写一个字节
void i2c_write(unsigned char Address,unsigned char Data)
{
do{
            i2c_start();                             //启动
            i2c_send8bit(0xA0);                      //写入芯片写数据的地址
}while(i2c_ack());
i2c_send8bit(Address);
while(i2c_ack());                                    //是否接收完毕
i2c_send8bit(Data);
while(i2c_ack());                                    //是否接收完毕
i2c_stop();                                          //停止
}
//i2c_read(地址，数据)，读一个字节
unsigned char i2c_read(unsigned char Address)
{
unsigned char c;
do{
            i2c_start();                             //产生从地址(读)
            i2c_send8bit(0xA0);                      //给出从地址(读)
}while(i2c_ack());                                   //=1，表示无确认，再次发送
i2c_send8bit(Address);
```

```
        i2c_ack();
        do{
                    i2c_start();
                    i2c_send8bit(0xA1);
        }while(i2c_ack());
        c=i2c_receive8bit();                        //将最后一个字节读出
        i2c_ack();
        i2c_stop();                                 //产生停止条件
        return(c);
        }
        //发送开始信号
        void i2c_start(void)
        {
            SDA=1;
            SCL=1;                                  //SCL 为高电平时，SDA 由高变低
            SDA=0;
            SCL=0;
            //return;
        }
        //发送结束信号
        void i2c_stop(void)
        {
          SCL=0;
            SDA=0;
            SCL=1;                                  //SCL 为高电平时，SDA 由低变高
            SDA=1;
            //return;
        }
        //发送接收确认信号
        bit     i2c_ack(void)
        {
        bit ack;
        SDA = 1;
        SCL = 1;
        delay(200);              //延时
        if(SDA==1)ack = 1;   //无确认
        else    ack = 0;
        SCL = 0;
        return(ack);
        }
        //送八位数据
        void i2c_send8bit(unsigned char b)
        {
        unsigned char i=8;
```

```
        while(i—)
        {
                SCL=0;
                SDA=(bit)(b&0x80);                  //SDA 为将要发送的位
                b<<=1;                              //左移一位
                SCL=1;                              //发送一位数据
        }
        SCL=0;
        }
        //i2c 接收八位数据
        unsigned char i2c_receive8bit(void)
        {

        unsigned char i=8;
        unsigned char dat=0;                        //dat 用于存放读入的数据
        SDA=1;
        while(i—)                                  //读取八位数据
        {
                dat<<=1;                            //左移一位
                SCL=0;                              //读取一位数据
                SCL=1;
                dat|=SDA;                           //SDA 为将要发送的位
        }
        SCL=0;
        return(dat);
        }
```

习　　题

一、填空题

1. 单片机通过三组总线与外围芯片相连。这三组总线分别是＿＿＿＿总线、＿＿＿＿总线和＿＿＿＿总线。

2. 地址总线的根数决定了单片机可以访问的存储单元数量和 I/O 端口的数量。有 n 根线，则可以产生＿＿＿＿个地址编码，访问＿＿＿＿个地址单元。

3. 51 单片机数据总线的宽度是＿＿＿＿位。

4. 利用 51 单片机的三总线进行系统扩展时，＿＿＿＿口传送地址高八位，＿＿＿＿口传送地址低八位。

5. 存储器扩展的编址技术有＿＿＿＿和＿＿＿＿。

二、选择题

1. 存储器扩展时，并行数据由(　　)传送。

A. P0 口　　　　　　　　　　　　B. P1 口

C. P2 口　　　　　　　　　　　　D. P3 口

2. $\overline{PSEN}$ 为程序存储器的控制信号，是在取指令码时或执行 MOVC 指令时变为有效。(　　)和(　　)为数据存储器和 I/O 口的读、写控制信号，是执行 MOVX 指令时变为有效。

A. $\overline{PSEN}$　　　　　　　　　　B. $\overline{RD}$

C. $\overline{WR}$　　　　　　　　　　　D. $\overline{EA}$

3. 以下芯片中(　　)可用于译码法扩展存储器。

A. 74LS373　　　　　　　　　　B. 74LS138

C. 74LS139　　　　　　　　　　D. 74LS273

4. 51 单片机外部程序存储器的最大寻址范围为(　　)。

A. 16KB　　　　　　　　　　　　B. 32KB

C. 64KB　　　　　　　　　　　　D. 128KB

5. 51 单片机的引脚 $\overline{EA}$ 与程序存储器的扩展有关。如果 $\overline{EA}$ 接高电平，那么片外程序存储器地址范围是(　　)。

A. 6KB　　　　　　　　　　　　B. 60KB

C. 64KB　　　　　　　　　　　　D.100KB

三、上机题

1. 在 51 单片机上扩展一片 8255，使 A 口可接一个数码管，PC0 接阴极，使用 C 口的置位/复位控制字，数码管显示的"P"字闪烁。电路图可以参考图 8.34，试写出程序。

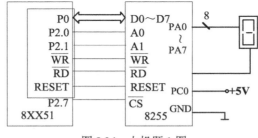

图 8.34　上机题 1 图

2. 利用 I^2C 总线原理，从 AT24C01 存储器里的 0～9 中读出一个数字，然后转换为二进制数，并显示在 P0 口上。其中，AT24C01 的接线图可以参考图 8.33，P0 口接八个 LED 灯的接线图参考图 8.35。

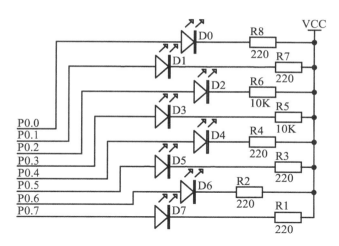

图 8.35　单片机的发光二极管原理图

3. 原理图如图 8.36 所示，已知 8253 计数器 0、1、2 的地址分别为 8000H、8001H、8002H，控制口地址为 8003H，试编写程序测出三个通道脉冲信号的计数率。

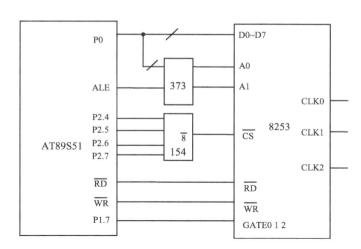

图 8.36　上机题 3 的原理图

第9章 51单片机的串行通信接口

串行通信是计算机与外界交换信息的一种基本方式，是指将字符的每个二进制位按照一定的顺序，按位进行传送的通信方式。串行通信在单片机以及其他处理器构成的控制系统中的应用相当广泛。51单片机的串行口是一个全双工通信接口，能同时进行发送和接收数据。

9.1 串行通信方式

计算机与外设进行通信的方式有两种，即并行通信和串行通信。本章将主要介绍串行通信。

9.1.1 串行通信分类

按照数据的同步方式，串行通信可以分为同步通信和异步通信两大类。同步通信是按照软件识别同步字符的方式来实现数据的发送和接收，而异步通信是按照字符的再同步技术实现的通信。

1. 异步通信

在异步通信中，数据通常以字符为单位组成数据帧来进行传送。发送端和接收端由各自的时钟来控制发送和接收。

在异步通信中，帧格式一般是由起始位、数据位、奇偶校验位、停止位组成。详细介绍如下。

- 起始位：是字符的开始，起始位用0，以表示数据发送的开始。
- 数据位：紧跟起始位之后，它由5~8位数据组成，低位在前，高位在后。
- 奇偶校验位：位于数据位之后，用于保证串行通信的可靠性。
- 停止位：该位是字符的最后一位，用1表示，用于向接收端表示一个字符已经发送完毕。

数据发送完毕后，发送端信号变成空闲位，为高电平。在数据的发送过程中，两帧数据之间可以有空闲位也可以没有空闲位，且可以有一个也可以有多个空闲位。

异步通信不需要时钟同步，所需连接设备简单，其缺点是每传送一个字符都包括了起始位、奇偶校验位和停止位，故而传送效率比较低。

2. 同步通信

在同步通信方式中，一次传送一个数据包，包括同步字符、数据字符和校验字符。其中，同步字符位于帧头，用于确认数据字符传送的开始；数据字符位于同步字符后面，数据字符的长度由通信双方决定；校验字符位于数据帧结构的末尾，用于接收端进行数据传送过程中的正确性检验。

其中同步字符可以采用统一标准，也可以由通信双方自己确定。例如，在单同步字符帧结构中，同步字符通常采用 ASCII 码中的 SYN(即 16H)。

同步通信的数据传输速率较高，但是要求发送时钟和接收时钟应该严格同步，发送端通常把时钟脉冲同时传送到接收端。

9.1.2 数据的传输模式

在串行通信中，数据是在两个站点上进行传送的，按照数据传输的方向性，串行通信可以分为单工、半双工和全双工。

1. 单工

单工就是在通信双方的两个站点中，只能有一端发送、一端接收，发送端只能进行数据的发送而不能接收、接收端只能进行接收而不能进行发送。数据的流向是单方向的。

2. 半双工

在半双工通信中，两个通信站点之间只有一个通信回路，数据或者由站点 1 发送到站点 2，或者由站点 2 发送到站点 1。两个站点之间通信只需要一条通信线。

3. 全双工

在全双工的通信方式中，两个站点之间有两个独立的通信回路，可以同时进行发送和接收数据。

9.1.3 波特率

波特率是串行通信的重要指标，用于表示数据传输的速度，波特率定义为每秒钟传送的二进制位的比特数。

在异步通信中，发送一位数据的时间叫做位周期，用 T 表示。

位周期和波特率互为倒数，比如在波特率为 9600 的通信中，位周期为 1/9600，即 0.000 104s。

波特率还和系统的时钟频率有关，串行口的工作频率通常为时钟频率的 12 分频、16 分频或者 64 分频。

国际上还规定了一个标准波特率系列，其常见的波特率为 110、600、1200、1800、2400、4800、9600、19 200、38 400、57 600 和 115 200 等。

9.2　串口结构

51 单片机的串行口为全双工异步通信接口,可以进行串行通信,也可以将串口用于系统扩展。

9.2.1　51 单片机串行口的硬件结构

51 单片机有一个可编程的全双工异步串行通信接口,它可作异步串行通信(UART)用,也可作同步移位寄存器用,其帧格式可有 8 位、10 位或 11 位,并能设置各种波特率,给使用者带来很大的灵活性。

1. 串行口结构

51 单片机串行口的结构如图 9.1 所示。51 单片机通过引脚 RXD(P3.0)串行数据接收端和引脚 TXD(P3.l)串行数据发送端与外界进行通信。

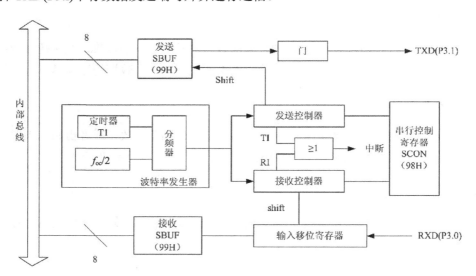

图 9.1　串行口结构图

由图 9.1 可知,它主要由两个数据缓冲寄存器 SBUF 和一个输入移位寄存器组成,其内部还有一个串行控制寄存器 SCON 和一个波特率发生器(由 T1 或内部时钟及分频器组成)。在进行通信时,外界的串行数据是通过引脚 RXD(P3.0)输入的。输入数据先逐位进入输入移位寄存器,再送入接收 SBUF。在此采用了双缓冲结构,这是为了避免在接收到第二帧数据之前,CPU 未及时响应接收器的前一帧中断请求而把前一帧数据读走,造成两帧数据重叠的错误。对于发送器,因为发送时 CPU 是主动的,不会产生写重叠问题,一般不需要双缓冲器结构以保持最大传送速率,因此,仅用了一个 SBUF 缓冲器。图中,TI 和 RI 为发送和接收的中断标志,无论哪个为 1,只要中断允许,都会引起中断。

2. 工作原理

假设有两个单片机串行通信,甲机为发送,乙机为接收,以图 9.2 为例来说明发送和接收的过程。串行通信中,甲机 CPU 向 SBUF 写入数据(MOV SBUF,A),就启动了发送过程,A 中的并行数据送入 SBUF,在发送控制器的控制下,按设定的波特率,每来一个移位时钟,数据移出一位,由低位到高位一位一位进行移位并发送到电缆线上,移出的数据位通过电缆线直达乙机,乙机按设定的波特率,每来一个移位时钟移入移位,由低位到高位一位一位移入到 SBUF;一个移出,一个移进,显然,如果两边的移位速度一致,甲移出的正好被乙移进,就能完成数据的正确传递;如果不一致,必然会造成数据位的丢失。因此,两边的波特率必须一致。

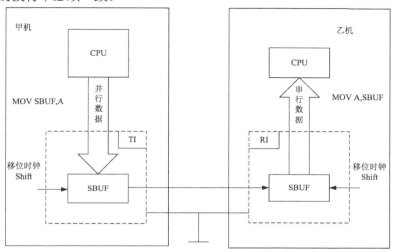

图 9.2　串行传送示意图

当甲机一帧数据发送完毕(或称发送缓冲器空),硬件置位即发送中断标志位(SCON.1),该位可作为查询标志;如果设置允许中断,将引起中断,甲的 CPU 方可再发送下一帧数据。接收到的乙机,需预先设置位 REN(SCON.4),即允许接收,对方的数据按设定的波特率由低位到高位顺序进入乙机的移位寄存器;当一帧数据到齐(接收缓冲器满),硬件自动置位接收中断标志 RI(SCON.0),该位可以作为查询标志;如设置为允许中断,将引起接收中断,乙机的 CPU 方可通过读 SBUF(MOV A,SBUF),将这帧数据读入,从而完成一帧数据的传送。

由上面的介绍可以得出下面两点结论。

* 查询方式发送的过程:发送一个数据→查询 TI→发送下一个数据(先发后查);查询方式接收的过程:查询 RI→读入一个数据→查询 RI→读下一个数据(先查后收)。以上过程将体现在编程中。
* 无论单片机之间还是单片机和 PC 之间,串行通信双方的波特率必须相同。

3. 波特率的设定

在串行通信中,收发双方对发送和接收数据的速率(即波特率)要有一定的约定。51 单片机的波特率发生器的时钟来源有两种:一是来自于系统时钟的分频钟,由于系统时钟的频率是固定的，所以此种方式的波特率是固定的；另一种是由定时器 T1 提供，波特率由 T1 工作于定时方式 2(八位自动重载方式)。波特率是否提高一倍由 PCON 的 SMOD 值确定，SMOD=1 时波特率加倍。串行口的工作方式中，方式 0 和方式 2 采用固定波特率，方式 1 和方式 3 采用可变波特率，这些内容将在介绍串口工作方式的时候详细介绍。

9.2.2　数据缓冲寄存器 SBUF

SBUF 数据缓冲寄存器是一个可以直接寻址的串行口专用寄存器，如图 9.3 所示，接收与发送缓冲寄存器(SBUF)占用同一个地址 99H，其名称也同样为 SBUF。CPU 通过对 SBUF 进行操作，修改发送寄存器，同时启动数据串行发送；读 SBUF 的操作，就是读接收寄存器，完成数据的接收。

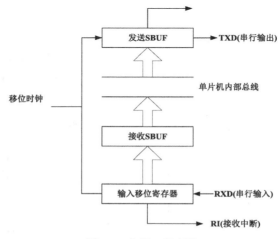

图 9.3　串行口寄存器

从图 9.3 中可看出，接收缓冲器前还加上一级输入移位寄存器，51 系列单片机的这种结构的目的在于接收数据时避免发生数据帧重叠现象，以避免出错，这种结构称为双缓冲器结构。而发送数据时就不需要这样的结构，因为发送时，CPU 是主动的，不会出现这种现象。

9.2.3　串行口控制寄存器 SCON

串行口控制寄存器 SCON 用于存放串行口的控制和状态信息，其单元地址为 98H，位地址为 98H～9FH，具有位寻址功能。SCON 每一位的定义如表 9.1 所示。

表 9.1　串行口控制寄存器 SCON 每一位的定义

符 号	位	功　　能
SM0, SM1	7, 6	串行口工作方式选择位。各位的状态对应的方式如表 9.2 所示
SM2	5	多机通信控制位。在方式 2、3 中用于多机通信控制。在方式 2、3 接收状态中，若 SM2=1，接收到的第 9 位(RB8)为 0 时，舍弃接收到的数据，RI 清 0；RB8 为 1 时将接收到的数据送到 SBUF 中，并将 RI 置 1；对于方式 1，接收到有效的停止位时，激活 RI；对于方式 0，SM2 应置 0

符　号	位	功　　能
REN	4	允许接收位。REN=1 时允许接收，REN 由指令置位或复位
TB8	3	第 9 位发送的数据。多机通信时(方式 2、方式 3)TB8 标明主机发送的是地址还是数据，TB8=0 时为数据，TB8=1 时为地址。TB8 由指令置位或复位
RB8	2	第 9 位接收的数据，用来存放接收到的第 9 位数据，用于表明所接收数据的特征或用于校验。对于方式 0，不使用 RB
TI	1	发送中断标志，由硬件置位。方式 0 串行发送完 8 位数据后置位，其他方式串行发送停止时置位。由软件清 0
RI	0	接收中断标志，由硬件置位。方式 0 接收完 8 位数据后置位，其他方式接收到停止位时置位。由软件清 0

第 6、7 位是串行口工作方式选择位，串行口共有 4 种工作方式，各位的状态对应的工作方式如表 9.2 所示。

表 9.2　串行口工作方式的设置(注：f_{osc} 为时钟频率)

SM0	SM1	方　　式	功　能　说　明
0	0	0	移位寄存器方式(I/O 口扩展)
0	1	1	8 位 UART，波特率可变(T1 溢出率/n)
1	0	2	9 位 UART，波特率为 $f_{osc}/64$ 或 $f_{osc}/32$
1	1	3	9 位 UART，波特率可变(T1 溢出率/n)

9.2.4　特殊功能寄存器 PCON

串行口借用了电源控制寄存器 PCON 的 D7 位 SMOD 作为串行口波特率系数控制位(见表 9.3)，PCON 不进行可位寻址，直接地址为 87H。当 SMOD 被置为 1，且串口工作在模式 1、3 时，波特率加倍。

表 9.3　PCON 的串行口波特率系数控制位

D7	D6	D5	D4	D3	D2	D1	D0
SMOD	—	—	—	—	—	—	—

PCON 的其他位为掉电方式控制位。

9.3　MCS-51 串口工作方式

根据串行通信数据格式和波特率的不同，51 单片机的串行口有 4 种工作方式，即方式 0、方式 1、方式 2 和方式 3，通过设置 SCON 的 SM0 和 SM1 来选择。对这几种工作方式具体介绍如下。

9.3.1　方式 0

方式 0 是同步移位寄存器输入/输出方式，常用做串行 I/O 扩展，具有固定的波特率：$f_{osc}/12$。同步发送或接收，由 TXD 提供移位脉冲，RXD 用做数据输入/输出通道。发送或接收的是 8 位数据，低位在前，高位在后。

首先从写 SBUF 寄存器开始，启动发送操作。TXD 输出移位脉冲，RXD 同步串行发送 SBUF 中的数据。每个机器周期 TXD 发送一个移位脉冲，每个移位脉冲 RXD 发送一位数据。发送完八位数据后自动置位 TI，请求中断。

在 RI=0 的条件下，置 REN=1 后，启动一帧数据的接收，由 TXD 输出移位脉冲，由 RXD 接收串行数据到 SBUF 中。每个机器周期 TXD 发送一个移位脉冲，每个移位脉冲期间 RXD 接收一位数据，接收一帧数据结束后自动置位 RI=1，请求中断。在继续接收下一帧之前，要将上一帧数据取走。

该方式多用于接口的扩展，也可以用于短距离单片机的通信。

9.3.2　方式 1

方式 1 是 10 位异步通信方式，一位起始位(0)，八位数据位，一位停止位(1)；可变波特率，由 T1 的溢出率决定。

执行一条以 SBUF 为目的的寄存器指令后，数据送往发送缓冲器 SBUF，SBUF 中的数据从 TXD 端向外发送，在发送数据前先发一位起始位，然后紧跟八位数据位，再发一位停止位，发送完一帧数据后置位 T1=1，请求中断。

当置位 REN 时，串行口采样 RXD 引脚。当采样到 1 至 0 的跳变时，确认串行数据帧的起始位，开始接收一帧数据，直到停止位到来时，把停止位送入 RB8 中，置位 RI=1，请求中断，通知 CPU 从 SBUF 中取走接收到的数据。

9.3.3　方式 2 和方式 3

方式 2 和方式 3 具有多机通信功能，两种方式除了波特率的设置不同外，其余完全相同。帧结构为 11 位，包括一位起始位 0、八位数据位、一位校验位 TB8/RB8 和一位停止位。

在方式 2 中，波特率固定为 $f_{osc}/64$ 或 $f_{osc}/32$，由 PCON 寄存器中的 SMOD 位选择。SMOD=1 时，波特率为 $f_{osc}/32$；SMOD=0 时，波特率为 $f_{osc}/64$。

在方式 3 中，波特率取决于 T1 的溢出率。

发送数据前，由指令设置 TB8(例如作为奇偶校验位或地址/数据标志位)，将要发送的数据写入 SBUF 后启动发送操作。内部逻辑会把 TB8 装入发送移位寄存器的第 9 位位置，跟随八位的数据之后发送出去，发送结束后置位 TI。多机通信中，发送时用 TB8 作地址/数据标识，TB8=1 时为地址帧，TB8=0 时为数据帧。

当置位 REN 位时，启动接收操作。数据送入移位寄存器，收到的第 9 位数据 RB8，对所接收的数据视 SM2 和 RB8 的状态决定是否使 RI 置 1，请求中断。当 SM2=0 时，不论 RB8 为何状态，均置位 RI，接收数据。当 SM2=1 时，为多机通信方式，接收到的 RB8

为地址/数据标识位。当 RB8=1 时，接收到数据为地址帧，置位 RI，接收数据；当 RB8=0 时，接收到数据为数据帧。若 SM2=1，RI 不置位，丢弃此帧；若 SM2=0，则 SBUF 接收发送来的数据。

9.3.4　各方式下波特率的计算

方式 0 和方式 2 的波特率是固定的，方式 1 和方式 3 的波特率是变化的，是由 TI 的溢出率决定的。TI 是可编程的，可选的范围比较大，因此方式 1 和方式 3 是最常用的工作方式。

当 T1 作为串行口的波特率发生器时，串行口方式 1 或方式 3 的波特率由下式确定：

$$波特率 = 2^{SMOD} \times (T1\ 溢出率)/32$$

定时器 T1 作为波特率发生器时，应禁止 T1 中断，通常 T1 工作于定时方式，计数脉冲为 $f_{osc}/12$，也可选用外部 T1 上的输入脉冲作为 T1 的计数信号。T1 的溢出率与工作方式有关，由于方式 2 具有自动装载的功能，一般 T1 选择方式 2，此时波特率的计算公式如下：

$$波特率 = \frac{2^{SMOD}}{32} \times \frac{f_{osc}}{12 \times (2^8 - TH1)}$$

表 9.4 列出了最常用的波特率及相应的 f_{osc}、T1 工作方式及初值。从表中可以看出，当振荡频率 $f_{osc}=11.0592MHz$ 时，对于常用的标准波特率能准确计算出 T1 的计数初值，所以这个频率在需要使用串行口的应用系统中极为普遍。

表 9.4　常用波特率及相应的 f_{osc}、T1 工作方式及初值

波特率(b/s)	f_{osc}(MHz)	SMOD	定 时 器		
			C/$\overline{T}$	方式	重装入值
方式 0 最大：1M	12	X	X	X	X
方式 2 最大：375K	12	1	X	X	X
方式 1、3：62.5K	12	1	0	2	0FFH
19.2K	11.0592	1	0	2	0FDH
9.6K	11.0592	0	0	2	0FDH
4.8K	11.0592	0	0	2	0FAH
2.4K	11.0592	0	0	2	0F4H
1.2K	11.0592	0	0	2	0E8H
110	6	0	0	2	72H
110	12	0	0	1	0FEEBH

9.4　串行通信接口标准 RS-232

RS-232 接口实际上是一种串行通信标准，是由美国 EIA(电子工业联合会)和 BELL 公

司一起开发的通信协议，它对信号线的功能、电气特性、连接器等都做了明确的规定，RS-232C 是其中的一个版本。

9.4.1　RS-232C 标准

由于 RS-232C 早期不是专为计算机通信设计的，因此分别出现了 25 针和 9 针的 D 型连接器，但是因为目前微机都是采用 9 针的 D 型连接器，所以这里只介绍 9 针 D 型连接器。9 针 D 型连接器的信号及引脚如图 9.4 所示。

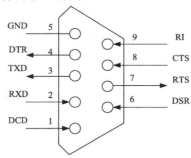

图 9.4　RS-232C 9 针 D 型连接器的信号及引脚

1. RS-232C 信号

对于 9 针 D 型连接器，RS-232C 可以通过它传送数据(TXD 和 RXD)，也可以对双方的互传起协调作用，即握手信号。因此 9 根信号分为以下两类。

(1) 基本的数据传送引脚

- TXD(Transmitted Data)：数据发送引脚。串行数据从该引脚发出。
- RXD(Received Data)：数据接收引脚。串行数据由此引脚输入。
- GND(Ground)：信号地线。

在串行通信中，最简单的通信只需连接这三根线。在微机与微机之间、微机与单片机之间、单片机与单片机之间，多采用这种连接方式。

(2) 握手信号

串口通信中主要的握手信号主要有以下 5 种，这些握手信号主要用于和 Modem 连接时。

- RTS(Request to Send)：请求发送信号，输出信号。
- CTS(Clear to Send)：清除传送，是对 RTS 的响应信号，输入信号。
- DCD(Data Carrier Detection)：数据载波检测，输入信号。
- DSR(Data Set Ready)：数据通信准备就绪，输入信号。
- DTR(Data Terminal Ready)：数据终端就绪，输出信号，表明计算机已经做好接收准备。

2. 电器特性

美国电子工业协会(EIA)公布了一种异步通信标准，采用的是 EIA 电平。其规定如下。

(1) 在 TXD 和 RXD 上

逻辑 1(MARK)=-3～-15V；逻辑 0(SPACE)=+3～+15V。

(2) 在 RTS、CTS、DSR、DTR、DCD 等控制线上

信号有效(接通，ON 状态，正电压)=+3～+15V；信号无效(断开，OFF 状态，负电压)=-3～-15V。

介于-3V 和+3V 之间的电压无意义，低于-15V 或高于+15V 的电压也认为无意义，因此，实际工作时，应保证电平为±3～±15V。

(3) RS-232 的 EIA 电平和 TTL 电平转换

显然，RS-232 的 EIA 标准是根据电压的正负来表示逻辑状态的，与 TTL 以高、低电平表示逻辑状态的规定不同。因此，为了能够同计算机接口或终端的 TTL 器件连接，必须在 EIA 电平与 TTL 电平之间进行电平变换。目前广泛地使用集成电路转换器件，如MC1488、SN75150 芯片，可完成 TTL 电平到 EIA 电平的转换，而 MC1489、SN75154 芯片可实现 EIA 电平到 TTL 电平的转换，但它们需要±12V 两种电源，使用不方便，而美国MAXIM 公司的 MAX32 芯片可完成 TTL 和 RS-232 电平的转换，且只需±5V 电源，因此获得广泛应用。

3. 电平变换电路

由于单片机采用的是 TTL 电平，而串行通信采用的是 EIA 电平，这样就需要一个电路来使得两电平互转。新型电平转换芯片 MAX232，可以实现 TTL 电平与 RS-232 电平的双向转换。MAX232 内部有电压倍增电路和转换电路，仅需外接 5 个电容和+5V 电源即可工作，如图 9.5 所示。

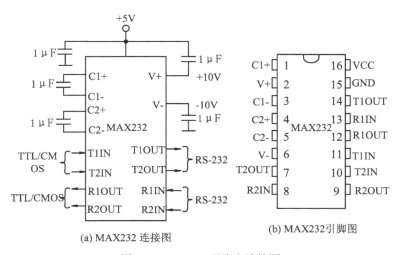

(a) MAX232 连接图　　　(b) MAX232 引脚图

图 9.5　MAX232 引脚和连接图

图 9.5 所示为 MAX232 的引脚图和连接图。由图可知，一个 MAX232 芯片可连接两个对收/发线。MAX232 把通信接口的 TXD 和 RXD 端的 TTL 电平(0～5V)转换成 RS-232 的电平(-10～+10V)，并送到传输线上，也可以把传输线上 RS-232 的-10～+10V 电平转换为 0～

5V 的 TTL 电平送到通信接口 TXD 和 RXD 上。

9.4.2 单片机串行通信的连接

由于单片机的串行口不提供握手信号,因此通常采用直接数据传送方式,如果需要握手信号,可由 P1 口编程产生所需的信号。

1. 单片机(甲机)和单片机(乙机)的连接

甲机的发送端 TXD 接乙机的接收端 RXD,两机的地线相连即可完成单工通信连接,当启动甲机的发送程序和启动乙机的接收程序时,就能完成甲机发送乙机接收的串行通信。

如果甲机和乙机的发送与接收都交叉连接,且将地线相连,就可以完成甲机和乙机的双工通信。

2. 单片机和主机(PC)连接

单片机和 PC 的串行通信接口电路如图 9.6 所示。

在 PC 内接有 PC16550(和 8250 兼容)串行接口、EIA-TTL 的电平转换器和 RS-232C 连接器,除鼠标占用一个串行口以外,还留有两个串行口给用户,这就是 COM1(3F8H~3FFH)和 COM2(地址 2F8H~2FFH)。通过这两个口,可以连接 Modem 和电话线进入互联网,也可以通过它们连接其他的串行通信设备,如单片机、仿真机等。由于单片机的串行发送和接收线 TXD 和 RXD 是 TTL 电平,而 PC 的 COM1 或 COM2 的 RS-232 连接器(D 型 9 针插座)是 EIA 电平,因此单片机需要加接 MAX232 芯片,通过串行电缆线和 PC 相连接。

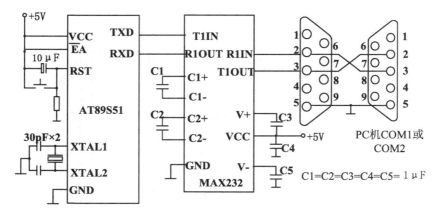

图 9.6 单片机和 PC 的串行通信接口电路

9.5 串行通信接口标准 RS-422 和 RS-485

除了 RS-232 接口标准之外,RS-422 和 RS-485 也是最常使用的串行通信标准。

9.5.1　RS-422 通信协议

　　RS-232 接口标准是一种基于单端非对称电路的接口标准, 这种结构对共模信号的抑制能力很差, 在传输线上会有非常大的压降损耗, 所以不适合应用于长距离信号传输。为了弥补这种缺陷, 在 51 单片机的应用系统中可以使用 RS-422 或者 RS-485 接口标准来扩展通信。

1. RS-422 协议基础和 MAX491

　　RS-422 通信协议的核心思想是使用平衡差分电平来传输信号, 即每一路信号都是用一对以地为参考的对称正负信号, 在实际的使用过程中不需要使用地信号线。RS-422 是一种全双工的接口标准, 可以同时进行数据的收、发, 其有点对点和广播两种通信方式, 在广播模式下只允许在总线上挂接一个发送设备, 而接收设备可以最多为 10 个, 最高速率为 10Mb/s, 最远传输距离为 1219m。最常见的 RS-422 通信芯片是美信公司(MAXIM)的 MAX491, 其封装如图 9.7 所示, 引脚封装说明如下。

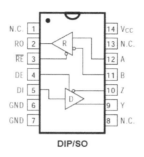

图 9.7　MAX491 的引脚封装

- RO: 数据接收输出引脚, 当引脚 A 比引脚 B 的电压高 200mV 以上, 被认为是逻辑 1 信号, RO 输出高电平, 反之则为逻辑 0, 输出低电平。
- $\overline{\text{RE}}$: 接收器输出使能引脚, 当该引脚为低电平时, 允许 RO 引脚输出, 否则 RO 引脚为高阻态。
- $\overline{\text{DE}}$: 驱动器输出使能端引脚, 当该引脚为高电平时, 允许 Y、Z 引脚输出差分电平信号, 否则这两个引脚为高阻态。
- DI: 驱动器输入引脚, 当 DI 引脚加上低电平时, 为输出逻辑 0, 引脚 Y 输出电平比引脚 Z 输出电平低, 反之为输出逻辑 1, 引脚 Y 输出电平比引脚 Z 输出电平高。
- Y: 驱动器同相输出端引脚。
- Z: 驱动器反相输出端引脚。
- A: 接收器同相输入端引脚。
- B: 接收器反相输入端引脚。
- GND: 电源地信号引脚。

● V_{CC}：5V 电源信号引脚。

2. RS-422 的应用电路

使用两片 MAX491 或者其他 RS-422 接口芯片进行 51 单片机系统的点对点通信的逻辑模型如图 9.8 所示。从图中可以看到数据从 DI 进入 MAX491，通过 YZ 引脚经过双绞线连接到了另外一块 MAX491 的 A、B 引脚，然后从 RO 输出。在点对点的系统中，由于 RS-422 是全双工的接口标准，支持同时发送和接收，所以 DE 可以一直置位为高电平而 $\overline{\text{RE}}$ 可以一直清除为低电平。另外为了匹配阻抗，在 Y、Z 和 A、B 引线上分别加上一个电阻 R_t，这个电阻的典型值一般为 120Ω 左右。

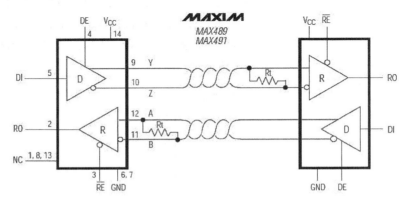

图 9.8　MAX491 的点对点连接逻辑

> 注意：MAX491 的驱动器的输出同相端也连接到接收器的同相端，同理反相端，也就是说两块 MAX491 的引脚对应关系为 Y-A、Z-B。

使用多片 MAX491 或者其他 RS-422 接口芯片构成的一点对多点通信的逻辑模型如图 9.9 所示。中心点 MAX491 的驱动器输出引脚 YZ 和总线所有非中心点的 MAX491 的接收器输入引脚 A、B 连接到一起，所有非中心点 MAX491 的驱动器输出引脚 YZ 连接到一起接在接收器输入引脚 A、B 上。需要注意的是，由于同一时间内只能有一个非中心点 MAX491 和中心点 MAX491 进行数据通信，所以此外的 MAX491 的发送控制端 DE 必须被清除以便于把这些 MAX491 的输出引脚置为高阻态从而使得它们从总线上"断开"以防止干扰正在进行的数据传送。也就是说，只有当选中和中心点通信的时候该 MAX491 的 DE 端才能被置位，而接收过程则没有这个问题。从图中可以看到，一点对多点的通信同样需要匹配电阻，但是只需要在总线的"两头"加上即可，其典型值依然是 120Ω。

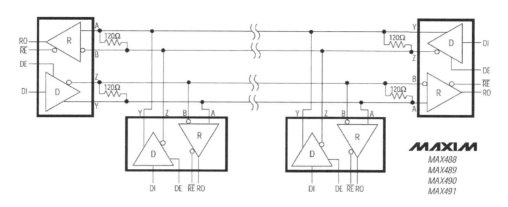

图 9.9　MAX491 的多点通信逻辑图

图 9.10 所示是 51 单片机应用系统的典型 RS-422 接口电路。51 单片机的串行通信模块的数据接收引脚 RXD 连接到 MAX491 的 RO 引脚，数据发送引脚连接到 MAX491 的 DI 引脚，而 MAX491 的发送和接收控制引脚则使用 51 单片机的两条普通 I/O 引脚来控制，而信号则通过两根双绞线连接的 A、B、Y、Z 引脚来流入或者输出，同样在总线上可能需要加上电阻值为 120Ω 的匹配电阻。

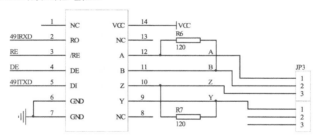

图 9.10　MAX491 的典型应用电路

9.5.2　RS-485 通信协议

RS-485 接口标准是 RS-422 接口标准的半双工版本。

1. RS-485 协议基础和 MAX485

在 RS-485 接口标准中只需要使用 A、B 两根输出引脚即可完成点对点以及多点对多点的数据交换，目前的 RS-485 接口标准版本允许在一条总线上挂接多达 256 个节点，并且通信速度最高可以达到 32Mb/s，距离可以到几千米。最常见的 RS-485 接口标准器件是美信公司(MAXIM)的 MAX485，其封装如图 9.11 所示，引脚封装说明如下。

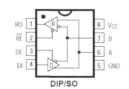

图 9.11　MAX485 的引脚封装

● RO：数据接收输出引脚，当引脚 A 比引脚 B 的电压高 200mV 以上，被认为是逻辑 1 信号，RO 输出高电平，反之则为逻辑 0，输出低电平。

- $\overline{\text{RE}}$：接收器输出使能引脚，当该引脚为低电平时，允许 RO 引脚输出，否则 RO 引脚为高阻态。
- DE：驱动器输出使能端，当该引脚为高电平时，允许 Y、Z 引脚输出差分电平信号，否则这两个引脚为高阻态。
- DI：驱动器输入引脚，当 DI 引脚加上低电平时，为输出逻辑 0，引脚 Y 输出电平比引脚 Z 输出电平低，反之为输出逻辑 1，引脚 Y 输出电平比引脚 Z 输出电平高。
- A：接收器和驱动器同相输入端引脚。
- B：接收器和驱动器反相输入端引脚。
- GND：电源地信号引脚。
- V_{CC}：5V 电源信号引脚。

> 注意：可以看到 MAX485 和 MAX491 的引脚定义其实是完全相同的，只是 A、B 引脚同时也具备了 Y、Z 的功能。

2. RS-485 的应用电路

图 9.12 所示是多点对多点系统的 MAX485 电路逻辑模型。数据从 MAX485 的 DI 引脚流入，通过 A、B 引脚连接上的双绞线送到其他 MAX485 上，经过 RO 流出；由于在 RS-485 接口标准中 A、B 引脚要同时承担数据发送和接收任务，所以需要通过 $\overline{\text{RE}}$ 和 DE 来对其进行控制，只有允许发送的时候才能使能 DE 引脚，否则就会将总线钳位导致总线上所有的设备都不能正常通信。与 RS-422 总线类似，RS-485 总线的两端也需要加上 120Ω 左右的匹配电阻以消除长线效应。

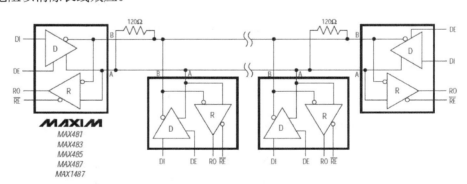

图 9.12　多点 MAX485 总线连接示意图

图 9.13 所示是在 51 单片机系统中使用 MAX485 芯片的典型应用电路图。与 MAX491 类似，MAX485 的 $\overline{\text{RE}}$ 和 DE 端受到 51 单片机普通 I/O 引脚的控制，数据输出引脚 DI 连接到单片机串行口输出 TXD 上，数据输入引脚 RO 则连接到单片机串行口的 RXD 上，A、B 引脚和其他 MAX485 的 A、B 引脚连接到一起，并且在总线两端的 MAX485 的 A、B 引脚上需要跨接典型值为 120Ω 的匹配电阻。

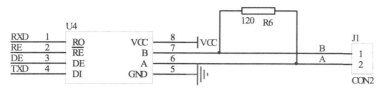

图 9.13　MAX485 的典型应用电路

9.6　本 章 小 结

本章主要介绍了单片机的串行口，首先详细介绍了串行通信的基础知识，如分类和传输模式，接着介绍了单片机的串口结构，分别介绍了数据缓冲寄存器、串行口控制寄存器和特殊功能寄存器，然后介绍了串行口的 4 种工作方式以及波特率的计算。

通过本章的学习，读者应该掌握以下几个知识点：

- 了解串行通信的基本概念、分类和传输模式。
- 掌握单片机串口结构和工作方式，重点掌握串行口控制寄存器。
- 掌握串行通信的连线和应用编程，能够用两种方式进行编程。

实验与设计

实验　串行口自收自发实验

1. 实验思路

实验电路如图 9.14 所示，单片机的 P3.0(RXD)、P3.1(TXD)直接用导线连接。P1 口接八个发光二极管。通过串口编程，写一个流水灯实验。

流水灯实验在前面已经做过，这里只不过是用串口实现。因此首先要初始化串口。

由于定时器 T1 工作于方式 2，并作波特率发生器，取 SMOD＝0，T1 的时间常数计算如下：

$$波特率 = \frac{2^{\text{SMOD}}}{32} \times \frac{f_{\text{osc}}}{12 \times (256 - X)}$$

即

$$600 = (1/32) \times 12 \times 10^6 / 12(256 - X)$$

解得

$$X = 204 = 0\text{CCH}$$

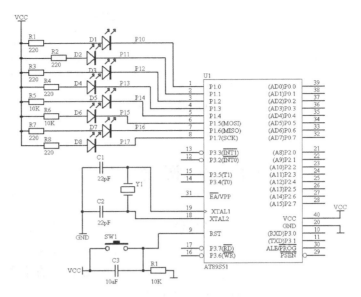

图 9.14　实验原理图

2. 程序设计

程序清单如下：

```
#include<reg51.h>
#define uchar unsigned char
#define uint unsigned int
uint j,k;
uchar i;
char table[]={0xfe,0xfd,0xfb,0xf7,0xef,0xdf,0xbf,0x7f};    //定义流水灯
main()
{
  TMOD = 0X20;                    //定时器初始化
  TH1=0xcc;
  TL1=0xcc;                       //设定波特率
  TR1=1;                          //无限循环，执行一下发送和接收语句
  SCON=0x50;                      //允许接收
  P1=0xff;                        //所有 LED 灭
  while(1)
  {
TI=0;                            //TI 清零
for(i=0;i<8;i++)                 //流水灯
{
  SBUF=table[i];                 //发送数据
  while(RI==0);                  //RI=0 等待
  RI=0;                          //RI 清零
  P1=SBUF;                       //接收数据并送到 P1 口
```

```
        while(TI==0);                              //TI=0 等待
        TI=0;                                      //TI 清零
        for(j=0;j<1000;j++)                        //延时
            for(k=0;k<100;k++);

    }
    if(i==8)i=0;                                   //只有 8 个灯
    }
}
```

程序下载之后，如果发送接收正确，可观察到 P1 口的发光二极管成流水灯样式。如果断开 TXD 和 RXD 的连线，则就看不到了。

习　　题

一、填空题

1. 51 系列单片机上有一个全双工的串行口，发送时数据由_____端送出，接收时数据由_____端输入。

2. 51 单片机的串行口有四种工作方式，通过设置特殊功能寄存器_____的 SM0 和 SM1 来选择。

3. 在串行通信中，收发双方对波特率的设定应该是_____的。

4. 某 8031 串行口，传送数据的帧格式由 1 个起始位(0)、7 个数据位、1 个偶校验位和 1 个停止位(1)组成。当该串行口每分钟传送 1800 个字符时，则波特率为_____。

5. 假定串行口串行发送的字符格式为 1 个起始位、8 个数据位、1 个奇校验位、1 个停止位，请画出传送字符"A"的帧格式_____。

二、选择题

1. 串行口工作方式 1 是(　　)位异步通信方式。
   A. 8   B. 10
   C. 16   D. 13

2. 串行口借用了特殊功能寄存器(　　)的 D7 位 SMOD 作为串行口波特率系数控制位。
   A. PCON   B. TCON
   C. T2CON   D. SCON

3. 下列说法中，正确的为(　　)(选择最全面的答案)。
   (1) 串行口通信的第 9 数据位的功能可由用户定义。
   (2) 发送数据的第 9 数据位的内容是在 SCON 寄存器的 TB8 位预先准备好的。

(3) 串行通信发送时，指令把 TB8 位的状态送入发送 SBUF。

(4) 串行通信接收到的第 9 位数据送 SCON 寄存器的 RB8 中保存。

(5) 串行口方式 1 的波特率是可变的，通过定时/计数器 T1 的溢出设定。

A. (1)(4)   B. (1)(3)(4)

C. (1)(2)(4)(5)   D. (2)(3)(4)(5)

4. 通过串行口发送或接收数据时，在程序中应使用(   )指令。

A. MOVC   B. MOVX

C. MOV   D. XCHD

5. 串行口工作方式 1 的波特率是(   )。

A. 固定的，为 $f_{osc}/32$

B. 固定的，为 $f_{osc}/16$

C. 可变的，通过定时/计数器 T1 的溢出率设定

D. 固定的，为 $f_{osc}/64$

三、上机题

1. 接线如图 9.15 所示，编一个自发自收程序，检查单片机的串行口是否完好，f=12MHz，波特率＝600，取 SMOD＝0。

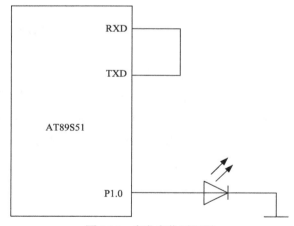

图 9.15   自发自收原理图

2. 编写一个双机通信程序。已知如下条件：

- 某个 51 单片机的双机通信系统波特率为 4800，f_{osc}＝12MHz。
- 将甲机片外 RAM3400H～34A0H 的数据块通过串行口传送到乙机的片外 RAM 4400H～44A0H 单元中去。

3. 利用 AT89S51 串行口设计四位静态数码管显示器，要求四位显示器上每隔 1s 交替显示"1357"和"2468"，可以参考图 9.16。

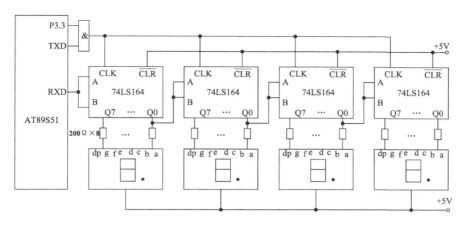

图 9.16　上机题第 3 题图

第10章　51单片机的A/D与D/A转换

在工业控制和电气控制领域中，很多情况下单片机都是用来进行实时控制和数据处理的，而一些被测、被控的参量常常是一些连续变化的量，即模拟量，如温度、电压、电流、压力等。但是单片机只能加工和处理数字量，因此在单片机应用中凡遇到有模拟量的地方，就要进行模拟量向数字量或数字量向模拟量的转换，也就出现了单片机的数/模和模/数转换的问题。

目前这些数/模以及模/数转换器都已经被集成化，并具有体积小、功能强、可靠性高、误差小、功耗低等特点，能很方便地与单片机进行连接和设计。

10.1　数/模转换

单片机中的数字量是非连续变化的物理量，由于计算机只能处理数字量，需要把数字量转换为模拟电压信号，于是数/模转换设备应运而生。本节将介绍数/模转换芯片的原理、与单片机的接口以及编程实现。

10.1.1　D/A 转换器

D/A 转换器的常见结构是由权电阻网络组成的解码结构，数字量通过电路中的开关来控制权电阻的接入和移除。

1. D/A 转换器原理

权电阻解码网络的结构如图 10.1 所示。

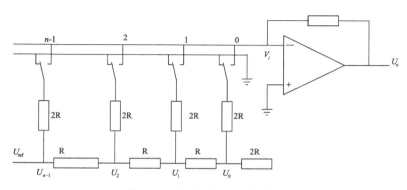

图 10.1　权电阻解码网络结构

数/模转换器(D/A)就是一种把数字信号转换成为模拟电信号的器件。它的基本要求是

输出电压 U_O 应该和输入数字量 B 成正比，即

$$U_O = -B^* \frac{U_{ref}}{2}$$

式中，B 为输入的数字量，U_{ref} 为模拟电压值。

每一个数字量都是数字代码的按位组合，每一位数字代码都有一定的"权"，都对应一定大小的模拟量。为了将数字量转换成模拟量，应该将其每一位都转换成相应的模拟量，然后求和，即可得到与数字量成正比的模拟量。

2. D/A 转换器主要性能指标

有关 D/A 转换器的技术性能指标很多，如分辨率、线性度、转换精度、建立时间、接口形式等。下面介绍一些主要的性能指标。

(1) 分辨率

分辨率是 D/A 转换器对输入量变化敏感程度的描述，与输入数字量的位数有关。如果数字量的位数为 n，则 D/A 转换器的分辨率为 2^n。这就意味着数/模转换器能对满刻度的 2^n 输入量做出反应。例如，八位数的分辨率为 1/256，十位数的分辨率为 1/1024 等。因此数字量位数越多，分辨率也就越高，亦即转换器对输入量变化的敏感程度也就越高。使用时，应根据分辨率的需要来选定转换器的位数。DAC 常可分为 8 位、10 位、12 位三种，例如，单片集成 D/A 转换器 AD7541 的分辨率为 12 位，单片集成 D/A 转换器 DAC0832 的分辨率为 8 位等。

(2) 线性度

通常用非线性误差的大小表示 D/A 转换器的线性度。并且，把理想的输入/输出特性的偏差与满刻度输出之比的百分数定义为非线性误差。

例如，单片集成 D/A 转换器 AD7541 的线性度(非线性误差)为小于等于 ±0.02%FSR (FSR 为满刻度的英文缩写)。

(3) 转换精度

转换精度以最大静态转换误差的形式给出。这个转换误差应该是非线性误差、比例系数误差以及漂移误差等综合误差。但是有的产品说明中，只是分别给出各项误差，而不给出综合误差。

应该注意，精度和分辨率是两个不同的概念。精度是指转换后所得的实际值对于理想值的接近程度，而分辨率是指能够对转换结果以后影响最小的输入量，分辨率很高的 D/A 转换器并不一定具有很高的精度。

(4) 建立时间

建立时间是描述 D/A 转换速度快慢的一个参数，指从输入数字量开始变化到输出达到终值误差 ±(1/2)LSB(最低有效位)时所需的时间。通常以建立时间来表示转换速度。转换器的输出形式为电流时，建立时间较短；而输出形式为电压时，由于建立时间还要加上运算放大器的延迟时间，因此建立时间要长一点。但总的来说，D/A 转换速度远高于 A/D 转换，例如快速的 D/A 转换器的建立时间可达 1μs。

(5) 接口形式

D/A 转换器与单片机接口方便与否，主要决定于转换器本身是否带有数据锁存器。总的来说，有两类 D/A 转换器，一类是不带锁存器的，另一类是带锁存器的。对于不带锁存器的 D/A 转换器，为了保存来自单片机的转换数据，接口时要另加锁存器，因此这类转换器必须在口线上；而带锁存器的 D/A 转换器，可以把它看作是一个输出口，因此可直接在数据总线上，而不需另加锁存器。

10.1.2　D/A 转换芯片 DAC0832

DAC0832 是一个八位 D/A 转换器。单电源供电，+5～+15V 均可正常工作。分辨率为八位(满度量程的 1/256)；基准电压的范围为±10V；电流建立时间为 1μs；CMOS 工艺；20mW 低功耗。DAC0832 转换器芯片为 20 引脚、双列直插式封装，其引脚排列如图 10.2 所示。

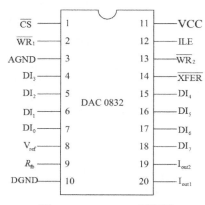

图 10.2　DAC0832 引脚图

1. DAC0832 的引脚说明

D/A 转换电路是一个 R-2RT 型电阻网络，可实现八位数据的转换。对各引脚信号说明如下。

- $DI_7 \sim DI_0$：转换数据输入。
- $\overline{CS}$：片选信号(输入)，低电平有效。
- ILE：数据锁存允许信号(输入)，高电平有效。
- $\overline{WR_1}$：第 1 写信号(输入)，低电平有效。该信号与 ILE 信号共同控制输入寄存器是数据直通方式还是数据锁存方式。当 ILE=1 和 $\overline{WR_1}$=0 时，为输入寄存器数据直通方式；当 ILE=1 和 $\overline{WR_1}$=1 时，为输入寄存器数据锁存方式。
- $\overline{XFER}$：数据传送控制信号(输入)，低电平有效。
- $\overline{WR_2}$：第 2 写信号(输入)，低电平有效。该信号与 $\overline{XFER}$ 和共同控制 DAC 寄存器是数据直通方式还是数据锁存方式。当 $\overline{WR_2}$=0 和 $\overline{XFER}$=0 时，为 DAC 寄存器数据直通方式；当 $\overline{WR_2}$=1 和 $\overline{XFER}$=0 时，为 DAC 寄存器数据锁存方式。

- I_{out1}：电流输出 1。当数据全为 1 时，输出电流最大；当全为 0 时输出电流最小。
- I_{out2}：电流输出 2。

DAC 转换器的特性之一是：$I_{out1} + I_{out2} =$ 常数。

- R_{fb}：反馈电阻端。即为运算放大器的反馈电阻端，电阻(15kΩ)已经固化在芯片中，因为 DAC0832 是电流输出型的 D/A 转换器，为了取得电压的输出，需在两个电流输出端接运算放大器，R_{fb} 即为运算放大器反馈电阻。运算放大器的接法如图 10.3 所示。

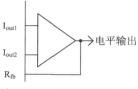

图 10.3　运算放大器的接法

- V_{ref}：基准电压，其电压可正可负，范围 -10～+10V。
- DGND：数字地。
- AGND：模拟地。

2. DAC0832 的内部结构

DAC0832 的内部结构框图如图 10.4 所示。芯片内的 D/A 转换电路是一个 R-2R T 型电阻网络。数据输入通道由输入寄存器和 DAC 寄存器构成两级数据输入锁存，由 3 个与门电路组成控制逻辑，产生 $\overline{LE_1}$ 和 $\overline{LE_2}$ 信号，分别对两个输入寄存器进行控制。当 $\overline{LE_1}$ ($\overline{LE_2}$)=0 时，数据进入寄存器被锁存；当 $\overline{LE_1}$($\overline{LE_2}$)=1 时，锁存器的输出跟随输入。这样在使用时就可以根据需要，对数据输入采用两级锁存(双锁存)形式，或单级锁存(一级锁存一级直通)形式，或直接输入(两级直通)形式。

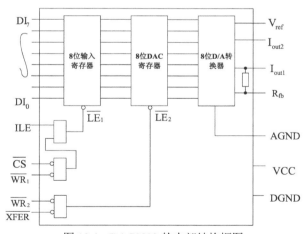

图 10.4　DAC0832 的内部结构框图

两级输入锁存，可使 D/A 转换器在转换前一个数据的同时，就将下一个待转换数据预先送到输入寄存器，以提高转换速度。此外，在使用多个 D/A 转换器分时输入数据的情况下，两级缓冲可以保证同时输出模拟电压。

3. DAC0832 的工作方式

当 DAC0832 进行 D/A 转换时，可以采用两种方法对数据进行锁存。

第一种方法是使输入寄存器工作在锁存状态，而 DAC 寄存器工作在直通状态。具体地说，就是使 $\overline{WR_2}$ 和 $\overline{XFER}$ 都为低电平，DAC 寄存器的锁存选通端得不到有效电平而直通。此外，使输入寄存器的控制信号 ILE 处于高电平、$\overline{CS}$ 处于低电平，这样，当 $\overline{WR_1}$ 端来一个负脉冲时，就可以完成一次转换。

第二种方法是使输入寄存器工作在直通状态，而 DAC 寄存器工作在锁存状态。就是使 $\overline{WR_1}$ 和 $\overline{CS}$ 为低电平，ILE 为高电平，这样，输入寄存器的锁存选通信号处于无效状态而直通；当 $\overline{WR_2}$ 和 $\overline{XFER}$ 端输入 1 个负脉冲时，使得 DAC 寄存器工作在锁存状态，提供锁存数据进行转换。

根据上面对 DAC0832 的输入寄存器和 DAC 寄存器不同的控制方法介绍，DAC0832 有如下三种工作方式：

- 单缓冲方式。单缓冲方式是指控制输入寄存器和 DAC 寄存器同时接收资料，或者只用输入寄存器而把 DAC 寄存器接成直通方式。此方式适用只有一路模拟量输出或几路模拟量异步输出的情形。
- 双缓冲方式。双缓冲方式是指先使输入寄存器接收资料，再控制输入寄存器的输出资料到 DAC 寄存器，即分两次锁存输入资料。此方式适用于多个 D/A 转换同步输出的情形。
- 直通方式。直通方式是指资料不经两级锁存器锁存，即 $\overline{WR_1}$、$\overline{WR_2}$、$\overline{XFER}$、$\overline{CS}$ 均接地，ILE 接高电平。此方式适用于连续反馈控制线路，不过在使用时，必须通过另加 I/O 接口与 CPU 连接，以匹配 CPU 与 D/A 转换。

10.1.3　DAC0832 应用实例

【例 10-1】试利用单缓冲方式在图 10.5 所示的运放输出端输出一个锯齿波电压信号。

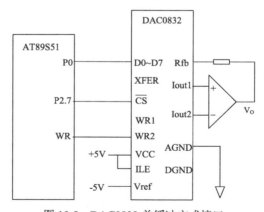

图 10.5　DAC0832 单缓冲方式接口

程序如下：

```
#include < absacc.h >
#include < reg51.h >
#define DA0832 XBYTE[0xfffe]
```

```
#define uchar unsigned char
#define uint unsigned int

void stair (void)
{
    uchar i;
    while(1)
    {
        for(i = 0; i <= 255; i = i++)              /*形成锯齿波输出值，最大 255*/
        {
            DA0832 = i;                            /*D/A 转换输出*/
        }
    }
}
```

【例 10-2】 试利用缓冲方式为图 10.6 所示的两路模拟量同步输出的系统编写程序。

分析： $\overline{WR1}$ 和 $\overline{WR2}$ 一起接 8051 的 $\overline{WR}$， $\overline{CS}$ 和 $\overline{XFER}$ 共同连接在 P2.7，因此两个寄存器的地址相同。

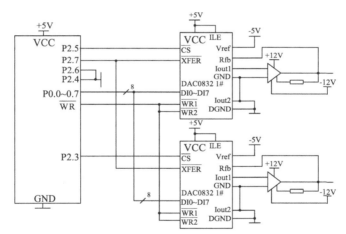

图 10.6　DAC0832 双缓冲方式接口

程序如下：

```
#include < absacc.h >
#include < reg51.h >

#define INPUTR1 XBYTE[0x8fff]
#define INPUTR2 XBYTE[0xa7ff]
#define DACR    XBYTE[0x2fff]
#define uchar unsigned char

void dac2b(uchar data1,uchar data2)
{
```

```
        INPUTR1 = data1;                    /*送数据到一片 DAC0832*/
        INPUTR2 = data2;                    /*送数据到另一片 DAC0832*/
        DACR = 0;                           /*启动两路 D/A 同时转换*/
    }
```

10.2　模/数转换

A/D 转换器可实现模拟信号到数字信号的转换。A/D 转换种类繁多，分为两大类，一类是直接 A/D 转换器，即指直接将输入的数字信号转换为输出的模拟信号；一类是间接 D/A 转换器，即先将输入的数字信号转换为某种中间量，然后再把这种中间量转换成为输出的模拟信号，如 V/F 变换器。本节将主要介绍直接 A/D 转换器。

10.2.1　A/D 转换器

A/D 转换器能把输入模拟电压或电流转变成与其成正比的数字量，即能把各种模拟信息转换成计算机可识别的数字信息。

1. A/D 转换器原理

A/D 转换器按转换原理可分为 4 种，即计数式 A/D 转换器、双积分式 A/D 转换器、逐次逼近式 A/D 转换器和并行式 A/D 转换器。

目前最常用的是双积分式 A/D 转换器和逐次逼近式 A/D 转换器。双积分式 A/D 转换器的主要特点是转换精度高、抗干扰性能好、价格便宜，但转换速度较慢。另一种逐次逼近式 A/D 转换器是一种速度较快、精度较高的转换器。其转换时间大约在几 μs 到几百 μs 之间。

本部分将主要介绍逐次逼近式 A/D 转换器的原理。

逐次逼近式 A/D 转换器的原理图如图 10.7 所示。

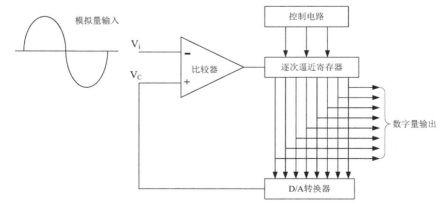

图 10.7　逐次逼近式 A/D 转换器的原理图

逐次逼近式 A/D 转换器的原理类似于天平称重量时的尝试法，逐步用砝码的累积重量去迫近被称物体。例如用 8 个重量为 2^0、2^1、2^2、2^3、2^4、2^5、2^6、2^7g 的砝码，可以称出重量在 0~255g 之间的物体。逐次逼近式 A/D 转换器的工作过程如下：

(1) ADC 从高到低逐次给 SAR 的每一位"置 1"(即加上不同权重的砝码)，SAR 相当于放砝码的托盘。

(2) 每次 SAR 中的数据经 D/A 转换为电压 V_C。

(3) V_C 与输入电压 V_i 比较，若 $V_C \leqslant V_i$，保留当前位的 1，否则当前位置 0。

(4) 从高到低逐次比较下去，直到 SAR 的每一位都尝试完。

(5) SAR 内的数据就是与 V_i 相对应的二进制数。

现在以称量 158g 黄金的过程来具体说明逐次逼近式 A/D 转换器的转换过程。步骤如下：

(1) 令当前寄存器为二进制 0B 1000 0000 即十进制 128，发现 158>128，所以保留最高位的 1。

(2) 令当前寄存器为二进制 0B 1100 0000 即十进制 192，发现 158<192，所以舍弃 D6 位的 1。

(3) 令当前寄存器为二进制 0B 1010 0000 即十进制 160，发现 158<160，所以舍弃 D5 位的 1。

(4) 令当前寄存器为二进制 0B 1001 0000 即十进制 144，发现 158>144，所以保留 D4 位的 1。

(5) 令当前寄存器为二进制 0B 1001 1000 即十进制 152，发现 158>152，所以保留 D3 位的 1。

(6) 令当前寄存器为二进制 0B 1001 1100 即十进制 156，发现 158>156，所以保留 D2 位的 1。

(7) 令当前寄存器为二进制 0B 1001 1110 即十进制 158，发现 158=158，所以保留 D1 位的 1。

(8) 令当前寄存器为二进制 0B 1001 1111 即十进制 159，发现 158<159，所以舍弃 D0 位的 1。

最后得数字 0B 1001 1110，即为 158。

2. A/D 转换器的性能指标

A/D 转换器的技术性能指标很多，如分辨率、量化误差、转换时间、绝对精度、相对精度、漏码等。下面介绍一些主要的性能指标。

(1) 分辨率

对于 ADC 来说，分辨率表示输出数字量变化一个相邻数码所需输入模拟电压的变化量。转换器的分辨率定义为满刻度电压与 2^n 之比值，其中 n 为 ADC 的位数。例如，12 位分辨率的 ADC 能够分辨出满刻度的 $1/2^n$，一个 10V 满刻度的 12 位 ADC 能够分辨输入电压变化的最小值为 2.4mV。

(2) 量化误差(Quantizing Error)

量化误差是在 A/D 转换中由于整量化所产生的固有误差。

(3) 转换时间(Conversion Time)

转换时间指 A/D 完成一次转换所需要的时间。

(4) 绝对精度(Relative Precision)

绝对精度指 A/D 转换器的输出端所产生的数字代码中,分别对应于实际需要的模拟输入值与理论上要求的模拟输入值之差。

(5) 相对精度(Absolute Precision)

相对精度指满度值校准以后,任一数字输出所对应的实际模拟输入值(中间值)与理论值(中间值)之差。

(6) 漏码(Missed Code)

如果模拟输入连续增加(或减小),数字输出并不是连续增加(或减小),而是越过某一个数字,即出现漏码。

10.2.2　A/D 转换芯片 ADC0809

ADC0809 是逐次逼近式 A/D 转换器,带有 8 个模拟量输入通道,芯片内带通道地址译码锁存器,输出时带三态数据锁存器,启动信号为脉冲启动方式,每一通道的转换大约需 100μs。

1. ADC0809 的内部逻辑结构

ADC0809 内部逻辑结构如图 10.8 所示。由图可知,ADC0809 由一个八路模拟开关、一个地址锁存与译码器、一个 A/D 转换器和一个三态输出锁存器组成。

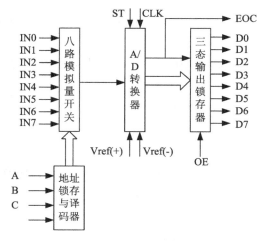

图 10.8　ADC0809 的内部逻辑结构

多路开关可选通 8 个模拟通道,允许八路模拟量分时输入,共用 A/D 转换器进行转换。三态输出锁存器用于锁存 A/D 已转换完的数字量,当 OE 端为高电平时,才可以从三态输出锁存器中取走转换完的数据。地址锁存与译码电路完成对 A、B、C 三个地址位的锁存和译码，其译码输出用于通道选择，如表 10.1 所示。八位 A/D 转换器是逐次逼近式，由控制与时序电路、逐次逼近寄存器、树状开关以及 256R 电阻阶梯网络等组成。输出锁存器用于存放和输出转换得到的数字量。

表 10.1   模拟通道地址码

地 址 码			选通模拟通道
C	B	A	
0	0	0	IN0
0	0	0	IN1
0	0	1	IN2
0	1	0	IN3
0	1	1	IN4
1	0	0	IN5
1	1	0	IN6
1	1	1	IN7

2. ADC0809 的信号引脚

ADC0809 芯片为 28 引脚、双列直插式封装，其引脚排列如图 10.9 所示。

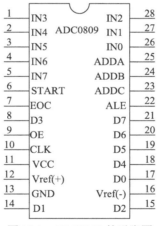

图 10.9   ADC0809 的引脚图

对主要信号引脚的功能说明如下：

- IN7～IN0：8 个模拟通道输入端。ADC0809 对输入模拟量的要求主要有：信号单极性，电压范围 0～5V，若信号过小还需进行放大。另外，模拟量输入在 A/D 转换过程中其值不应变化太快，因此对变化速度快的模拟量，在输入前应增加采样保持电路。
- ADDA、ADDB 和 ADDC：通道地址线。CBA 的 8 种组合状态 000～111 对应了 8 个通道的选择，其对应关系见表 10.1。
- ALE：地址锁存允许信号。对应 ALE 上跳沿，A、B、C 地址状态送入地址锁存器中。
- START：转换启动信号。START 上跳沿时，所有内部寄存器清 0；START 下跳沿时，开始进行 A/D 转换；在 A/D 转换期间，START 应保持低电平。

- D7～D0：数据输出线。数据输出线为三态缓冲输出形式，可以和单片机的数据线直接相连。
- OE：输出允许信号。用于控制三态输出锁存器向单片机输出转换得到的数据。OE=0，输出数据线呈高电阻；OE=1，输出转换得到的数据。
- CLK：时钟信号。ADC0809 的内部没有时钟电路，所需时钟信号由外界提供，因此有时钟信号引脚。通常使用频率为 500kHz 的时钟信号。
- EOC：转换结束信号。EOC=0，正在进行转换；EOC=1，转换结束。该状态信号既可作为查询的状态标志，又可以作为中断请求信号使用。
- $\overline{V_{CC}}$：+5V 电源。
- $\overline{V_{ref}}$：参考电源。参考电压用来与输入的模拟信号进行比较，作为逐次逼近的基准。其典型值为+5V($V_{ref}(+)$=+5V，$V_{ref}(-)$=0V)。

GND：电源接地。

3. ADC0809 的工作时序

ADC0809 的工作时序如图 10.10 所示。

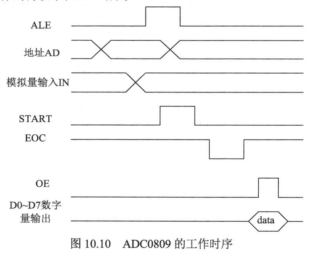

图 10.10　ADC0809 的工作时序

根据时序图，ADC0809 的工作过程如下：

(1) 把通道地址送到 ADDA～ADDC 上，选择一个模拟输入端。

(2) 在通道地址信号有效期间，ALE 上的上升沿把该地址锁存到内部地址锁存器。

(3) START 引脚上的下降沿启动 A/D 变换。

(4) 变换开始后 EOC 引脚呈现低电平，EOC 重新变为高电平时表示转换结束。

(5) OE 信号打开输出锁存器的三态门并送出转换结果。

10.2.3　MCS-51 单片机与 ADC0809 接口

ADC0809 与 8051 单片机的连接如图 10.11 所示。

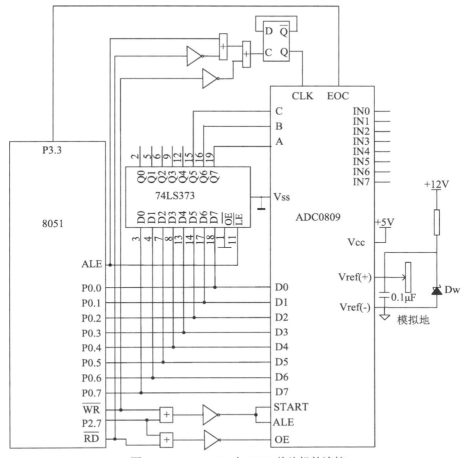

图 10.11　ADC0809 与 8051 单片机的连接

按图 10.11 中的片选线接法，ADC0809 的模拟通道 0～7 的地址为 7FF8H～7FFFH。输入电压为 $V_{IN} = D \times V_{ref} / 255 = 5D/255$。其中，D 为采集的数据字节。

ADC0809 的启动信号 START 由片选线 P2.7 与写信号 $\overline{WR}$ 的"或非"产生。这需要一条 ADC0809 的写操作指令来启动转换。ALE 与 START 相连，即按打入的通道地址接通模拟量并启动转换。输出允许信号 OE 由读信号 $\overline{RD}$ 与片选线 P2.7"或非"产生，即一条 ADC0809 的读操作使数据输出。

A/D 转换后得到的是数字量的数据，这些数据应传送给单片机进行处理。数据传送的关键问题是如何确认 A/D 转换完成，因为只有确认数据转换完成后，才能进行传送。为此可采用下述三种方式。

1. 传送方式

对于一种 A/D 转换器来说，转换时间作为一项技术指标是已知的和固定的。例如，ADC0809 的转换时间为 128μs，相当于 6MHz 的 MCS-51 单片机共 64 个机器周期。可据此设计一个延时子程序，A/D 转换启动后即调用这个延时子程序，延迟时间一到，转换肯定已经完成了，接着就可进行数据传送。

2. 查询方式

A/D 转换芯片有表明转换完成的状态信号，如 ADC0809 的 EOC 端。因此用查询方式软件测试 EOC 的状态，即可确知转换是否完成，然后进行数据传送。

3. 中断方式

表明转换完成的状态信号(EOC)作为中断请求信号，以中断方式进行数据传送。

若 EOC 信号送到单片机的 $\overline{\text{INT0}}$，可以采用查询该引脚或中断的方式进行转换后数据的传送。

不管使用上述哪种方式，只要一旦确认转换完成，即可通过指令进行数据传送。首先送出口地址并以 $\overline{\text{RD}}$ 作选通信号，当 $\overline{\text{RD}}$ 信号有效时，OE 信号即有效，把转换数据送上数据总线，供单片机接收。

【例 10-3】根据图 10.11 编写一个采集八路模拟信号的单片机程序，要求从 ADC0809 的 8 个通道轮流采集一次数据，并且采集的结果放在数组 ad 中。

程序如下：

```c
#include <absacc.h>
#include <reg51.h>

#define uchar unsigned char
#define IN0 XBYTE[0x7ff8]              /*设置 ADC0809 的通道 0 地址*/

sbit ad_busy = P3^3;                   /*即 EOC 状态*/

void ad0809(uchar idata *x)            /*A/D 采集函数*/
{
    uchar i;
    uchar xdata *ad_adr;
    ad_adr = &IN0;

    for(i = 0; i < 8; i++)             /*处理 8 通道*/
    {
        *ad_adr = 0;                   /*启动转换*/
        i = i;                         /*延时等待 EOC 变低*/
        i = i;
        while (ad_busy == 0);          /*查询等待，转换结束*/
        x[i] = *ad_adr;                /*存转换结果*/
        ad_adr++;                      /*下一通道*/
    }
}

void main(void)
{
    static uchar idata ad[10];
    ad0809(ad);                        /*采样 AD0809 通道的值*/
}
```

10.3　本 章 小 结

本章主要介绍了单片机的数/模、模/数转换接口，详细介绍了转换器的工作原理、转换芯片 DAC0832/ADC0809 的内部结构、工作方式以及和单片机的连接方式，最后用简单的例子介绍了编程方法。

通过本章的学习，读者应该掌握以下几个知识点：

- 理解数字量和模拟量，知道它们之间的转换有哪些转换器件。
- 理解数/模转换和模/数转换的原理以及相应转换器件的主要性能指标。
- 掌握常用芯片的电路连接及其编程方法。

实验与设计

实验 10-1　简易直流电源的设计

1. 实现思路

电路原理图如图 10.12 所示。由于 DAC0832 一般是电流输出型的，因此首先要将电流信号转换成稳定的电压才能进行输出检测。同时，在本实验中，采用的参考电压是 +5V，所以当数字量输入在 00H～FFH 范围时电压输出量为 0～+5V，这种方式称为单极型输出，若电压输出为 ±5V，则称为双极型输出。实际应用中需要单极型输出，也需要双极型输出。综上所述，电路中需要用两片运算放大器 LM741 才能实现电流到电压的转换以及两种极性的输出。

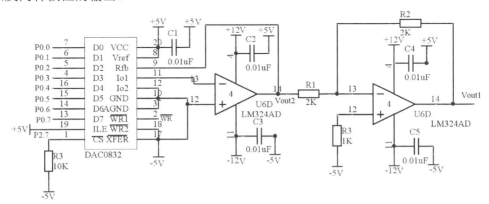

图 10.12　简易直流电源的接线图

2. 程序设计

如果使 DAC0832 的输出为 1.5V 电压,编程时控制 DAC0832 的控制码为 1.5÷5×255,

取其整数部分为 77，十六进制为 0X4DH。那么输出 1.5V 电压的程序设计如下：

```
#include<reg51.h>
#include<absacc.h>
#define DAC0832 XBYTE[0X7FFF]                    //DAC0832 使能 P2.7
#define Vref 5                                   //参考电压 Vref=5V

void delay(unsigned long n)                      //延时函数
{
    for(;n>0;n--);
}

void change(unsigned int a)                      //输出函数
{
    unsigned char i;
    i=(unsigned char)(a*255/Vref);               //计算控制码
    DAC0832=i;
}
void main(void)
{
    unsigned int a=1.5*1000;                     //输出 1.5V 电压
    while(1)
    {
        change(a);                               //输出
        delay(100);
    }
}
```

把程序下载到单片机后，可以用万用表来观察 V_{out1} 和 V_{out2} 的值是否为 1.5V。

实验 10-2　简单数字电压表的设计

1. 实现思路

电路原理图如图 10.13 所示，图中分别给出了 ADC0809 和共阳数码管的连线图。在 ADC0809 部分，D0～D7 接单片机 P1 口，利用 IN0 进行模拟通道输入，因此 A、B、C 均接地。ALE 和 ST 信号接单片机的 P2.5，时钟信号 CLK 接单片机的 P2.4，输出允许信号 OE 接单片机的 P2.7，转换结束信号 EOC 接 P2.6 口。数码管的接法可以参考图 10.13。

这样就可以利用单片机 AT89S51 与 ADC0809 设计一个数字电压表，能够测量 0～5V 之间的直流电压值，并且进行四位数码显示。

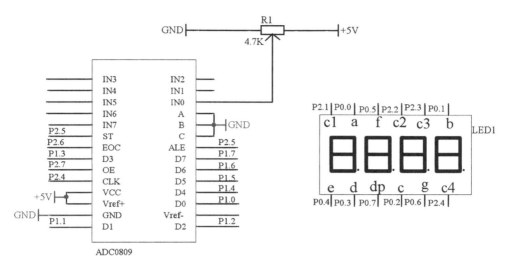

图 10.13　简单数字电压表的设计

2. 程序设计

由于 ADC0809 在进行 A/D 转换时需要有 CLK 信号，而此时的 ADC0809 的 CLK 是接在 AT89S51 单片机的 P2.4 端口上，也就是要求从 P2.4 输出 CLK 信号供 ADC0809 使用。因此产生 CLK 信号的方法就得用软件来产生了，本程序采用定时器 T0 来产生信号。

同时，由于 ADC0809 的参考电压 V_{ref}=VCC，所以转换之后的数据要经过数据处理在数码管上显示出电压值。实际显示的电压值为 $D/256*V_{ref}$。程序如下：

```c
#include <AT89X52.H>
#include<absacc.h>
#include "intrins.h"
#define delayNOP(); {_nop_();_nop_();_nop_();_nop_();};
unsigned char code dispbitcode[]={0x01,0x02,0x04,0x08,
                                  0x10,0x20,0x40,0x80};
unsigned char code dispcode[]={0xc0,0xf9,0xa4,0xb0,0x99,0x92,0x82,0xf8,0x80,0x90,0xbf,0xff};
unsigned char dispbuf[8]={10,10,10,10,0,0,0,0};
unsigned char dispcount;
unsigned char getdata;
unsigned int temp;
unsigned char i;

sbit ST=P2^5;                          //ST=P3^0;
sbit OE=P2^7;
sbit EOC=P2^6;                         //EOC=P3^2;
sbit CLK=P2^4;

void main(void)
```

```
    {
      ST=0;
      OE=0;                          //禁止输出
      ET0=1;                         //开中断
      ET1=1;
      EA=1;                          //开中断
      TMOD=0x12;                     //定时器T1为方式1，定时器T0为方式2
      TH0=214;                       //定时器T0载入计数值
      TL0=214;
      TH1=(65536-4000)/256;          //定时器T1载入计数值
      TL1=(65536-4000)%256;
      TR1=1;                         //启动定时器
      TR0=1;
      ST=1;                          //A/D转换开始
      delayNOP();
      ST=0;
      while(1)
        {
          if(EOC==1)                 //变为高电平，则A/D转换完成
            {
              OE=1;                  //允许输出
              getdata=P1;            //读入转换数据
              OE=0;                  //禁止输出
              temp=getdata*5;
              temp=temp/256;
              i=3;
              dispbuf[0]=11;         //全黑
              dispbuf[1]=11;
              dispbuf[2]=11;
              dispbuf[3]=11;
              dispbuf[4]=11;
              dispbuf[5]=11;
              dispbuf[6]=11;
              dispbuf[7]=11;
              while(temp/10)
                {
                  dispbuf[i]=temp%10;  //求低位
                  temp=temp/10;        //转换高位
                  i--;
                }
              dispbuf[i]=temp;       //所求的数保存
              ST=1;
          delayNOP();
              ST=0;                  //启动A/D转换
```

```
            }
          }
        }

    void t0(void) interrupt 1 using 0
    {
      CLK=~CLK;
    }


    void t1(void) interrupt 3 using 0
    {
      TH1=(65536-3000)/256;
      TL1=(65536-3000)%256;
      P0=dispcode[dispbuf[dispcount]];
      P2=dispbitcode[dispcount];
      if(dispcount==7)
        {
          P0=P0 | 0x80;
        }
      dispcount++;
      if(dispcount==8)
        {
          dispcount=0;
        }
    }
```

习　　题

一、填空题

1. A/D 转换器的作用是将_____量转为_____量；D/A 转换器的作用是将_____量转为_____量。

2. 从输入模拟量到输出稳定的数字量的时间间隔是 A/D 转换器的技术指标之一，称为_____。

3. 若某八位 D/A 转换器的输出满刻度电压为+5V，则该 D/A 转换器的分辨率为_____V。

4. 使用双缓冲方式的 D/A 转换器，可以实现多路模拟信号的_____输出。

5. 为把数/模转换器转换的数据传送给单片机，可以用使用的控制方式有_____、_____和_____三种。

二、选择题

1. ADC0809 芯片是 m 路模拟输入的 n 位 A/D 转换器，m、n 是( )。

    A. 8、8   B. 8、9

    C. 8、16   D. 1、8

2. 若 LED 数码管的显示采用动态显示，须( )。

    A. 将各位数码管的位选线并联

    B. 将各位数码管的段选线并联

    C. 将位选线用一个 8 位输出口控制

    D. 将段选线用一个 8 位输出口控制

    E. 输出口加驱动电路

3. DAC0832 利用( )控制信号可以构成三种不同的工作方式。

    A. $\overline{\text{WR2}}$ B. $\overline{\text{XFER}}$

    C. ILE   D. $\overline{\text{WR1}}$

    E. $\overline{\text{CS}}$

4. 当 DAC0832 D/A 转换器的 $\overline{\text{CS}}$ 接 8031 的 P2.0 时，程序中 0832 的地址指针 DPDR 寄存器应置为( )。

    A. 0832H   B. FE00H

    C. FEF8H   D. 以上三种都可以

三、上机题

1. 设计 AT89S51 和 DAC0832 接口，要求地址为 F7FFH，满量程电压为 5V，采用单缓冲工作方式，原理图如图 10.14 所示。试编程输出满足如下要求的模拟电压。

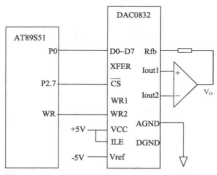

图 10.14 AT89S51 和 DAC0832 的接口图

- 幅度为 3V，周期不限的三角波电压。
- 幅度为 4V，周期为 2ms 的方波。
- 周期为 5ms 的阶梯波，阶梯的电压幅度分别为 0V、1V、2V、3V、4V、5V，每一阶梯为 1ms。

2. 设计 AT89C51 和 ADC0809 的接口，采集二通道的 10 个数据，存入内部 RAM 的 50H～

59H，电路图参考图 10.15。试编出查询方式的程序。

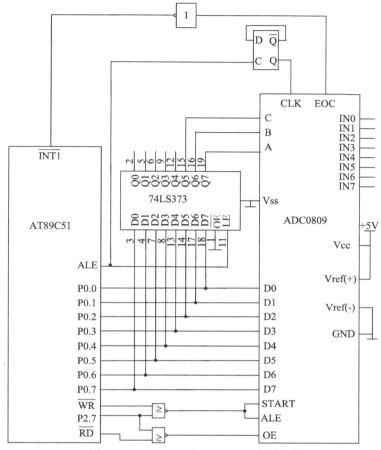

图 10.15　AT89C51 和 ADC0809 的接口图

注意：ADC0809 采集 8 路模拟信号，顺序采集第一次，将采集结果存放于用户定义的数组中。

ADC0809 模拟通道 0～7 的地址为 7FF8H～7FFFH，以 P1.0 查询 ADC0809 的转换结束

端 EOC。

读者可以参考提示来编写程序，也可以按照自己的思路去设计。

3．设计 AT89S51 和 DAC0832 的接口，采用单缓冲方式，将内部 RAM20H～21H 单元的数据转换成模拟电压，每隔 1ms 输出一个数据。实验原理图可以参考图 10.14。

第11章 输入设备

单片机系统要进行人机交互就必须有输入设备和输出设备，通过输入设备，用户可以向系统输入信息或控制系统的运行；输出设备可以指示系统的运行状态，用户通过输出设备观察系统是否正常工作。本章主要介绍输入设备、键盘原理及接口、与8051的连接以及软件编程的实现。

11.1　输入设备的分类及结构

最简单的输入设备有开关、按钮和按键，它们可以实现一些简单的控制功能；而复杂一点的输入设备就是键盘。通过这些开关和按键可以向CPU输入数据信息。

11.1.1　开关和按键

单片机系统中常用的开关为DIP(双列直插式)封装。一般使用时将DIP开关的两端分别接在电路中需要连接和断开的地方，当DIP开关推到ON端时两端的线路接通，当推到OFF端时两端断开连接。DIP开关原理的简单示意图如图11.1所示。

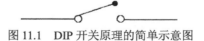

图 11.1　DIP 开关原理的简单示意图

按键按照结构原理可分为两类，一类是触点式开关按键，如机械式开关、导电橡胶式开关等；另一类是无触点式开关按键，如电气式按键、磁感应按键等。前者价格便宜，后者寿命长、安全性好但比较贵。

11.1.2　按键去抖动

按键通常使用机械触点式按键开关。机械式按键在按下或释放时，由于机械弹性作用的影响，通常伴随有一定时间的触点机械抖动，然后其触点才稳定下来。其抖动过程如图11.2所示，抖动时间的长短与开关的机械特性有关，一般为5～10ms。

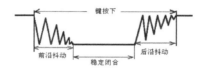

图 11.2　按键触点的机械抖动

在触点抖动期间检测按键的通与断状态，可能会导致判断出错。即按键一次按下或释放被错误地认为是多次操作，这种情况是不允许出现的。为了克服按键触点机械抖动所导致的检测误判，则必须采取去抖动措施，可从硬件、软件两方面予以考虑。

1. 硬件去抖

在硬件上可采用在键输出端加 R-S 触发器(双稳态触发器)或单稳态触发器构成去抖动电路(如图 11.3 所示)。一般在键数较少的情况下采用，在此不作介绍。

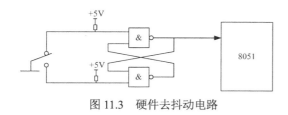

图 11.3　硬件去抖动电路

2. 软件去抖

软件上采取的去抖措施是：在检测到有按键按下时，执行一个 10ms 左右(具体时间应视所使用的按键进行调整)的延时程序后，再确认该键电平是否仍保持闭合状态电平，若仍保持闭合状态电平，则确认该键处于闭合状态。同理，在检测到该键释放后，也应采用相同的步骤进行确认，从而可消除抖动的影响。软件去抖动流程图如图 11.4 所示。

11.1.3　非编码独立式键盘

开关和按键只能实现电路中简单的电气信号选择，在需要向 CPU 输入数据时要用到键盘。键盘是一个由开关组成的矩阵，是重要的输入设备。在小型微机系统中，如单板微型计算机、带有微处理器的专用设备中，键盘的规模小，可采用简单实用的接口方式，在软件控制下完成键盘的输入功能。

独立式按键是指直接用 I/O 口线构成的单个按键电路。每根 I/O 线上按键的工作状态不会影响其他 I/O 口线的工作状态。独立式键盘的示意图如图 11.5 所示。

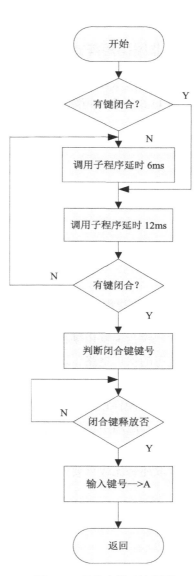

图 11.4　软件去抖动流程图

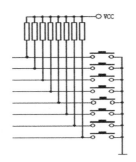

图 11.5　独立式键盘示意图

11.1.4　非编码矩阵式键盘

当键盘中的按键数量较多时，为了减少 I/O 口的资源占用，通常将按键排列成矩阵形式，如图 11.6 所示。矩阵式键盘与单片机的接口将在本章的 11.2.2 节进行详细介绍。

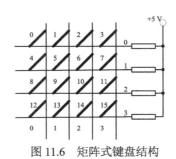

图 11.6　矩阵式键盘结构

11.1.5　编码键盘

全编码键盘能够由硬件逻辑自动提供与键对应的编码，此外，一般还具有去抖动和多键、窜键等的保护电路。这种键盘使用方便，但需要较多的硬件，价格较高，在一般的小型系统中使用得不是很多。

但是随着硬件设计越来越复杂，加上硬件设计也倾向于使用集成度较高的模块，编码式键盘在实际应用中也越来越普及。

从单片机接口及其程序设计的角度看，对非编码独立式、行列式键盘的接口及其键值的程序读取还是比较重要的，其编程思想在其他接口模块中也经常用到，所以请读者务必掌握。

11.2　键盘与单片机的接口

键盘与单片机的接口有查询方式和中断方式，查询方式比较简单、可靠性比较高，但是效率低；中断方式则效率比较高、系统资源占用比较少，同时可以保证实时性的要求。因此在实际应用中，采用哪种方式要视具体情况而定。

11.2.1　独立式键盘与单片机的接口

单片机控制系统中，往往只需要几个功能键，此时，可采用独立式按键结构。独立式键盘是直接用 I/O 口线构成的单个按键电路，其特点是每个按键单独占用一根 I/O 口线，每个按键的工作不会影响其他 I/O 口线的状态。独立式按键电路的典型应用如图 11.7 所示。

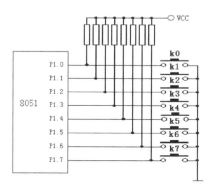

图 11.7　独立式按键电路的典型应用

独立式按键电路配置灵活，软件结构简单，但每个按键必须占用一根 I/O 口线，因此，在按键较多时，I/O 口线浪费较大，不宜采用。

图 11.7 中按键输入均采用低电平有效，此外，上拉电阻保证了按键断开时，I/O 口线有确定的高电平。当 I/O 口线内部有上拉电阻时，外电路可不接上拉电阻。

独立式按键的程序设计一般采用查询法编程。所谓查询法编程，就是先逐位查询每根 I/O 口线的输入状态，如果某一根 I/O 口线输入为低电平，则可确认该 I/O 口线所对应的按键已按下，然后，再转向该键的功能处理程序。因此，实现比较简单。

【例 11-1】本例采用的原理图如图 11.7 所示，当按下 ki 键时，要求在 Keil 中用 printf 函数输出如下字样："您已经按下 i 号键"。例如，当按下 k0 键时，此时输出字样为："您已经按下 0 号键"。试编写程序实现上述功能。

分析：题目要求用 printf 函数进行输出，因此首先要进行串口初始化。程序详细清单如下：

```c
#include<reg51.h>
#include<stdio.h>
sbit P10=P1^0;                    //定义 0 号按键
sbit P11=P1^1;
sbit P12=P1^2;
sbit P13=P1^3;
sbit P14=P1^4;
sbit P15=P1^5;
sbit P16=P1^6;
sbit P17=P1^7;
void Init()
{
```

```
        SCON=0x52;                              //设置串行口控制寄存器 SCON
        TMOD=0x20;                              //12MHz 时钟的波特率为 2400
        TCON=0x69;
        TH1=0xF3;
        }
        main()
        {
        Init();
        while(1)                    //等待按键
        { if(P10==0) printf("您已经按下 0 号键\n");
          if(P11==0) printf("您已经按下 1 号键\n");
          if(P12==0) printf("您已经按下 2 号键\n");
          if(P13==0) printf("您已经按下 3 号键\n");
          if(P14==0) printf("您已经按下 4 号键\n");
          if(P15==0) printf("您已经按下 5 号键\n");
          if(P16==0) printf("您已经按下 6 号键\n");
          if(P17==0) printf("您已经按下 7 号键\n");
        }
        }
```

程序运行后运行结果如图 11.8 所示。

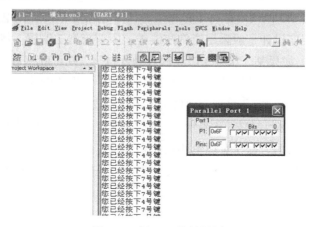

图 11.8　例 11-1 的结果图

11.2.2　矩阵式键盘与单片机的接口

在单片机系统中，当按键数量较多时，为了减少 I/O 口的占用，常常将按键排列成矩阵形式。

1. 矩阵式键盘的原理与识别

由图 11.6 可知，一个 4×4 的行、列结构可以构成一个含有 16 个按键的键盘，显然，在按键数量较多时，矩阵式键盘较之独立式按键键盘要节省很多 I/O 口。

矩阵式键盘中，行、列线分别连接到按键开关的两端，行线通过上拉电阻接到 + 5V 上。当无键按下时，行线处于高电平状态；当有键按下时，行、列线将导通，此时，行线电平将由与此行线相连的列线电平决定。这是识别按键是否按下的关键。然而，矩阵式键盘中的行线、列线和多个键相连，各按键按下与否均影响该键所在行线和列线的电平，各按键间将相互影响，因此，必须将行线、列线信号配合起来做适当处理，才能确定闭合键的位置。

键盘识别按键的方法很多，其中，最常见的方法是扫描法。下面以图 11.6 中 8 号键的识别为例来说明扫描法识别按键的过程。

按键按下时，与此键相连的行线与列线导通，行线在无键按下时处在高电平，显然，如果让所有的列线也处在高电平，那么，按键按下与否不会引起行线电平的变化，因此，必须使所有列线处在低电平，只有这样，当有键按下时，该键所在的行电平才会由高电平变为低电平。CPU 根据行电平的变化，便能判定相应的行有键按下。8 号键按下时，第 2 行一定为低电平，然而，第 2 行为低电平时，不一定是 8 号键按下，因为 9、10、11 号键按下同样使第 2 行为低电平。为进一步确定具体键，不能使所有列线在同一时刻都处在低电平，可在某一时刻只让一条列线处于低电平，其余列线均处于高电平，另一时刻，让下一列处在低电平。依此循环，这种依次轮流、每次选通一列的工作方式称为键盘扫描。采用键盘扫描后，再来观察 8 号键按下时的工作过程，当第 0 列处于低电平时，第 2 行处于低电平，而第 1、2、3 列处于低电平时，第 2 行却处在高电平，由此可判定按下的键应是第 2 行与第 0 列的交叉点，即 8 号键。

2. 矩阵式键盘的编码

对于独立式按键键盘，因按键数量少，可根据实际需要灵活编码。对于矩阵式键盘，按键的位置由行号和列号唯一确定，因此可分别对行号和列号进行二进制编码，然后将两值合成一个字节，高 4 位是行号，低 4 位是列号。如图 11.6 中的 8 号键，它位于第 2 行第 0 列，因此，其键盘编码应为 20H。采用上述编码时，对不同行的键离散性较大，不利于散转指令对按键进行处理。因此，可采用依次排列键号的方式对按键进行编码。以图 11.6 中的 4×4 键盘为例，可将键号编码为：01H、02H、03H、…、0EH、0FH、10H 等 16 个键号。编码相互转换可通过计算或查表的方法实现。

3. 矩阵式键盘的工作方式

在单片机应用系统中，键盘扫描只是 CPU 的工作内容之一。CPU 对键盘的响应取决于键盘的工作方式，键盘的工作方式应根据实际应用系统中 CPU 的工作状况而定，其选取的原则是既要保证 CPU 能及时响应按键操作，又不要过多占用 CPU 的工作时间。通常，键盘的工作方式有三种，即编程扫描、定时扫描和中断扫描。

(1) 编程扫描方式

编程扫描方式是利用 CPU 完成其他工作的空余调用键盘扫描子程序来响应键盘输入的要求。在执行键功能程序时，CPU 不再响应键盘输入要求，直到 CPU 重新扫描键盘为止。

键盘扫描程序一般应包括以下内容：

- 判别有无键按下。
- 键盘扫描取得闭合键的行、列值。
- 用计算法或查表法得到键值。
- 判断闭合键是否释放，如没释放则继续等待。
- 将闭合键键号保存，同时转去执行该闭合键的功能。

(2) 定时扫描方式

定时扫描方式就是每隔一段时间对键盘扫描一次，它利用单片机内部的定时器产生一定时间(如10ms)的定时，到达定时时间就产生定时器溢出中断，CPU响应中断后对键盘进行扫描，并在有键按下时识别出该键，再执行该键的功能程序。

(3) 中断扫描方式

中断扫描方式是通过产生中断的方式去键盘执行扫描程序。对于上述两种键盘扫描方式，无论是否按键，CPU都要定时扫描键盘，而单片机应用系统工作时，并非经常需要键盘输入，因此，CPU经常处于空扫描状态，浪费了CPU资源。但是，如果采用中断扫描方式，当键按下后，产生一个中断，再去执行键盘扫描程序，这样将大大节约CPU资源。

图11.9所示是中断扫描方式的硬件电路图。其工作过程如下：当无键按下时，CPU处理自己的工作，当有键按下时，产生中断请求，CPU转去执行键盘扫描子程序，并识别键号。当无键按下时，与门各输入端均为高电平，保持输出端为高电平；当有键按下时，$\overline{\text{INT0}}$端为低电平，向CPU申请中断，若CPU开放外部中断，则会响应中断请求，转去执行键盘扫描子程序。

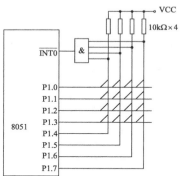

图11.9　矩阵式键盘的中断扫描法

下面看一个采用中断扫描方式的例子。

【例11-2】采用中断扫描的方式，按图11.9所示电路编写键盘接口程序。

程序如下：

```
#include <reg51.h>
#define uchar unsigned char
bit flag = 0;                              /*定义中断标志位*/
/*INT0 的中断服务程序*/
void int0_isr (void) interrupt 0
{
```

```
        flag = 1;                                    /*置中断标志位*/
}


/*延时函数*/
void delay(void)
{
    uchar i;
    for(i = 200; i > 0; i--);
}
/*键扫描函数*/
unsigned char KeyScan(void)
{
    uchar sccode,recode = 0;
    P1 = 0xf0;                                       /*发全 0 行扫描码，列线输入*/
    if((P1 & 0xf0) != 0xf0)                          /*若有键按下*/
    {
        delay();                                     /*延时去抖动*/
        if((P1 & 0xf0) != 0xf0)
        {
            sccode = 0xfe;                           /*逐行扫描初值*/
            while((sccode & 0x10) != 0)
            {
                P1 = sccode;                         /*输出行扫描码*/
                if((P1 & 0xf0) != 0xf0)              /*本行有键按下*/
                {
                    recode = ((P1 & 0xf0) | 0x0f);
                    return ((~sccode) + (~recode));  /*返回特征字节码*/
                }
                else
                {
                    sccode = (sccode << 1) | 0x01;   /*行扫描码左移一位*/
                }
            }
        }
    }
    return (0);                                      /*无键按下，返回值为 0*/
}


/*主函数*/
void main(void)
{
    uchar key = 0;
    /*初始化中断相关的寄存器*/
    EX0 = 1;                                         /*允许 EX0 中断*/
    IT1 = 1;                                         /*边沿触发*/
    EA = 1;                                          /*允许总中断*/

    while(1)
    {
        if(flag)                                     /*有中断*/
```

```
        {
            key = KeyScan();
            flag = 0;                                    /*处理完成清除标志*/
        }
        }
    }
```

11.3　本 章 小 结

　　本章主要介绍了常用的输入设备，详细介绍了输入设备的结构和分类，并分别对独立式键盘和矩阵式键盘做了详细介绍，包括接口、连线以及编程方法，并用实例进行说明。

　　通过本章的学习，读者应该掌握以下几个知识点：

- 知道单片机的输入设备，学会对输入设备的选择。
- 掌握独立式键盘的接口以及编程。
- 掌握矩阵式键盘的编码、工作方式以及编程。

实验与设计

实验　矩阵式键盘实例

1. 实现思路

　　实验电路图如图 11.10 所示。图中 P2.0～2.3 接键盘行线，P2.4～2.7 接键盘列线，16 个按键有 16 个不同的键编码，通过键编码识别不同的按键，再通过条件语句的判断，查出该键的键值，并显示到 P1 口的 LED 数码管上。

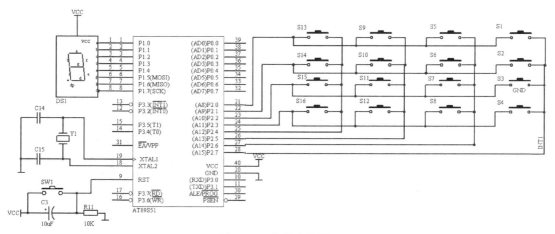

图 11.10　实验电路图

2. 程序设计

通过程序需要完成如下要求：

- 确定有无键按下；
- 判断哪个键按下；
- 形成键编码；
- 查出该键码对应的键值或者 LED 数码管的显示编码；
- 显示键值。

具体的程序清单如下：

```c
//行列扫描程序，可以自己定义端口和扫描方式，这里做简单介绍
#include <reg52.h>                      //包含头文件
#define uchar unsigned char
#define uint   unsigned int

uchar keyscan(void);
void delay(uint i);

void main()
{
 uchar key;
 P1=0x00;                               //八数码管亮，按相应的按键，会显示按键上的字符
 while(1)
{
 key=keyscan();                         //调用键盘扫描
 switch(key)
 {
  case 0x7e:P1=0xc0;break;              //0 按下相应的键显示相对应的码值
  case 0x7d:P1=0xf9;break;              //1 按下相应的键显示相对应的码值
  case 0x7b:P1=0xa4;break;              //2 按下相应的键显示相对应的码值
  case 0x77:P1=0xb0;break;              //3 按下相应的键显示相对应的码值
  case 0xbe:P1=0x99;break;              //4 按下相应的键显示相对应的码值
  case 0xbd:P1=0x92;break;              //5 按下相应的键显示相对应的码值
  case 0xbb:P1=0x82;break;              //6 按下相应的键显示相对应的码值
  case 0xb7:P1=0xf8;break;              //7 按下相应的键显示相对应的码值
  case 0xde:P1=0x80;break;              //8 按下相应的键显示相对应的码值
  case 0xdd:P1=0x90;break;              //9 按下相应的键显示相对应的码值
  case 0xdb:P1=0x88;break;              //a 按下相应的键显示相对应的码值
  case 0xd7:P1=0x83;break;              //b 按下相应的键显示相对应的码值
  case 0xee:P1=0xc6;break;              //c 按下相应的键显示相对应的码值
  case 0xed:P1=0xa1;break;              //d 按下相应的键显示相对应的码值
  case 0xeb:P1=0x86;break;              //e 按下相应的键显示相对应的码值
  case 0xe7:P1=0x8e;break;              //f 按下相应的键显示相对应的码值
 }
```

```
      }
    }
  uchar keyscan(void)//键盘扫描函数，使用行列反转扫描法
  {
    uchar cord_h,cord_l;              //行列值
    P2=0x0f;                          //行线输出全为 0
    cord_h=P2&0x0f;                   //读入列线值
    if(cord_h!=0x0f)                  //先检测有无按键按下
    {
      delay(100);                     //去抖
      if(cord_h!=0x0f)
      {
        cord_h=P2&0x0f;               //读入列线值
        P2=cord_h|0xf0;               //输出当前列线值
        cord_l=P2&0xf0;               //读入行线值
        return(cord_h+cord_l);        //键盘最后组合编码值
      }
    }return(0xff);                    //返回该值
  }

  void delay(uint i)                  //延时函数
  {
  while(i--);
  }
```

习　　题

一、填空题

1. 键盘按照接口原理可分为_____与_____两类，矩阵式按键结构属于_____。

2. 键盘扫描有三种方式，即编程扫描、定时扫描和_____。

3. 常用的键盘消抖方法有_____和_____。

4. 软件消抖采取的措施是在检测到有按键按下时，执行一个_____左右(具体时间应视所使用的按键进行调整)的_____程序。

5. 键盘工作方式的选取原则是既要_____，又_____。

二、选择题

1. 为了给扫描法工作的键盘提供接口电路，在接口电路中需要(　　)。
   A. 一个输入口　　　　　　　　　　B. 一个输出口
   C. 一个输入口和一个输出口　　　　D. 两个输入口和一个输出口

2. 在接口电路中的"口"一定是一个(   )。

    A. 已赋值的寄存器   B. 数据寄存器

    C. 可编址的寄存器   D. 既可读又可写的寄存器

3. 若要连接 4×4 的键盘与微处理器,至少需要(   )位的输入/输出端口。

    A. 16   B. 8   C. 4   D. 1

4. 对于有多个按钮的输入电路而言,应采用(   )连接比较简单。

    A. 数组式   B. 串行式

    C. 并列式   D. 跳线式

5. 三态缓冲器的输出应具有三种状态,其中不包括(   )。

    A. 高阻抗状态   B. 低阻抗状态

    C. 高电平状态   D. 低电平状态

三、上机题

1. 原理图如图 11.11 所示,P1 经限流电阻连接共阳极 7 段 LED 数码管,而 P2.0 连接 K1,P2.1 连接 K2,其中 K1 具有增数的功能,K2 具有减数的功能。若程序刚开始时,7 段 LED 数码管显示 0,按一下 K1,7 段 LED 数码管显示 1,再按一下 K1,7 段 LED 数码管显示 2,等等;若 7 段 LED 数码管显示 9,按一下 K1,7 段 LED 数码管显示 0。同样地,若 7 段 LED 数码管显示 0,按一下 K2,7 段 LED 数码管显示 9,再按一下 K2,则 7 段 LED 数码管显示 8,依此类推。试编写程序实现上述功能。

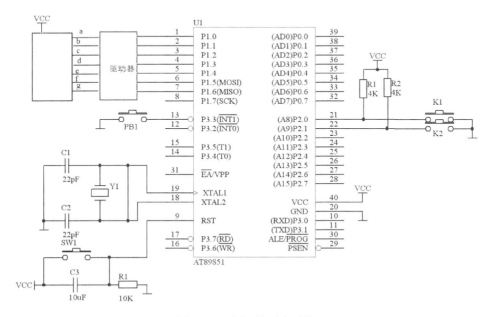

图 11.11 上机题 1 原理图

2. 图 11.12 所示为简易电子琴的原理图。当按钮开关 on 时，将可由其连接的输入口读取到低电平(即 0)。试编写一个程序，制作一个八键的电子琴，若按 S1，则发出中音 Do，若按 S2，则发出中音 Re，依此类推。可以参考表 11.1 所示的音阶按键对应表。

表 11.1 音阶按键对应表

按　键	音　阶	参　数
S1	中音 Do	108
S2	中音 Re	102
S3	中音 Mi	91
S4	中音 Fa	86
S5	中音 So	77
S6	中音 La	68
S7	中音 Si	61
S8	高音 Do	57

3. 图 11.13 所示为一个频率发生器电路图，直拨开关的状态由 P2 输入，在此将利用其中的 S1～S8 设定输出的频率。若 S1 开关 on，不管其他开关是什么，OUTPUT 端输出 50kHz；若 S1 开关 off，S2 开关 off，S3 开关 on，不管其他开关是什么，OUTPUT 端输出 20kHz。依此类推，如表 11.2 所示。

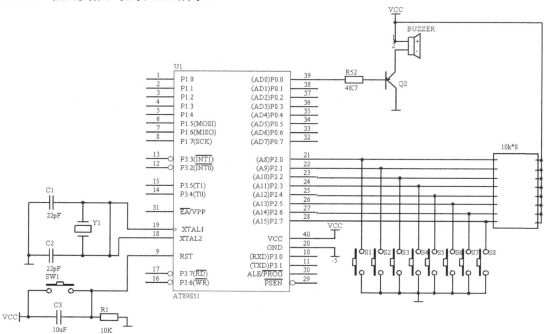

图 11.12 上机题 2 原理图

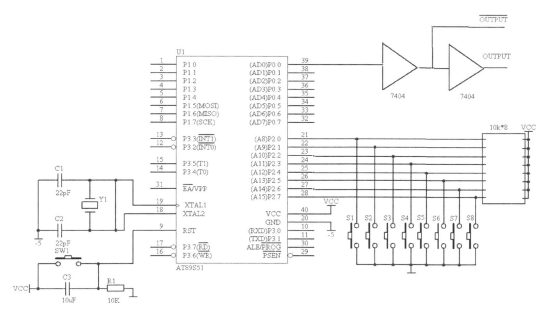

图 11.13　上机题 3 原理图

表 11.2　频率输出表

S1	S2	S3	S4	S5	S6	S7	S8	OUTPUT
0	*	*	*	*	*	*	*	50kHz
1	0	*	*	*	*	*	*	100kHz
1	1	0	*	*	*	*	*	20kHz
1	1	1	0	*	*	*	*	40kHz
1	1	1	1	0	*	*	*	60kHz
1	1	1	1	1	0	*	*	80kHz
1	1	1	1	1	1	0	*	90kHz
1	1	1	1	1	1	1	0	10kHz

注：开关 on 为 0，off 为 1。

第12章 输 出 设 备

输出设备(Output Device)是人与计算机交互的一种部件，用于数据的输出。它把各种计算结果数据或信息以数字、字符、图像、声音等形式表示出来，常见的有显示器、打印机、绘图仪、影像输出系统、语音输出系统、磁记录设备等。本章将主要介绍单片机的常用输出设备(如发光二极管、数码管等)，以及它们与51单片机的接口及编程。

12.1　输出设备的种类及结构

在不同的应用场合中对显示输出设备的要求是不一样的，在简单的系统中发光二极管作为指示灯显示系统的运行状态；在一些大型的系统中需要处理的数据比较复杂，常用字符、汉字或图形的方式来显示结果，这时常用数码管和液晶显示设备来实现。

12.1.1　发光二极管

发光二极管又叫LED，通常作为信号灯。常见的结构有贴片式和直插式两种。

1. 直插式

直插式LED使用比较方便，可以显示不同颜色。可以焊接在电路板中，也可以使用时插入系统的插槽接口中，在实验系统板中常用此发光二极管。

2. 贴片式

贴片式也有不同颜色可供选择，但这种结构一般焊接在电路板中，其大小和贴片电阻的大小差不多，常用在微小型电路系统中。

12.1.2　数码管

数码管由8个发光二极管(以下简称字段)构成，通过不同的组合可用来显示数字0～9、字符A～F、H、L、P、R、U、Y、符号"−"及小数点"．"。数码管的外形结构如图12.1(a)所示。数码管又分为共阴极和共阳极两种结构，分别如图12.1(b)和图12.1(c)所示。

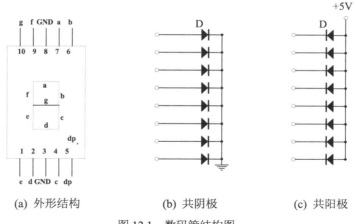

(a) 外形结构　　　　(b) 共阴极　　　　(c) 共阳极

图 12.1　数码管结构图

1. 数码管工作原理

共阳极数码管的 8 个发光二极管的阳极(二极管正端)连接在一起，通常，公共阳极接高电平(一般接电源)，其他引脚接段驱动电路输出端。当某段驱动电路的输出端为低电平时，则该端所连接的字段导通并点亮，根据发光字段的不同组合可显示出各种数字或字符。此时，要求段驱动电路能吸收额定的段导通电流，还需根据外接电源及额定段导通电流来确定相应的限流电阻。

2. 数码管字形编码

要使数码管显示出相应的数字或字符必须使段数据口输出相应的字形编码。对照图 12.1(a)，字形码的位定义如下。

数据线 D0 与 a 字段对应，D1 字段与 b 字段对应，依此类推。如使用共阳极数码管，数据为 0 表示对应字段亮，数据为 1 表示对应字段暗；如使用共阴极数码管，数据为 0 表示对应字段暗，数据为 1 表示对应字段亮。如要显示 0，共阳极数码管的字形编码应为 11000000B(即 C0H)；共阴极数码管的字形编码应为 00111111B(即 3FH)。依此类推，可求得数码管字形编码如表 12.1 所示。

表 12.1　共阳极数码管字形编码表

显 示 字 符	字形	dp	g	f	e	d	c	b	a	字 形 码
0	0	1	1	0	0	0	0	0	0	C0H
1	1	1	1	1	1	1	0	0	1	F9H
2	2	1	0	1	0	0	1	0	0	A4H
3	3	1	0	1	1	0	0	0	0	B0H
4	4	1	0	0	1	1	0	0	1	99H
5	5	1	0	0	1	0	0	1	0	92H
6	6	1	0	0	0	0	0	1	0	82H
7	7	1	1	1	1	1	0	0	0	F8H

(续表)

显 示 字 符	字形	dp	g	f	e	d	c	b	a	字 形 码
8	8	1	0	0	0	0	0	0	0	80H
9	9	1	0	0	1	0	0	0	0	90H
A	A	1	0	0	0	1	0	0	0	88H
B	B	1	0	0	0	0	0	1	1	83H
C	C	1	1	0	0	0	1	1	0	C6H
D	D	1	0	1	0	0	0	0	1	A1H
E	E	1	0	0	0	0	1	1	0	86H
F	F	1	0	0	0	1	1	1	0	8EH
H	H	1	0	0	0	1	0	0	1	89H
L	L	1	1	0	0	0	1	1	1	C7H
P	P	1	0	0	0	1	1	0	0	8CH
R	R	1	1	0	0	1	1	1	0	CEH
U	U	1	1	0	0	0	0	0	1	C1H
Y	Y	1	0	0	1	0	0	0	1	91H
−	−	1	0	1	1	1	1	1	1	BFH
.	.	0	1	1	1	1	1	1	1	7FH
熄灭	灭	1	1	1	1	1	1	1	1	FFH

应用时通过编程将需要显示的字形码存放在程序存储器的固定区域中,构成显示字形码表。当要显示某字符时,通过查表指令获取该字符所对应的字形码。

12.1.3　液晶显示模块

液晶显示模块(LCD,Liquid Crystal Display)用于需要更形象的显示数据的场合,可以显示数字、字符、汉字和图形,在高速处理系统中常采用。

通常可以将 LCD 分为笔段型、字符型和点阵图形型。

- 笔段型。笔段型是以长条状显示像素组成一种显示。该类型主要用于数字显示,也可以用于显示西文字母或某些字符。这种段型显示通常有 6 段、7 段、8 段、9 段、14 段和 16 段等,在形状上总是围绕数字 8 的结构变化,其中以 7 段显示最常用。
- 字符型。字符段液晶显示模块是专门用来显示字母、数字、符号等的点阵型液晶显示模块。在电极图形设计上由若干个 5×8 或 5×11 点阵组成,每一个点阵显示一个字符。
- 点阵图形型。点阵图形型是在一个平板上排列多行和多列,形成矩阵形式的晶格点,点的大小可根据显示的清晰度来设计。

12.2　输出设备的接口及其编程

前面几章简单介绍了 LED 和数码管的显示。对于 LED 只有点亮、熄灭、闪烁三种状态，而数码管相对 LED 就要复杂些，下面详细介绍这些输出接口。对于液晶显示模块由于篇幅有限，读者可以通过多查阅资料自学。

12.2.1　LED 指示灯功能的程序实现

有关 LED 指示灯的实现，这里通过一个例题来说明。

【例 12-1】由 P1.0 引脚接一个发光二极管，要求发光二极管点亮 1s 后，再熄灭 1s，然后再点亮 1s，在熄灭 1s，……，这样一直循环下去，画出电路图，并编写程序实现。

解：由题意可知，单片机的 P1.0 口接一个发光二极管，硬件连接图如图 12.2 所示。

根据要求，P1.0 的输出波形如图 12.3 所示。

图 12.2　在 P1.0 位上接 LED　　　　　图 12.3　P1.0 端口波形

假设单片机的时钟频率为 12MHz，如果仅使用定时器定时，由于前面已经学过仅使用定时器是不能定时 1s 这么长的时间的，那么，要实现 1s 定时的功能，就需要采用硬件定时与软件定时相结合的方法来实现，即在使用定时器定时的同时使用软件重复定时。

程序代码如下：

```
#include<reg51.h>
#include<stdio.h>
sbit P10=0x90;
sbit P32=0xB2;
sbit P33=0xB3;
xdata int n=0;
void Init()
{
  SCON=0x52;                 //设置串行口控制寄存器
  TCON=0x21;                 //12MHz 时钟波特率为 2400
  TCON=0x69;                 //TCON
  TH1=0xF3;                  //TH1
  TH0=0x3C;                  //计数初值到 TH0
  TL0=0xAF;                  //计数初值
  ET0=1;                     //定时器中断允许
  EA=1;                      //开所有中断
  TF0=0;
  TR0=1;                     //定时器 0 准备开始
}
void Timer0_Overflow interrupt 1 using0
{
    TH0=0x3C;                //计数初值到 TH0
    TL0=0xAF;                //计数初值
```

```
        if(n==20)
            {
                n=0;
                P10=~P10;            //计算时间到 1s 时 P10 端口引脚取反
                printf("LED blinke\n");
            }
            n++;
        }
        main()
        {
          Init();                    //初始化
          while(1);                  //等待中断
        }
```

把程序下载到单片机，就可以看到灯每隔 1s 闪烁一次了。

12.2.2　数码管与单片机接口的程序实现

LED 七段数码管有静态显示和动态显示两种方式，下面来详细介绍。

1. 数码管的静态显示法

所谓静态显示，就是每一个数码管显示器都要占用单独的具有锁存功能的 I/O 接口，用于笔划段字形代码。这样单片机只要把要显示的字形代码发送到接口电路，就不用管它了，直到要显示新的数据时，再发送新的字形码。采用静态显示方式的优点是显示稳定，用较小的电流即可获得较高的亮度，且占用 CPU 时间少，编程简单，显示便于监测和控制，但其占用的口线多，硬件电路复杂，成本高，只适合于显示位数较少的场合。

【例 12-2】如图 12.4 所示，是一位共阳极八段数码管的接口电路，按一次键计数一次。计数值通过数码管显示，计满 16 次后从头开始，依次循环。

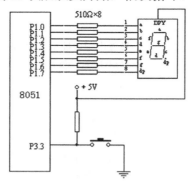

图 12.4　数码管静态显示电路

程序如下：

```
#include <reg52.h>

#define uchar unsigned char
```

```
#define ushort unsigned short

uchar code table[16]={0xC0,0xF9,0xA4,0xB0,          /*0,1,2,3*/
                      0x99,0x92,0x82,0xF8,          /*4,5,6,7*/
                      0x80,0x90,0x88,0x83,          /*8,9,A,B*/
                      0xC6,0xA1,0x86,0x8E};         /*C,D,E,F*/
/*延时子函数*/
void delay(void)
{
    uchar i;
    for(i = 200; i > 0; i--);
}


/*键扫描子函数*/
uchar keyscan(void)
{
    if (P3^3 == 0)                                  /*若有键按下*/
    {
        delay();                                    /*延时去抖动*/
        if (P3^3 == 0)                              /*确实有键按下*/
        {
            return 0;
        }
    }
    return 1;
}


/*主函数*/
void main(void)
{
    uchar key;                                      /*定义变量存储键扫描子函数的返回值*/
    ushort count = 0;                               /*计按键次数*/
    P1 = table[count];                              /*初始计数值为 0*/

    while(1)
    {
        key = keyscan();
        if (key == 0)                               /*是否有键按下*/
        {
            count++;                                /*计数值加 1*/
            if (count == 16)                        /*计满 16 从头开始*/
            {
                count = 0;
            }
```

```
            P1 = table[count];                      /*显示计数值*/
        }
    }
}
```

上面的例子是数码管静态显示方式的一种典型应用，其硬件及软件都非常简单，但其只能显示一位，如要用 P1 口显示多位，则每位数码管都应有各自的锁存、译码与驱动器，还需要有位选通电路以及相应位选通电路的输出位码。

2. 数码管的动态显示法

动态显示是一位一位地轮流点亮各位数码管，这种逐位点亮显示器的方式称为位扫描。通常，各位数码管的段选线相应并联在一起，由一个 8 位的 I/O 口控制，各位的位选线(公共阴极或阳极)由另外的 I/O 口线控制。动态方式显示时，各数码管分时轮流选通，要使其稳定显示必须采用扫描方式，即在某一时刻只选通一位数码管，并送出相应的段码，在另一时刻选通另一位数码管，并送出相应的段码，依此规律循环，即可使各位数码管显示将要显示的字符。虽然这些字符是在不同的时刻分别显示，但由于人眼存在视觉暂留效应，只要每位显示间隔足够短就可以给人同时显示的感觉。

采用动态显示方式比较节省 I/O 口，硬件电路也较静态显示方式简单，但其亮度不如静态显示方式，而且在显示位数较多时，CPU 要依次扫描，占用 CPU 较多的时间。

典型数码管动态显示电路如图 12.5 所示。图中的四位 LED 数码管是共阳极，三极管的作用是放大电流，以增加 LED 的亮度。

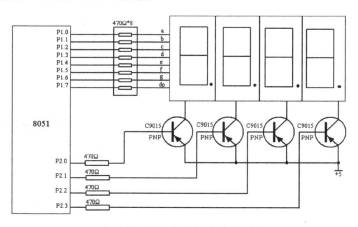

图 12.5　LED 动态显示接口电路

【例 12-3】在图 12.5 所示的 LED 动态显示接口电路中，编写程序实现在 4 个 LED 数码管上依次显示 1、2、3、4。

程序如下：

```
#include <reg51.h>
#include <intrins.h>
```

```
#define uchar unsigned char

uchar code dis_code[11]={0xc0,0xf9,0xa4,0xb0,           /*0, 1, 2, 3*/
                         0x99,0x92,0x82,0xf8,           /*4, 5, 6, 7*/
                         0x80,0x90, 0xff};              /*8, 9, off */
uchar data dis_buf[4];                                  /*显示缓冲区*/
/*延时子程序*/
void dlms(void)
{
    uchar i;
    for(i = 200; i > 0; i--);
}
void main(void)
{
    uchar sel,i;

    /*初始化 I/O 口*/
    P1 = 0xff;
    P2 = 0xff;
    while(1)
    {
        sel = 0xfe;                                     /*选最右边的 LED*/
        for(i = 0; i < 4; i++)
        {
            P1 = dis_code[i+1];                         /*送段码*/
            P2 = sel;                                   /*送位选码*/
            dlms();
            sel =   (sel << 1) | 0x1;                   /*移到下一位数码管*/
        }
    }
}
```

12.3　本 章 小 结

本章主要介绍了常用的输出设备，详细介绍了输出设备的结构和分类，并分别对发光二极管和 LED 灯做了详细介绍，包括接口、连线以及程序实现，并用实例进行说明。需要注意的是，由于篇幅有限，液晶显示没有介绍，读者可以参考其他书籍自学。

通过本章的学习，应该掌握以下几个知识点：

● 知道单片机的输出设备，学会对输出设备的选择。
● 掌握发光二极管与单片机接口以及电路设计。
● 掌握 LED 灯的编码、与单片机的接口以及程序设计。

实验与设计

实验　拉幕式数码显示技术

1. 实现思路

电路原理图如图 12.6 所示，分别将 AT89S51 单片机的 P0.0～P0.7 口接数码管的 a～h 端，单片机的 P2.0～P2.7 口接每个数码管的位选端 Q0～Q7。通过控制数码管的位选段，在 8 位数码管上从右向左循环显示"12345678"，并且能够比较平滑地看到拉幕的效果。

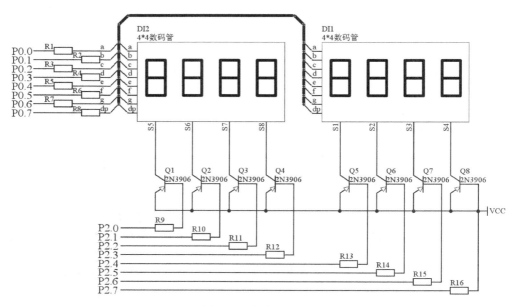

图 12.6　实验原理图

2. 程序设计

程序设计要注意以下两个方面：

- 如何实现 8 位数据的显示。由于每次只能让一个数码管显示，即显示一位数据，因此，如果要显示 8 位数据，那么必须让数码管一个一个地轮流显示，并且要求人的眼睛认为是同时显示。这样，就需要控制每个数码管显示的时间大约在 1ms～4ms 之间，所以为了保证正确显示，必须每隔 1ms 就得刷新一个数码管。刷新时间采用单片机的定时/计数器 T0 来控制，每定时 1ms 对数码管刷新一次，T0 采用方式 2。
- 在进行数码显示的时候，要对显示单元开辟 8 个显示缓冲区，并且每个显示缓冲区装有所显示的不同数据。

程序清单如下：

```
#include <AT89X51.H>
unsigned char const dispcode[]={0xf9,0xa4,0xb0,0x99,0x92,0x82,0xf8,0x80};//显示段码值
//1    2    3    4    5    6   7   8
unsigned char code dispbitcode[]={0x7f,0xbf,0xdf,0xef,0xf7,0xfb,0xfd,0xfe};//分别对应相应的数码
                                                                 //管点亮
unsigned char dispbuf[8]={16,16,16,16,16,16,16,16};              //显示缓冲区
unsigned char dispbitcnt;
unsigned int t02scnt;
unsigned char t5mscnt;
unsigned char u;
unsigned char i;

void main(void)
{
    TMOD=0x02;                                               //定时器 0 工作方式 2
    TH0=0x06;                                                //载入计数值
    TL0=0x06;
    TR0=1;                                                   //启动定时器 0
    ET0=1;                                                   //允许 T0 中断
    EA=1;                                                    //开启所有中断
    while(1);
}

void t0(void) interrupt 1 using 0
{
    t5mscnt++;
    if(t5mscnt==4)                                          //每隔 1ms 刷新一次
        {
            t5mscnt=0;
            P0=dispcode[dispbuf[dispbitcnt]];              //显示
            P2=dispbitcode[dispbitcnt];                    //所选择的数码管亮
            dispbitcnt++;                                  //下一个数码管
            if(dispbitcnt==8)
                {
                    dispbitcnt=0;                          //重新选择第一个
                }
        }
    t02scnt++;
    if(t02scnt==1600)                                      //显示缓冲区处理
        {
            t02scnt=0;
            u++;
            if(u==9)
```

```
              {
                  u=0;
              }
          for(i=0;i<8;i++)
              {
                  dispbuf[i]=16;
              }
          for(i=0;i<u;i++)
              {
                  dispbuf[i]=8;
              }
          }
      }
```

习　　题

一、填空题

　　1. 8279 的工作方式有_____。

　　2. 7 段 LED 数码管主要有_____和_____显示方式。

　　3. 发光二极管的常用结构有_____和_____。

　　4. 在查询和中断两种数据输入/输出控制方式中，效率较高的是_____。

　　5. 在多位 LED 显示器接口电路的控制中，必不可少的是_____和_____信号。

二、选择题

　　1. 用共阳极八段 LED 来显示字符 9，字符编码是(　　)。

　　　　A. 6FH　　　　　　　　　　　B. 90H

　　　　C. 09H　　　　　　　　　　　D. 82H

　　2. 8279 的引脚中，(　　)是显示熄灭输出端。

　　　　A. SHIFT　　　　　　　　　　B. CNTL

　　　　C. $\overline{\text{BD}}$　　　　　　　　　　　D. STB

　　3. 下列说法正确的是(　　)(多项选择)。

　　　　A. 8279 是一个用于键盘和 LED(LCD)显示器的专用芯片

　　　　B. 在单片机与微型打印机的接口中，打印机的 BUSY 信号可作为查询信号或中断请求信号使用

　　　　C. 为给以扫描方式工作的 8×8 键盘提供接口电路，在接口电路中只需要提供 2 个输入口和 1 个输出口

　　　　D. LED 的字形码是固定不变的

　　4. 在 LED 显示中，为了输出位控和段控信号，应使用指令(　　)。

　　　　A. MOV　　　　　　　　　　　B. MOVX

　　　　C. MOVC　　　　　　　　　　D. XCH

　　5. 与多个单位数 7 段 LED 数码管比较，使用多位数的 7 段 LED 数码管模块具有的优点有(　　)。

　　　　A. 数字显示比较好看　　　　B. 成本比较低廉

　　　　C. 比较高级　　　　　　　　D. 电路比较复杂

三、上机题

　　1. 如图 12.7 所示，由 P1 将所要显示的 7 段 LED 数码管直接输出到 4 位数字的 7 段 LED 数码管模块，再由 P2 的低 4 位将扫描信号直接送到 7 段 LED 数码管模块的 4 个共同端，使这个 7 段 LED 数码管模块闪烁 "2009" 3 次，再闪烁 "0315" 3 次，如此循环不停。试按上述要求编写程序。

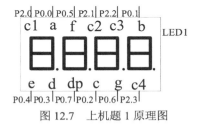

图 12.7　上机题 1 原理图

　　2. 如图 12.8 所示为一个定时电路，P2 驱动两位数 7 段 LED 数码管模块，而 P0.1 与 P0.3 为两位数 7 段 LED 数码管模块的扫描信号，其中 P0.1 为个位数的扫描信号，P0.3 为十位数的扫描信号。试编写一个程序，利用定时器，使得两个 7 段 LED 数码管从 00 开始显示，每 1s 增加 1，到达 59 后，再从 00 开始，也就是 60s 的定时器。每过 60s，D1 切换一次(原本亮的，变成灭；原本不亮的，变成亮)。

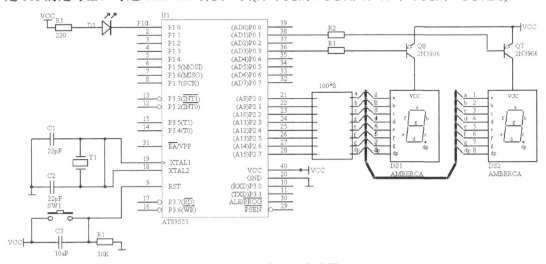

图 12.8　上机题 2 电路图

　　3. 电路图如图 12.7 所示，在此将以跑马灯的方式，将 "1234567" 数字由右边依次走入四位数的 7 段 LED 数码管模块，即 "----" → "---1" → "--12" → "-123" → "1234" → "2345" → "3456" → "4567" → "567-" → "67—" → "7----"，如此循环不停。试编写程序实现。

第13章 51单片机系统开发基础

学习单片机的最终目的是能将其应用到实时控制系统以及仪器仪表、家用电器、数据采集、计算机通信等各个领域。单片机应用系统涉及的往往是一个专用的系统，因此必须根据实际的需求，从系统硬件的构成设计与实现，到相应的软件设计与实现，两者并重，相辅相成，尽管不同单片机应用系统的软硬件设计千差万别，但其总体设计的方法和研制步骤是基本相同的。本章将介绍单片机应用系统开发的完整流程，并对应用系统的软、硬件设计和调试等各个方面的基本原则和方法做进一步的讨论和分析。

13.1 单片机系统的基本开发过程

单片机应用系统的基本开发流程包括总体方案的设计、相关硬件和软件的设计、系统资源及其分配等。

13.1.1 系统开发概述

单片机应用系统是指以单片机为核心，同时配以外围电路和软件，实现某种或某几种功能的应用系统。单片机应用系统包括硬件和软件两部分，硬件是系统的基础，软件则是在硬件的基础上完成特殊的任务。因此对于单片机应用系统这种特殊的系统，其开发过程往往是硬件与软件协同开发的过程。单片机应用系统研制的基本流程如图13.1所示。

由图13.1可以看出，应用系统研制主要可以分为如下几个主要阶段。

(1) 总体方案的确定：主要包括可行性调研、技术指标的确定、器件的选择和软硬件功能的划分等。

(2) 系统设计：主要包括硬件设计和软件设计。其中，硬件设计主要包括键盘、显示、A/D电路等外围扩展电路的设计和地址译码、总线驱动等电路的设计。软件设计则主要包括定义系统功能、画出程序流程图和编写代码等。另外特别重要的是，作为实际的产品，除了满足基本的功能外，还必须考虑可靠性设计的问题。

(3) 系统调试：主要包括硬件调试、软件调试以及软硬件的联合调试。硬件的调试主要包括静态调试和动态调试。软件调试则主要是在线的仿真调试。调试中一般软件和硬件不可能完全分开，软件调试和硬件调试通常要协同完成。

(4) 固化和运行：完成系统调试之后，反复运行正常则可将用户系统程序固化到EPROM之类的存储器上，单片机脱离开发系统独立工作，并在试运行阶段观测所设计的系统是否满足设计要求。

下面各小节分别从应用系统方案确定、系统设计和系统调试三个方面详细分析单片机应用系统研制的基本原则和方法。

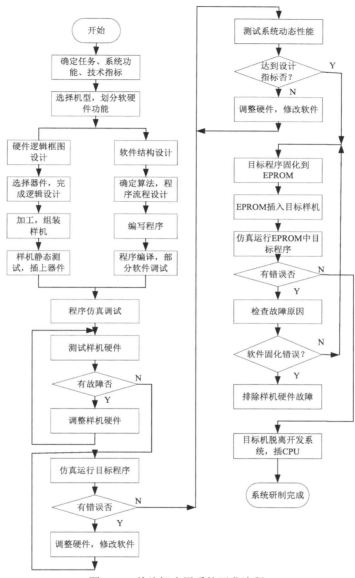

图 13.1　单片机应用系统开发流程

13.1.2　总体方案设计

确定单片机应用系统的总体方案，是进行系统设计最重要、最关键的一步。总体方案的好坏，直接影响整个应用系统的投资、质量及实施细则。总体方案的设计主要是根据被控对象的工艺要求而确定的。在研制应用系统之前，必须进行可行性的分析和调研。立项之后，要根据任务，选择合适的器件，然后完成产品的方案设计，并将设计的方案细化。

1. 可行性调研

可行性调研的目的是分析完成这个项目的可能性。进行这方面的工作，可参考国内外有关资料，看是否有人进行过类似的工作。若有，则分析他人是如何进行这方面工作的，达到了什么样的技术水平，有什么样的优点，还存在什么样的缺点，是否可以借鉴等；若没有，则需要进一步调研，首先从理论上分析用户所提的技术指标是否具有实现的可能性。然后还要充分了解用户的需求及应用系统可能的工作环境，确定项目能否立项。

在可行性调研完成之后，必须明确任务，确定产品的技术指标，包括产品必须具有哪些功能。这是产品设计的依据和出发点，它将贯穿于产品设计的全过程，也是整个研制工作成败、好坏的关键。

2. 器件选型

在产品设计任务和技术指标确定以后，应在此基础上选择所需的器件。器件的选择首先是确定最核心的芯片，即单片机。单片机芯片的选择应适合于应用系统的要求，不仅要考虑单片机芯片本身的性能是否能够满足系统的需要，如执行速度、中断功能、I/O 驱动能力与数量、系统功耗以及抗干扰性能等，同时还要考虑开发和使用是否方便、市场供应情况与价格、封装形式等其他因素。如果要求研制周期短，则应选择熟悉的机种，并尽量利用现有的开发工具。

一般情况下，只有单片机芯片很难完成应用系统的各项任务，因此还要根据所确定的单片机选择外围器件。一个典型的系统往往由输入部分(按键、A/D、各种类型的传感器与输入接口转换电路)，输出部分(指示灯、LED 显示、LCD 显示、各种类型的传动控制部件)，存储器(用于系统数据记录与保存)，通信接口(用于向上位机交换数据、构成联网应用)，电源供电等多个单元组成。这些不同的单元涉及模拟、数字、弱电、强电以及它们相互之间的协调配合、转换、驱动、抗干扰等。因此，对于外围芯片和器件的选择，整个电路的设计，系统硬件机械结构的设计，接插件的选择，甚至产品结构、生产工艺等，都要进行全面和细致的考虑。任何一个忽视和不完善，都会给整个系统带来隐患，甚至造成系统设计和开发的失败。

3. 方案设计

明确任务要求并选定合适的器件之后，要编写任务书，将应用系统要完成的各项任务转换为对单片机的各种输入/输出。将一个大的系统划分为多个子系统，明确各个子系统之间的电气接口和通信协议。合理安排人员，确定工作进度。

在方案设计时，特别要注意合理协调软硬件的任务。因为单片机嵌入式系统中的硬件和软件具有一定的互换性，有些功能可以用硬件实现，也可以用软件来实现，因此，在方案设计阶段要认真考虑软、硬件的分工和配合。采用软件实现功能可以简化硬件结构，降低成本，但软件系统也相应地复杂化了，增加了软件设计的工作量。而用硬件实现功能则可以缩短系统的开发周期，使软件设计简单，相对提高了系统的可靠性，但可能也提高了成本。在设计过程中，软、硬件的分工与配合需要取得协调，才能设计出好的应用系统。

必须要强调的是，对于一个具体的应用系统的设计，总体方案确定中的这几部分工作是必不可少的。如果开始考虑不充分，可能导致设计方案的整体更改，甚至导致方案的无法实现，造成人力、物力的浪费。

13.1.3　硬件设计

单片机应用系统典型的硬件结构如图 13.2 所示。传感器将现场采集的各种物理量(如温度、湿度、压力等)变成电量，经放大器放大后，送入 A/D 转换器将模拟量转换成二进制数字量，送入单片机进行处理，最后将控制信号经 D/A 转换送给受控的执行机构。监视现场的控制一般还设有键盘及显示器，并通过打印机将控制情况如实记录下来。

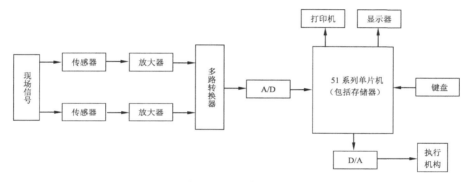

图 13.2　单片机应用系统典型硬件结构

硬件设计的主要任务是根据总体设计要求，在所选器件的基础上，确定系统扩展所要用的存储器、I/O 电路、A/D 及有关外围电路等。另外，为了使系统稳定可靠地工作，在满足功能之余，还必须进行硬件的可靠性设计。硬件设计过程中的主要工具软件是 Protel，相关的内容在第 2 章中已经介绍过。硬件设计的具体步骤如下。

(1) 绘制硬件框图：根据给定的总体任务，确定数字电路和模拟电路所需要的模块，画出总体的硬件框图，确定硬件的总体方案。

(2) 确定数据输入/输出的方式：确定各输入/输出数据的传送方式是中断方式、查询方式还是无条件方式等。

(3) 硬件资源分配：各输入/输出信号分别使用哪个并行口、串行口、中断、定时器/计数器等。

(4) 绘制原理图：根据以上各步的分析结果完成硬件的电气连接原理图。

(5) 制作电路板：根据绘制的电路原理图，绘制出 PCB 图，并送厂家生产，得到实际的电路板。

(6) 器件焊接：将所有的元器件焊接到制出的电路板上。

在单片机应用系统硬件设计中，还应注意下列事项。

- 尽可能选择典型电路，并符合单片机的常规用法，为硬件系统的标准化、模块化打下良好的基础。

- 系统扩展与外围设备的配置水平应充分满足应用系统的功能要求，并留有适当余地，以便进行二次开发。
- 硬件结构应结合应用软件方案一并考虑。硬件结构与软件方案会产生相互影响，考虑原则是：软件能实现的功能尽可能由软件实现，以简化硬件结构。但必须注意，由软件实现的硬件功能，一般响应时间比由硬件实现长，且占用 CPU 时间。
- 系统中的相关器件要尽可能做到性能匹配。如选用 CMOS 芯片单片机构成低功耗系统时，系统中所有芯片都应尽可能选择低功耗产品。如果既有 CMOS 电路，又有 TTL 电路，则要设计相应的电平兼容和转换电路。当有 RS-232、RS-485 接口时，还要实现电平兼容和转换。常用的集成电路有 MAX232、MAX485 等。
- 要考虑负载容限问题。单片机总线的负载能力是有限的。如 MCS-51 的 P0 口的负载能力为 4mA，最多驱动 8 个 TTL 电路，P1～P3 口的负载能力为 2mA，最多驱动 4 个 TTL 电路。若外接负载较多，则应采取总线驱动的方法提高系统的负载容限。常用驱动器有单向驱动器 74LS244、双向驱动器 74LS245 等。
- 尽量朝"单片"方向设计硬件系统。系统器件越多，器件之间的相互干扰也越强，功耗也增大，也不可避免地降低了系统的稳定性。随着单片机片内集成的功能越来越强，在设计中尽量选择性能更优、功能更强的芯片。

13.1.4　软件设计

单片机系统软件的总体结构如图 13.3 所示。一般来说，单片机中的软件功能可分为两大类：一类是执行软件，它完成各种实质性的功能，如测量、计算、显示、打印、输出控制等；另一类是监控软件，它专门用来协调各执行模块和操作者之间的关系，充当组织调度的角色。

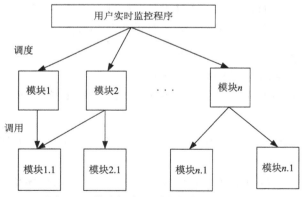

图 13.3　单片机应用系统的典型硬件结构

在软件设计中，还应注意如下事项：

- 根据软件功能要求，将系统软件分成若干个相对独立的部分。根据它们之间的联系和时间上的关系，设计出合理的软件总体结构，使其清晰、简洁，流程合理。
- 培养结构化程序设计风格，各功能程序实行模块化、程序化。既便于调试、连接，又便于移植、修改。

- 为提高软件设计的总体效率，以简明、直观的方法对任务进行描述，在编写应用软件前，应绘制出程序流程图。这不仅是程序设计的一个重要组成部分，而且是决定成败的关键部分。从某种意义上讲，多花一些时间来设计程序流程图，就可以节约几倍源程序编辑调试时间。
- 要合理分配系统资源，包括 ROM、RAM、定时器/计数器、中断源等。其中最关键的是片内 RAM 的分配。当各种资源规划好后，应列出一张资源详细分配表，以备编程查用。
- 注意在程序的有关位置写上功能注释，提高程序的可读性。

13.1.5　系统调试

在完成目标系统样机的组装和软件设计之后，便进入系统的调试阶段。用户系统的调试步骤和方法是相同的，但具体细节则与所采用的开发系统以及目标系统所选用的单片机型号有关。系统调试的目的是查出系统中硬件设计与软件设计中存在的错误及可能出现的不协调的问题，以便修改设计，最终使系统能正确地工作。系统调试包括硬件调试、软件调试和软、硬件联调。

1. 硬件调试

当硬件设计从布线到焊接安装完成之后，就开始进入硬件调试阶段。硬件调试的常用工具包括仿真器、万用表、逻辑笔、函数信号发生器、逻辑分析仪、示波器等。硬件调试可按静态调试和动态调试两步进行。

(1) 静态调试

静态调试是指在系统加电前的检查，主要是排除明显的硬件故障。静态调试的内容包括以下几点。

- 排除逻辑故障：这类故障往往是由于设计和加工制板过程中的工艺性错误所造成的，主要包括错线、开路、短路。排除的方法是首先将加工的印制板认真对照原理图，看两者是否一致。应特别注意电源系统检查，以防止电源短路和极性错误，并重点检查系统总线(地址总线、数据总线和控制总线)是否存在相互之间短路或与其他信号线路短路。必要时利用数字万用表的短路测试功能，可以缩短排错时间。
- 排除元器件失效：造成这类错误的原因有两个，一个是元器件买来时就已坏了，另一个是由于安装错误，造成器件烧坏。可以采取检查元器件与设计要求的型号、规格和安装是否一致。在保证安装无误后，用替换方法排除错误。
- 排除电源故障：在通电前，一定要检查电源电压、幅值和极性，否则很容易造成集成块损坏。通电后检查各插件上引脚的电位，一般先检查 $\overline{VCC}$ 与 GND 之间的电位，若在 5～4.8V 之间属正常。若有高压，有时会使应用系统中的集成块发热损坏。

(2) 动态调试

动态调试又称为联机调试，主要是在静态调试的基础上排除硬件系统中存在的其他问题。联机前先断电,将单片机仿真器的仿真头插到样机的单片机插座上,检查一下仿真器与样机之间的电源、接地是否良好。

通电后执行开发机的读写指令,对用户样机的存储器、I/O 端口进行读写操作、逻辑检查,若有故障,可用示波器观察有关波形(如选中的译码器输出波形、读写控制信号、地址数据波形以及有关控制电平)。通过对波形的观察分析,寻找故障原因,并进一步排除故障。可能的故障有线路连接上有逻辑错误、有开路或短路现象、集成电路失效等。

在用户系统的样机(主机部分)调试好后,可以插上用户系统的其他外围部件,如键盘、显示器、输出驱动板、A/D、D/A 板等,再将这些电路进行初步调试。

在调试过程中若发现用户系统工作不稳定,可能有下列情况:电源系统供电电流不足,联机时公共地线接触不良;用户系统主板负载过大;用户的各级电源滤波不完善等。对这些问题一定要认真查出原因,加以排除。

2. 软件调试

软件调试与所选用的软件结构和程序设计技术有关。如果采用模块程序设计技术,则逐个模块分别调试。调试各子程序时一定要符合现场环境,即入口条件和出口条件。调试的手段可采用单步或设断点运行方式,通过检查用户系统 CPU 的现场、RAM 的内容和 I/O 口的状态,检查程序执行结果是否符合设计要求。通过检测可以发现程序中的死循环错误、机器码错误及转移地址的错误,同时也可以发现用户系统中的硬件故障、软件算法及硬件设计错误。在调试过程中不断调整用户系统的软件和硬件,逐步通过一个个的程序模块。

各模块通过以后,可以把有关的功能块联合起来一起进行综合调试。在这个阶段若发生故障,可以考虑各子程序在运行时是否破坏现场,缓冲单元是否发生冲突,标志位的建立和清除在设计上有没有失误,堆栈区域有无溢出,输入设备的状态是否正常等。若用户系统是在开发机的监控程序下运行的,还要考虑用户缓冲单元是否和监控程序的工作单元发生冲突。

单步和断点调试后,还应进行连续调试,这是因为单步运行只能验证程序的正确与否,而不能确定定时精度、CPU 的实时响应等问题。待全部调试完成后,应反复运行多次,除了观察稳定性之外,还要观察用户系统的操作是否符合原始设计要求,安排的用户操作是否合理等,必要时再做适当的修正。

如果采用实时多任务操作系统,一般是逐个任务进行调试,调试方法与上述基本相似,只是实时多任务操作系统的应用程序是由若干个任务程序组成的,一般是逐个任务进行调试的,在调试某一个任务时,同时也要调试相关的子程序、中断服务程序和一些操作系统的程序。调试好以后,再使各个任务程序同时运行,如果操作系统无错误,一般情况下系统就能正常运转。

3. 系统联调

硬件和软件经调试完后,对用户系统要进行现场实验运行,检查软硬件是否按预期的要求工作,各项技术指标是否达到设计要求。一般而言,系统经过软硬件调试之后均可以正常工作。但在某些情况下，由于单片机应用系统运行的环境较为复杂，尤其在干扰较严重的场合下，在系统进行实际运行之前无法预料，只能通过现场运行来发现问题，以找出相应的解决办法。或者虽然已经在系统设计时采取了软硬件抗干扰措施，但效果如何，还需通过在现场运行才能得到验证。

13.2　系统的优化设计

鉴于单片机主要应用在工业控制、智能仪表、家用电器等领域，因此对基于单片机的应用系统的可靠性、抗干扰性、自诊断等提出了较高要求。下面针对具体的单片机应用系统分别从上面谈到的三个方面阐述必要的系统优化措施。

13.2.1　系统的可靠性设计

所谓可靠性，有广义和狭义两种解释。广义是指产品在其整个寿命周期内完成规定功能的能力，它包括狭义可靠性和维修性。这里讲的狭义可靠性是指产品在规定的条件和时间内，完成规定功能的能力，也就是说，在规定的时间内完成规定功能的可能性或概率。

提高系统的可靠性也就是减少系统的故障率，一般引起系统故障有以下两个方面。

- 外部因素：如环境温度、湿度、电源电压、电磁干扰、冲击、化学腐蚀等。
- 内部因素：包括软件和硬件两个部分。

下面主要就内部因素里的硬件和软件的可靠性设计进行介绍。

1. 硬件可靠性设计

满足基本功能的单片机应用系统是否能真正应用于实践，还必须要考虑到可靠性的问题。影响单片机系统可靠安全运行的主要因素来自系统内部和外部的各种电气干扰，并受系统结构设计、元器件选择、安装、制造工艺等的影响。如果不充分考虑到这些干扰因素，并采取相应的抗干扰措施，常会导致单片机应用系统运行失常，轻则影响产品质量，限制其使用范围，重则会导致单片机应用系统根本不能应用于实际。形成干扰的基本要素有如下三个。

- 干扰源：指产生干扰的元件、设备或信号，如雷电、继电器、可控硅、电机、高频时钟等都可能成为干扰源。
- 传播路径：指干扰从干扰源传播到敏感器件的通路或媒介，典型的干扰传播路径是通过导线的传导和空间的辐射。
- 敏感器件：指容易被干扰的对象，如 A/D 和 D/A 变换器、单片机、数字 IC、弱信号放大器等。

针对形成干扰的三要素，硬件抗干扰经常采取的措施主要有以下几种。

(1) 抑制干扰源

抑制干扰源是抗干扰设计中最优先考虑和最重要的原则，抑制干扰源的常用措施如下。

- 继电器线圈增加续流二极管，消除断开线圈时产生的反电动势干扰。增加续流二极管会使继电器的断开时间滞后，增加稳压二极管后继电器在单位时间内可动作更多的次数。
- 在继电器接点两端并接火花抑制电路(一般是 RC 串联电路，电阻一般选几千欧姆到几兆欧姆，电容选 0.01μF)，减小电火花影响。
- 给电机加滤波电路，注意电容、电感引线要尽量短。
- 电路板上每个 IC 要并接一个 0.01～0.1μF 高频电容，以减小 IC 对电源的影响。注意高频电容的布线，连线应靠近电源端并尽量粗短，否则，等于增大了电容的等效串联电阻，会影响滤波效果。
- 布线时避免 90° 折线，减少高频噪声发射。
- 可控硅两端并接 RC 抑制电路，减小可控硅产生的噪声(这个噪声严重时可能会把可控硅击穿)。

(2) 切断干扰传播路径

按干扰的传播路径可分为传导干扰和辐射干扰两类。所谓传导干扰，是指通过导线传播到敏感器件的干扰。高频干扰噪声和有用信号的频带不同，可以通过在导线上增加滤波器的方法切断高频干扰噪声的传播，有时也可加隔离光耦来解决。电源噪声的危害最大，要特别注意处理。所谓辐射干扰，是指通过空间辐射传播到敏感器件的干扰。一般的解决方法是增加干扰源与敏感器件的距离，用地线把它们隔离和在敏感器件上加蔽罩。切断干扰传播路径的常用措施如下：

- 充分考虑电源对单片机的影响。电源做得好，整个电路的抗干扰就解决了一大半。许多单片机对电源噪声很敏感，要给单片机电源加滤波电路或稳压器，以减小电源噪声对单片机的干扰。例如，可以利用磁珠和电容组成 π 形滤波电路，当然条件要求不高时也可用 100Ω 电阻代替磁珠。
- 如果单片机的 I/O 口用来控制电机等噪声器件，在 I/O 口与噪声源之间应加隔离(增加 π 形滤波电路)。
- 注意晶振布线。晶振与单片机引脚尽量靠近，用地线把时钟区隔离起来，晶振外壳接地并固定。
- 电路板合理分区，如强、弱信号，数字、模拟信号，尽可能把干扰源(如电机、继电器)与敏感元件(如单片机)远离。
- 用地线把数字区与模拟区隔离。数字地与模拟地要分离，最后在一点接于电源地。A /D、D/A 芯片布线也以此为原则。
- 单片机和大功率器件的地线要单独接地，以减小相互干扰。大功率器件尽可能放在电路板边缘。
- 在单片机 I/O 口、电源线、电路板连接线等关键地方使用抗干扰元件(如磁珠、磁环、电源滤波器、屏蔽罩)，可显著提高电路的抗干扰性能。

(3) 提高敏感器件的抗干扰性能

提高敏感器件的抗干扰性能是指从敏感器件这边考虑尽量减少对干扰噪声的拾取，以

及从不正常状态尽快恢复的方法。提高敏感器件抗干扰性能的常用措施如下:

- 布线时尽量减少回路环的面积,以降低感应噪声。
- 布线时,电源线和地线要尽量粗。除减小压降外,更重要的是降低耦合噪声。
- 对于单片机闲置的 I/O 口,不要悬空,要接地或接电源。其他 IC 的闲置端在不改变系统逻辑的情况下接地或接电源。
- 对单片机使用电源监控及看门狗电路,如 IMP809、IMP706、IMP813、X5043、X5045 等,可大幅度提高整个电路的抗干扰性能。
- 在速度能满足要求的前提下,尽量降低单片机的晶振并选用低速数字电路。
- IC 器件尽量直接焊在电路板上,少用 IC 座。

(4) 其他常用抗干扰措施

- 交流端用电感电容滤波:去掉高频低频干扰脉冲。
- 变压器双隔离措施:变压器初级输入端串接电容,初、次级线圈间屏蔽层与初级间电容中心接点接大地,次级外屏蔽层接印制板地,这是硬件抗干扰的关键手段,次级加低通滤波器,以吸收变压器产生的浪涌电压。
- 采用集成式直流稳压电源,因为有过流、过压、过热等保护。
- I/O 口采用光电、磁电、继电器隔离,同时去掉公共地。
- 通信线用双绞线以排除平行互感。
- 防雷电用光纤隔离最为有效。
- A/D 转换用隔离放大器或采用现场转换以减少误差。
- 外壳接大地以解决人身安全及防外界电磁场干扰。
- 加复位电压检测电路,以防止复位不充分 CPU 就工作。
- 有条件采用四层以上印制板,中间两层为电源及地。

2. 软件可靠性设计

单片机应用系统用于实际工作中时,如果硬件出现干扰,可能会导致程序运行混乱。因此单片机应用系统的软件应在完成基本功能之外,保证程序运行混乱后还能重新进入正轨。在单片机应用系统的设计中,在提高硬件系统抗干扰能力的同时,还要进行软件抗干扰的设计。常用的软件抗干扰方法主要有以下三种。

(1) 指令冗余

CPU 取指令过程是先取操作码,再取操作数。当 PC 受干扰出现错误,程序便脱离正常轨道"乱飞",当乱飞到某双字节指令,若取指令时刻落在操作数上,误将操作数当作操作码,程序将出错。若"飞"到了三字节指令,出错几率更大。在关键地方人为插入一些单字节指令,或将有效单字节指令重写称为指令冗余。通常是在双字节指令和三字节指令后插入两个字节以上的 NOP。这样即使乱飞程序飞到操作数上,由于空操作指令 NOP 的存在,避免了后面的指令被当作操作数执行,程序自动纳入正轨。此外,在对系统流向起重要作用的指令(如 RET、RETI、LCALL、LJMP、JC 等指令)之前插入两条 NOP,也可将乱飞程序纳入正轨,确保这些重要指令的执行。

(2) 拦截技术

当乱飞程序进入非程序区，冗余指令便无法起作用，这时可以用拦截技术将程序引向指定位置，再进行出错处理。通常用软件陷阱来拦截乱飞的程序。软件陷阱是指用来将捕获的乱飞程序引向复位入口地址 0000H 的指令。通常在 EPROM 中非程序区填入以下指令作为软件陷阱。

```
NOP;
NOP;
LJMP 0000H;
```

当乱飞程序落到此区，即可自动入轨。在用户程序区各模块之间的空余单元也可填入陷阱指令。当使用的中断因干扰而开放时，在对应的中断服务程序中设置软件陷阱，能及时捕获错误的中断。如某应用系统虽未用到外部中断 1，外部中断 1 的中断服务程序可为如下形式：

```
NOP;
NOP;
RETI;
```

返回指令可用 RETI，也可用 LJMP 0000H。

(3) 软件"看门狗"技术

若失控的程序进入"死循环"，通常采用"看门狗"技术使程序脱离"死循环"。通过不断检测程序循环运行时间，若发现程序循环时间超过最大循环运行时间，则认为系统陷入"死循环"，需进行出错处理。

"看门狗"技术可由硬件实现，也可由软件实现。在工业应用中，严重的干扰有时会破坏中断方式控制字，关闭中断，则系统无法定时"喂狗"，硬件看门狗电路失效。而软件看门狗可有效地解决这类问题。

13.2.2　系统自诊断

自诊断又称"自检"，是通过软硬件配合来实现对系统故障的自动检测，一般有上电自检、定时自检、键控自检三种形式。通过自检可以及时发现系统问题，防止程序出错，从而增强系统运行的可靠性。系统的自检一般包括以下几个部分。

1. CPU 的自检

CPU 的自检包括指令系统的诊断、片内 RAM 诊断、定时器和中断的诊断等。单片机执行完一个包含有传送指令、算术运算指令、逻辑运算指令、位传送指令、位逻辑操作指令的程序以后，累加器 A 中的数据应该为预定值，否则出错。对于片内 RAM 的诊断可采用如下过程对每一个单元进行测试：读出→备份→写入→再读出→与备份比较，若相同则重新写入原单元，否则应设置不正确标志位标明片内 RAM 有问题。对于定时器及中断的诊断，一般采用以下方法：用软件延时来检测定时器的准确性，即让定时器工作在定时方式，如果能按时读出，则置溢出标志位为 1，否则表明定时器有问题。利用定时中断来检测中断系统是否有问题，即若允许定时中断，并在中断服务程序中做一件事通知自检程序，则可以根据这件事是否发生来判断中断是否正常。

2. ROM 的诊断

ROM 的诊断通常采用静态测试法。在将系统程序和自检程序固化到 ROM 之前，先要计算其机器代码的累加和，并取其结果的低 16 位，将这个累加和结果一起固化到 ROM 特定的单元中。在对 ROM 进行检查时，只需对固化在 ROM 的程序代码计算累加并将结果和事先计算好的那个累加和进行比较，若相等则说明 ROM 完好。

3. 外部 RAM 的诊断

对于外部 RAM 的诊断可以采用与 ROM 诊断类似的方法进行。另外，由于 RAM 的故障大多是以大片存储区域被破坏的形式出现，因此可以采用 RAM 分段放置标志位的方法来判断 RAM 是否被破坏。

4. A/D、D/A 转换通道的诊断

一般的单片机系统都带有模拟量的采样电路。在模拟量不多的情况下，一般用一个转换芯片就可以完成采样。若 A/D 转换芯片自身不带多路转换开关，则还要采用多路模拟开关来切换各路输入信号，实现分时采样转换。A/D 转换通道的诊断方法是在某一路模拟量的输入端加上一个已知的模拟电压，启动 A/D 转换读出转换结果，如果结果在预定值允许的误差范围内，则说明转换芯片工作正常。当转换结果和预定值有较大误差时，应该检查电路 A/D 芯片的工作电压以及其他元器件的参数是否匹配，同时还可通过软件手段进行校正。

D/A 通道诊断需要借助 A/D 的一个输入通道，在已经进行过 A/D 诊断并确定该通道正常以后，各预定值送给 D/A 转换，转换以后的模拟电压通过分压电阻接到 A/D 转换的某个输入端，启动 A/D 转换得到变化以后的数字量。将 D/A 送出的数字量和读入的数字量进行比较，若在允许的误差范围内则说明 D/A 转换通道工作正常。

5. I/O 通道的诊断

单片机系统的 I/O 通道在很多情况下都用作数字显示和键盘接口等。数显功能通常要用到数码管，显示的内容通常有数字、小数点、符号、提示符等，在编写自检程序时可将数码管的所有段位点亮，检查数码管是否缺段。也可以设置循环输出全 0 到全 9 的数字，小数点在各位上循环显示，以及显示特定的提示信息，从而检查各相关的 I/O 通道是否正常工作。对于键盘的诊断可采用以下方法：当按下某个键后，自检程序可通过一个 I/O 口驱动蜂鸣器发声或驱动一个数码管显示特定的符号，如果发声或者显示正常则说明该键正常。如果是单个键有问题，一般是接触不良引起的，如果是整排键没响应，则是键扫描电路出了故障。

以上介绍了单片机系统中几个主要硬件电路部分的自诊断常用方法，供读者参考使用。当然，在实际的应用中也可以根据系统的需要选择若干个项目组合成一个完整的硬件自诊断系统。

13.3　本 章 小 结

本章主要就单片机应用系统的一般开发过程做了一个系统的介绍，其中包括前期硬件和软件框架的构建、相关元器件的选型、相关开发环境的使用以及相关开发工具的选择和使用，最后简要论述了系统的优化设计，包括系统可靠性设计、抗干扰设计以及系统的自诊断等。

读者通过本章的学习，对单片机应用系统设计的基本步骤和方法有了一个初步认识，知道在单片机的应用开发过程中要注意哪些细节，为后续实际的单片机应用系统开发打下基础。

习　　题

一、填空题

1. 单片机应用系统包括＿＿＿＿＿＿＿＿＿＿和＿＿＿＿＿＿＿＿＿＿＿＿两部分。

2. 单片机总线的负载能力是有限的。如 MCS-51 的 P0 口的负载能力为 4mA，最多驱动＿＿＿＿＿个 TTL 电路。

3. 常用的软件抗干扰方法主要有＿＿＿＿＿＿＿＿＿＿＿＿＿、＿＿＿＿＿＿＿＿＿＿＿＿＿＿＿＿和＿＿＿＿＿＿＿＿＿＿＿＿＿＿。

4. 系统调试包括＿＿＿＿＿＿＿＿＿＿＿＿、＿＿＿＿＿＿＿＿＿＿＿和＿＿＿＿＿＿＿＿＿＿＿＿。

二、选择题

1. 系统调试主要包括硬件调试、软件调试以及软硬件的联合调试，硬件调试主要包括（　　）。

　　A. 静态调试和动态调试　　　　　　　　B. 在线的仿真调试

　　C. I/O 口调试　　　　　　　　　　　　D. 算法调试

2. 电路板上每个 IC 要并接一个（　　），以减小 IC 对电源的影响。

　　A. 0.1～1μF 高频电容　　　　　　　　B. 0.01～0.1kΩ 电阻

　　C. 0.01～0.1μF 高频电容　　　　　　　D. 0.01～0.1H 电感

3. 提高敏感器件的抗干扰性能是指从敏感器件这边考虑尽量减少对干扰噪声的拾取，以及从不正常状态尽快恢复的方法。下面（　　）不是提高敏感器件抗干扰性能的常用措施。

A. 布线时尽量减少回路环的面积，以降低感应噪声

B. 布线时，电源线和地线要尽量粗。除减小压降外，更重要的是降低耦合噪声

C. 数字地与模拟地要分离，最后在一点接于电源地。A/D、D/A 芯片布线也以此为原则

D. 在速度能满足要求的前提下，尽量降低单片机的晶振和选用低速数字电路

4. P1～P3 口的负载能力为 2mA，最多可以驱动(　　)个 TTL 电路。

A. 8　　　　　　　　　　　　B. 4

C. 6　　　　　　　　　　　　D. 2

三、简答题

1. 单片机应用系统是指以单片机为核心，同时配以外围电路和软件，实现某种或某几种功能的应用系统。那么，在开发一个单片机应用系统的时候主要可以分为哪几个主要阶段？

2. 提高系统的可靠性也就是减少系统的故障率，一般引起系统故障的原因有哪些？

3. 什么叫做"自诊断"？一般有哪几种形式？为什么要"自诊断"？自诊断主要分为哪些部分？

第14章 单片机系统综合实例——投票系统

在前面的章节，掌握了 51 单片机的原理、模块编程方法、应用系统设计方法与步骤等，而在实际生活中，能用单片机来做什么呢？单片机的应用十分广泛，本章将以实例来说明，希望能为读者打开思路，激发兴趣。

14.1 实例需求说明

本应用是一个选举投票系统的实例，用于某单位的计票选举。其需求如下：

- 选举投票系统由一个放置于主席台上的中心端和最多为 200 个放置于座位席上的投票端组成，能够对 9 位候选者进行无记名投票；
- 当主席台上中心端按下"开始投票"按钮，所有投票终端显示可以投票；
- 当主席台上中心端按下"投票结束"按钮，所有投票终端停止投票；
- 当主席台上中心端按下"投票结束"按钮后，开始统计投票结果，并且将被选举者的编号和总票数显示在屏幕上；
- 主席台可以清除投票结果，进行下一次投票；
- 投票终端放置于座位席上，其具体地址可以设置；
- 在主席台中心端没有启动投票时，投票终端进入等待状态，键盘锁死无响应；
- 在主席台中心端启动投票后，投票终端发出提示音提示投票者可以开始投票了，此时可以选择输入 1～9 号共 9 个候选人，在选择后按确定键；
- 如果在主席台中心端停止投票之后，投票者没有投票则判定为弃权；
- 在主席台停止投票后，投票器重新进入等待状态，键盘锁死。

14.2 实例设计

14.2.1 总体设计

投票系统由投票中心端和投票终端组成，系统的构成如图 14.1 所示。投票中心端和投票终端都是以 51 单片机为核心的单片机系统，它们之间使用串行模块进行通信。

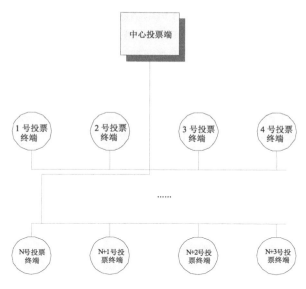

图 14.1　投票系统应用实例结构

14.2.2　投票系统中心端硬件设计

投票系统中心端的内部结构和模块构成分析如下：

● 投票系统中心端需要控制/切换"开始投票"、"停止投票"的状态，所以需要一个控制者输入通道。在实例中使用了一个按键来完成输入通道的功能，第一次按下的时候作为"开始投票"，再次按下时"停止投票"。

● 投票系统中心端需要设置投票终端的数目，所以需要一个模块给控制者用于设置本次投票中投票终端的数目。在实例中使用了一个 8 位拨码开关来设置当前投票中投票终端的数目，拨码开关的输出电平逻辑即为本次投票中所使用的投票终端的数目。

● 投票系统中心端需要显示最后的结果，并且在投票进行中有一些提示性的信息，所以需要一个显示模块。在实例中使用 4 位 8 段数码管，其中第一位用于显示被选者编号，其余三位用于显示其获得的票数。

● 投票系统中心端要和投票终端远距离通信，组成投票网络，所以需要一个将串行模块的数据传输能力提高的模块。在实例中使用 MAX491 芯片，组成一个 RS-422 的有线网络。

投票系统中心端的应用电路如图 14.2 所示。51 单片机是投票中心端的核心部件，其在 P0 端口上扩展了一个 8 位的拨码开关 S1，用于设置当前参与投票的投票终端数目；P1 端口和 P2.0～P2.3 通过 NPN 三极管使用动态扫描的方式扩展了 4 位八段共阳极数码管；一个按键 S2 一端连接到 GND，另外一端通过上拉电阻连接到单片机的外部中断 0，给用户提供一个输入的按键；LED D1 使用"灌电流"的驱动方式连接到单片机的 P2.5 引脚；由于 51 单片机的串行口模块驱动能力有限，所以使用了 MAX491 将 TTL 电平转换为

RS-485 电平，大大提高了驱动能力，单片机的 RXD 和 TXD 引脚直接连接到 MAX491 的输入端和输出端，而 MAX491 的控制端 RE 和 DE 分别连接到单片机 P2.6 和 P2.7 引脚。表 14.1 所示是投票系统中心端实例涉及的典型器件列表。

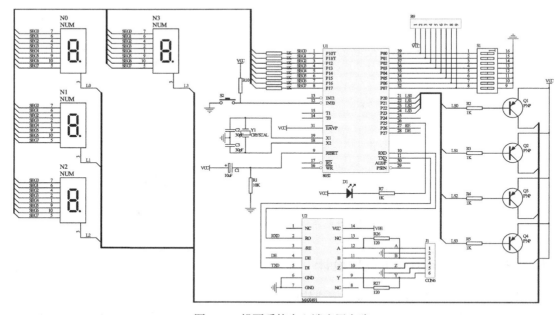

图 14.2　投票系统中心端应用电路

表 14.1　投票系统中心端实例器件列表

器　　件	说　　明
按键	提供用户输入通道
拨码开关	用于设置当前系统中一共有多少个终端(不包括中心端)
数码管	用于显示投票结果
NPN 三极管	用于驱动数码管
MAX491	将 TTL 电平转换为 RS-422 电平，提高驱动能力
电阻	限流、上拉
晶体	51 单片机工作的振荡源，11.0592MHz
电容	51 单片机复位和振荡源工作的辅助器件

14.2.3　投票系统终端硬件设计

投票系统终端设计的内部结构和模块构成分析如下：

- 由于在系统中存在多个投票终端，所以投票终端的地址在 0～255 之间设置。在实例中使用了一个 8 位拨码开关用于设置投票终端的地址，拨码开关的电平逻辑输出即为本机的地址。

- 投票终端需要能选择被选举者的对应编号和确定，所以投票终端应该有一个用户输入的通道。在实例中使用一个 4×4 的行列扫描键盘给用户提供输入选择通道。

- 投票终端需要能在开始投票的时候给用户以提示，所以投票终端也应该有一个声音提示模块。在实例中使用一个蜂鸣器用于在投票中心端启动投票之后发出提示音。
- 为了让投票者能看到自己的选择，所以当投票者按下确认投票键的时候应该能看到自己的选择，所以投票终端应该有一个显示通道。在实例中使用了一位 8 端数码管用来显示用户的选择。

投票系统终端设计的应用电路如图 14.3 所示。

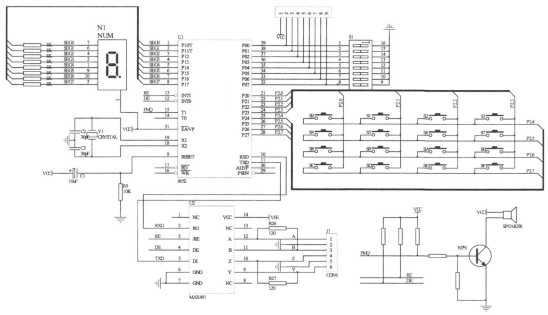

图 14.3　投票系统终端应用电路

　　投票系统终端的核心部件也是 51 单片机。该单片机使用 P1 端口扩展了一位八段共阳极数码管用于显示当前选中的被选举人编码；P0 端口上扩展了一个 8 位拨码开关 S1 用于设置终端的编号，用于把当前终端和系统中的其他终端区别开来；P2 端口上扩展了一个 4×4 的行列扫描键盘；MAX491 同样用于提高 51 单片机的驱动能力，和投票系统中心端的应用电路相比其控制引脚 RE 和 DE 被连接到了引脚 P3.2 和 P3.3；在 P3.5 上使用 NPN 三极管驱动了一个蜂鸣器用于发出提示音。表 14.2 所示是投票系统终端涉及的典型器件说明。

表 14.2　投票系统终端实例器件列表

器　　件	说　　明
4×4 的行列扫描键盘	提供用户输入通道，用于选择被投票者和确认
拨码开关	设置本终端的地址
数码管	用于显示投票选择的编号
蜂鸣器	用于提示终端使用者可以投票了
NPN 三极管	用于驱动数码管和蜂鸣器
MAX491	将 TTL 电平转换为 RS-422 电平，提高驱动能力

器　　件	说　　明
电阻	限流、上拉
晶体	51 单片机工作的振荡源，11.0592MHz
电容	51 单片机复位和振荡源工作的辅助器件

14.2.4　通信协议设计

当一个应用系统中有多个单片机需要进行数据交互的时候，其需要共同遵循一些相同的约定，即通信协议。投票系统实例的通信协议规定如下：

- 系统中所有单片机均采用 115 200bps 的波特率，8 位数据位，1 位起始位，1 位停止位的数据帧格式。
- 所有通信均由投票系统中心端发起，且仅在投票系统中心端和投票系统终端之间进行，也就是说，投票系统的终端之间不能相互通信。
- 投票系统的通信数据包均为固定长度，其格式如"包头+目的地址+源地址+命令字节+命令数据字节+包尾"，共 6 个字节。其中包头为固定字节 0xAA，包尾为固定字节 0x55；目的地址是需要接收数据包的中心端或者终端地址，源地址为发出数据包的中心端或者终端地址，中心端的地址始终为 0x00，终端的地址可以为 0x01～0xFE 之间除了 0xAA 和 0x55 的任何编码(为了避免和包头包尾重合导致通信出错)。另外，0xFF 是只能由中心端发出针对所有终端的广播地址；命令字节和命令数据字节用于控制目的中心端或者终端进行相应操作。其详细结构如表 14.3 所示。

表 14.3　命令字节和命令数据字节定义

命　令　字　节	命令数据字节	说　　明
0xA1	0xFF	中心端到终端，启动投票
0xA2	0xFF	中心端到终端，停止投票
0xA3	0xFF	中心端到终端，要求终端回送投票结果
0xB1	当前终端所选择的被投票者编号	终端到中心端，将当前终端选择的被投票编号回送给中心端以供统计

14.3　应用代码设计

14.3.1　投票系统中心端应用代码设计

投票系统中心端的工作流程如下：读取当前系统终端数目设定，启动系统投票，停止投票，读取投票结果，处理投票结果，显示投票结果，如图 14.4 所示。

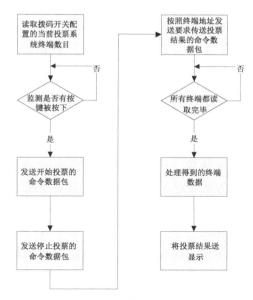

图 14.4　投票系统中心端工作流程

投票系统中心端的应用代码由以下几个模块组成：

- 拨码开关读取模块：用于读取当前投票系统中终端数目。
- 定时器模块：用于给中心端系统提供稳定的定时信号。
- 串行驱动模块：用于通过串行模块接收和发送数据。
- 按键驱动模块：用于接收按键事件并且进行相应的动作。
- 显示模块：用于在 4 位八段数码管上显示相应的数据。
- 通信处理模块：用于处理通信事件。
- 统计处理模块：用于对接收到的投票结果进行统计。

1. 拨码开关读取模块

拨码开关连接在 51 单片机的 P0 引脚上，当拨码开关打开时 P0 被连接到 GND，当关闭时 P0 连接到 VCC，所以从 P0 读入的数据实际上是当前系统使用的投票终端数目的补码，使用 GetTerminalNum()函数来实现对应的操作。例 14-1 是拨码开关读取模块的应用代码，函数 GetTerminalNum()从 P0 口将拨码开关状态读入，然后使用 8 位字节 0xFF 减去拨码开关的状态，即可以获得正确的数值。

【例 14-1】

```
unsigned char GetTerminalNum(void)              //获取终端总数目
{
  unsigned char temp;
  P0=0xFF;                                       //先输出 0xff 再读取
temp = P0;                                       //读取拨码开关的状态
  temp = 0xFF-temp;                              //用 256 减去开关状态，获得实际的值
  return(temp);
}
```

2. 定时器模块

定时器模块用于给中心端产生一个基准时间片,中心端模块以这个时间片为基本时间单元来执行操作,也就是说,中心端模块的所有动作所需要的时间都是这个基准时间片的整数倍。这个基准时间片不能太短,否则导致单片机频繁进入定时器中断浪费大量的时间,还可能会导致某些操作错误;这个基准时间片也不能太长,否则单片机的执行效率会极大降低。综合考虑,这个时间片长度为 3ms。

定时器模块的代码包括两个函数,一个为定时器的初始化函数 Timer0Init(),用于对定时器 0 进行初始化,包括工作方式设定,装入预置值,开启中断等;另外一个为定时/计数器 0 的中断处理函数 Timer0Deal(),用于对中断事件进行处理,是定时器模块的应用代码。Timer0Init()函数将定时器初始化为工作方式 1,并且开启中断;Timer0Deal()函数则在每一次的中断时间中将一个标志位 T0Flg 置为 TRUE(1),用以表明时间片已经到达。

【例 14-2】

```
void Timer0Init(void)              //定时器 0 初始化函数
{
   TMOD = 0x01;                    //工作方式 1
  TH0 = 0xf4;
  TL0 = 0x48;                      //计算溢出率 50μs 是 D1,实际使用 E1,略大于 50μs
   ET0 = 1;                        //开启定时器 0 中断
   TR0 = 1;                        //启动定时器
}
void Timer0Deal(void) interrupt 1 using 1    //定时器 0 中断处理函数
{
  ET0 = 0;                         //首先关闭中断
  TH0 = 0xf4;                      //然后重新装入预置值
  TL0 = 0x48;                      //计算溢出率 50μs 是 D1,实际使用 E1, 略大于 50μs
  ET0 = 1;                         //打开 T0 中断
  bT0Flg = TRUE;                   //定时器中断标志位
}
```

3. 串行驱动模块

串行驱动模块用于从串行模块发送和接收数据,由 SerialInit()串口初始化函数、SerialDeal()串口中断处理函数、Send(unsigned char ucSData)字节发送函数和 SendPacket (unsigned char ucAadd,unsigned char ucSadd,unsigned char ucCMD,unsigned char ucCMDData) 数据包发送函数组成。

SerialInit()函数用于对串行口进行初始化,包括设置工作方式,设置波特率,开串口中断等;SerialDeal()串口中断处理函数用于处理单片机串行口中断。在本实例中只用于处理接收中断事件,在中断中根据数据包的起始字节 0xAA 和结束字节 0x55 对数据包进行定位和解析,并且将除去起始字节和结束字节的 4 字节数据存放到一个 4 字节的缓冲数组 ucRxBuffer[4]中;Send(unsigned char ucSData)用于通过串行口发送一个字节, 其参数为等待发送的字节数据；SendPacket(unsigned char ucAadd,unsigned char ucSadd,unsigned char ucCMD,unsigned char ucCMDData)函数用于发送一个数据包，其中参数分别为目的地址、源地址、命令字节、命令数据字节。例 14-3 是串行驱动模块的应用代码。ucRxBuffer[4] 是一个 4 字节的数组，用于暂时存放串口接收到的数据，数据在其中的存放结构为目的地址、源地址、命令字节、命令数据字节。

【例 14-3】

```
void SerialInit(void)                          //串口初始化函数
{
  SCON = 0x50;
  PCON = 0x80;                                  //串行口工作方式 1，SMOD = 1
  RCLK = 1;
  TCLK = 1;                                     //设置 T2 为波特率发送器
  RCAP2H = 0xff;
  RCAP2L = 0xfd;                                //115.2kbps
  TR2 = 1;                                      //启动波特率发生器
  ES = 1;                                       //开启串行中断
}
void Send(unsigned char ucSData)               //发送一个字节数据
{
  SBUF = ucSData;                              //将数据放入 SBUF
  while(TI==0);                                //等待发送完成
  TI = 0;                                      //清除标志位
}
//发送数据包函数，参数分别为目的地址、源地址、命令字节、命令数据字节
void SendPacket(unsigned char ucAadd,unsigned char ucSadd,unsigned char ucCMD,unsigned char ucCMDData) reentrant
{
  Send(PACKETHEAD);                            //发送数据包头
  Send(ucAadd);                                //发送数据包目的地址
  Send(ucSadd);                                //发送数据包源地址
  Send(ucCMD);                                 //发送命令字节
  Send(ucCMDData);                             //发送命令数据字节
  Send(PACKETTAIL);                            //发送数据包尾
}
void SerialDeal(void) interrupt 4 using 3      //串行中断处理函数
{
 unsigned char temp;
 if(RI == 1)
 {
     temp = SBUF;
     RI = 0;                                   //清除接收标志
     if(temp == 0xaa)                          //如果是包头
     {
```

```
                ucRxCounter = 0;
        }
        else
        {
                if(ucRxCounter < 5)                     //一共 6 个字节的数据
                {
                        ucRxBuffer[ucRxCounter] = temp;  //将接收到的数据存放到缓冲中
                        ucRxCounter++;                   //计数器++
                }
                else
                {
                        if(temp == 0x55)                 //如果接收到包尾
                        {
                                ucRxCounter = 0;         //清除计数器
                        }
                        else ucRxCounter= 0;
                }
        }
    }
}
```

4. 按键驱动模块

投票系统的中心端使用了一个硬件消抖按键(也就是说，这个按键是不会出现抖动事件的，不需要软件消抖)，该按键连接到中心端单片机的外部中断 0 引脚(P3.2 上)，当该按键被按下时，产生了一个外部中断事件，所以该按键的驱动模块实质上是一个外部中断时间处理函数。在按键第一次被按下时，投票系统进入投票状态，当第二次被按下时，投票系统进入投票完成状态。

投票系统中心端的工作可以看做一个状态机，状态机的状态以及迁移过程如图 14.5 所示，包括空闲状态、投票状态、统计状态三个状态。

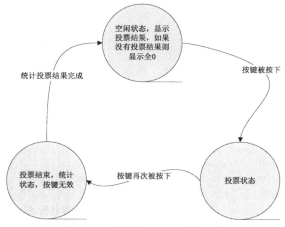

图 14.5　投票系统中心端状态机

从图 14.5 中可以看到，按键事件是中心端从空闲状态到投票状态以及投票状态到统计状态迁移的驱动事件，但是在进入统计状态之后，按键失效，必须等待统计完成之后系统自动进入空闲状态时按键事件才重新具有意义。

按键驱动模块包括外部中断 0 的初始化函数 Int0Init()和外部中断 0 的中断处理函数 Int0Deal()，前者用于对外部中断 0 进行初始化，后者则用来处理按键事件。例 14-4 是按键驱动模块的应用代码。使用一个变量 ucWorkState 来存放中心端的工作状态，在使用外部中断 0 检测到按键导致的中断事件之后修改这个状态。

【例 14-4】

```
void Int0Init(void)                  //外部中断 0 初始化函数
{
  IT0 = 1;                           //设置外部中断为脉冲触发方式
  EX0 = 1;                           //开外部中断 0
}
void Int0Deal(void) interrupt 0 using 0    //外部中断 0 处理函数
{
    if(ucWorkState==CIDLE)           //如果系统处于空闲状态
    {
      ucWorkState = CVOTE;           //进入投票状态
    }
    else if(ucWorkState==CIDLE)      //如果系统处于投票状态
    {
      ucWorkState = CSTAIC;          //进入统计状态
    }
    else                             //其他状态则无动作
    {
    }
}
```

5. 显示模块

投票系统中心端使用了 4 位 8 端数码管来显示投票的结果，其中第一位用于显示被选举者的对应编号，为 1～9；其余三位用于显示被选举者所获得票数，为 0～200，数码管使用了动态扫描的驱动方式，利用"视觉残留"来获得轮流显示的效果。其主体是 Bit4Seg8View()四位八段数码管显示函数，显示模块的应用代码如例 14-5 所示。用 I/O 引脚轮流选通对应的数码管，然后将需要显示的数据输出到 P1 端口，即可以得到动态显示效果。需要显示的数据被拆分为均为 0～9 的值存放在 ucViewBuff 中，在使用的时候使用查表的方法在字形编码表中查找出 0～9 对应的字形编码并且送 P1 口。

【例 14-5】

```
void DelayMS(unsigned int uiMs)                    //秒延时函数
{
```

```
unsigned int i,j;
 for( i=0;i<uiMs;i++)
        for(j=0;j<1141;j++);
}
void Delayus(unsigned int uiUs)                        //延时 us 函数
{
 unsigned int i;
 uiUs=uiUs*5/4;
 for( i=0;i<uiUs;i++);
}
//4 位八段数码管动态显示函数，待显示的数据存放在 ucViewBuff 中
void Bit4Seg8View(void)
{
 P1 =    SEGtable[ucViewBuff[0]];
 sbSegBit0 = 1;                                        //数码管第一位被选中
 DelayMS(1);                                           //延迟 1ms
 sbSegBit0 = 0;                                        //数码管第一位关闭
 Delayus(100);                                         //延迟准备下一个
 P1 =    SEGtable[ucViewBuff[1]];
 sbSegBit1 = 1;                                        //数码管第二位被选中
 DelayMS(1);                                           //延迟 1ms
 sbSegBit1 = 0;                                        //数码管第二位关闭
 Delayus(100);                                         //延迟准备下一个
 P1 =    SEGtable[ucViewBuff[2]];
 sbSegBit2 = 1;                                        //数码管第三位被选中
 DelayMS(1);                                           //延迟 1ms
 sbSegBit2 = 0;                                        //数码管第三位关闭
 Delayus(100);                                         //延迟准备下一个
 P1 =    SEGtable[ucViewBuff[3]];
 sbSegBit0 = 1;                                        //数码管第四位被选中
 DelayMS(1);                                           //延迟 1ms
 sbSegBit0 = 0;                                        //数码管第四位关闭
 Delayus(100);                                         //延迟准备下一个
}
```

6. 通信处理模块

投票系统中心端的通信处理模块包括三方面的功能：发送开始投票命令通知投票系统终端开始投票、发送投票完成命令通知投票系统终端已经停止投票、发送要求传送投票数据让投票系统终端把该终端的投票结果发送给中心端。通信处理模块由 SendStartVote()发送开始投票命令数据包函数、SendEndVote()发送投票结束命令数据包函数和 SendGetVote()发送获得投票结果命令数据包函数和用于对投票结果分类存放的 DealVoterCounter()函数组成。

发送开始投票命令数据包等三个函数调用串行驱动模块的 SendPacket()函数发送相应

的命令事件。需要注意的是，为了保证同时所有投票终端能同时开始或者停止投票，在设计中使用了一个"广播地址"的概念，所有的投票终端都会把这个广播地址当成是自己的地址来处理，从而达到"同时"的目的。发送开始投票命令数据包函数和发送投票结束命令数据包函数都由按键驱动模块来调用。

DealVoterCounter()函数被串口中断处理函数 SerialDeal()调用，用于将投票终端上传的投票信息做一个初步的分类，ucVoterCounter 数组是一个有 9 个成员的无符号 char 类型的数组，分别对应 9 个候选者所获得的票数。通信处理模块的应用代码如例 14-6 所示。其使用了一个 case 语句对传送上来的投票终端数据包进行判断，并且修改相应的候选者计数器。

【例 14-6】

```
void SendStartVote(void)                              //发送开始投票命令数据包
{
  SendPacket(BROADCASTADD,CENTERADD,CMDSTARTVOTE,0xff);
}
void SendEndVote(void)                                //发送投票结束命令数据包
{
  SendPacket(BROADCASTADD,CENTERADD,CMDSTOPVOTE,0xff);
}
void SendGetVote(void)                                //发送获得投票结果命令数据包
{
  SendPacket(ucTerminalAdd,CENTERADD,CMDASKVOTE,0xff);
}
//用于处理投票结果，如果投票终端送上来的是对应候选者的选票，则将对应的计数器加 1
void DealVoterCounter(void)
{
  if(ucRxBuffer[2]==CMDANSVOTE)
  //如果接收缓冲区中第 3 个字节是发送投票结果命令
  {
    switch(ucRxBuffer[3])                             //则缓冲区第 4 个字节存放的是投票结果
    {
      case 0x01: ucVoterCounter[0]++;break; //如果是 1 号候选者的选票
      case 0x02: ucVoterCounter[1]++;break; //如果是 2 号候选者的选票
      case 0x03: ucVoterCounter[2]++;break; //如果是 3 号候选者的选票
      case 0x04: ucVoterCounter[3]++;break; //如果是 4 号候选者的选票
      case 0x05: ucVoterCounter[4]++;break; //如果是 5 号候选者的选票
      case 0x06: ucVoterCounter[5]++;break; //如果是 6 号候选者的选票
      case 0x07: ucVoterCounter[6]++;break; //如果是 7 号候选者的选票
      case 0x08: ucVoterCounter[7]++;break; //如果是 8 号候选者的选票
      case 0x09: ucVoterCounter[8]++;break; //如果是 9 号候选者的选票
      default:{}
    }
  }
}
```

7. 统计处理模块

统计处理模块用于对得到的选举终端的结果进行处理，候选者得到的选票数目都存放在 ucVoterCounter 数组中，需要对该数组中的 9 个元素进行排序以得到获得选票最多的候选者，统计处理模块使用简单的插入法进行排序。

选择法排序原理是一次选定数组中的每一个数，记下当前位置并假设它是从当前位置开始后面数中的最小数 min=i，从这个数的下一个数开始扫描直到最后一个数，并记录下最小数的位置 min，扫描结束后如果 min 不等于 i，说明假设错误，则交换 min 与 i 位置上的数。排序法得到的结果依然按照从小到大的顺序存放数组中，统计处理模块的排序函数 void Sort(unsigned char uca[],unsigned char ucb[],unsigned char ucn)应用代码如例 14-7 所示。在调用 Sort()函数的时候可以直接使用候选者统计数组名作为第一个参数，另外一个数组用于存放候选者的编号，是排序后的结果。

【例 14-7】

```
//选择排序法函数
void Sort(unsigned char uca[],unsigned char ucb[],unsigned char ucn)
//参数一个为待排序的数组，一个为候选者的编号，最后为待排序的数组元素
{
    unsigned char uctemp,ucmin,i,j;
    for(i=0;i<ucn;i++)
    {
        ucmin=i;                            //先假设最小下标为 i
        for(j=i+1;j<ucn;j++)
        {
            if(uca[j]<uca[ucmin])           //如果 uca[j]的值比 uca[ucmin]的值小
            {
                ucmin=j;
//对 i 之后的数进行扫描将最小的数赋予 min
            }
        }
        if(ucmin!=i)                        //如果不等于则交换
        {
            uctemp=uca[i];
            uca[i]=uca[ucmin];
            uca[ucmin]=uctemp;
        }//判断 min 与 i 是否相等，若相等则说明原假设正确反之交换数值
    }
}
```

14.3.2 中心端应用代码综合

例 14-8 是中心端的综合应用代码。其中每个函数的具体设计请参考上一小节。代码在初始化完成之后进入了一个循环操作，等待按键来进行状态切换；当投票完成之后使用一

个 for 循环按照投票终端的地址编号发送命令数据包来获取投票数据，经过对得到的投票数据处理之后在数码管上循环显示出来。

【例 14-8】

```
#include <AT89X52.h>
#include <cMCU.h>
#define TRUE    1                                  //真
#define FALSE 0                                    //假
#define PACKETHEAD    0xAA                          //数据包头
#define PACKETTAIL    0x55                          //数据包尾
#define CIDLE         0x01                          //空闲状态
#define CVOTE         0x02                          //投票状态
#define CSTAIC        0x03                          //统计状态
#define BROADCASTADD 0xFF                           //广播地址
#define CENTERADD     0x00                          //中心端地址
#define CMDSTARTVOTE    0xA1                        //启动投票
#define CMDSTOPVOTE     0xA2                        //停止投票
#define CMDASKVOTE      0xA3                        //获取投票结果
#define CMDANSVOTE      0xB1                        //发送选举结果
unsigned char code SEGtable[ ]={0xc0,0xf9,0xa4,0xb0,0x99,0x92,0x82,0xf8,0x80,0x90,0x89,0x91};
//字形编码，0~9，H，Y
bit bT0Flg=TRUE;
sbit sbSegBit0 = P2^0;
sbit sbSegBit1 = P2^1;
sbit sbSegBit2 = P2^2;
sbit sbSegBit3 = P2^3;                             //数码管位控制信号
sbit LED= P2 ^ 5;                                  //外部 LED 引脚定义
sbit DE = P2 ^ 7;
sbit RE = P2 ^ 6;                                  //RE 和 DE MAX491 控制引脚定义
unsigned char ucTerminalSUM = 0xFF;               //终端总个数
unsigned char ucRxBuffer[4]={0x00,0x00,0x00,0x00}; //缓存，用于存放接收到的数据
unsigned char ucRxCounter=0;                       //缓存计数器
unsigned char ucWorkState=0x00;                    //工作状态参数
unsigned char ucViewBuff[4]={0,0,0,0};             //显示缓冲器
unsigned char ucTerminalAdd=0x00;                  //终端地址
unsigned char ucVoterCounter[9]={0,0,0,0,0,0,0,0,0}; //统计计数器，用于处理投票结果
unsigned char ucVoterEnd[9]={1,2,3,4,5,6,7,8,9};   //用于存放最后的排名
main()
{
    unsigned char i,ucViewCounter=0;
    IOInit();
    Timer0Init();
    SerialInit();
    Int0Init();
```

```
    EA = 1;                                      //开中断
ucViewBuff[0]=10;
  ucViewBuff[1]=10;
  ucViewBuff[2]=10;
  ucViewBuff[3]=10;                              //在等待时数码管全部显示"H"
  while(1)
  {
    ucTerminalSUM = GetTerminalNum();            //获得当前投票系统中的终端个数
    if(ucWorkState == CIDLE)                     //如果处于空闲状态
    {
    }
    else if(ucWorkState == CVOTE)
//处于投票状态，这两个状态由按键来切换
    {
        ucViewBuff[0]=10;
        ucViewBuff[1]=10;
        ucViewBuff[2]=10;
        ucViewBuff[3]=10;                        //在投票时数码管全部显示"Y"
    }
    else if(ucWorkState == CSTAIC)               //处于统计状态
    {
        EX0 = 0;                                 //关闭外部中断0，禁止按键事件
for(i=0;i<ucTerminalSUM;i++)
//从1号终端开始轮流和所有终端通信，获得投票数据
        {
          ucTerminalAdd = i;
          SendGetVote();                         //发送请求回送投票数据的命令
          while(bT0Flg==FALSE)                   //等待定时器中断到来，延时3ms
          bT0Flg = FALSE;                        //清除定时器标志
          LED = ~LED;                            //LED翻转表明正在通信
        }
        //到现在为止所有的终端都已经通信过，投票数据均存放在ucVoterCounter中
        Sort(ucVoterCounter,ucVoterEnd,9);       //调用排序函数进行排序
        ucWorkState = CIDLE;
//投票完成，将中心端系统状态修改为空闲
        EX0 = 1;                                 //打开外部中断0，开启按键事件
}
    ucViewCounter++;
//显示分配计数器增加，计数器一共有9个状态，轮流显示
    ucViewBuff[0] = ucVoterEnd[(ucViewCounter%9)];       //首先送对应的候选人编号
    ucViewBuff[1] = ucVoterCounter[(ucViewCounter%9)]/100;      //得票最高位
    ucViewBuff[2] = ucVoterCounter[(ucViewCounter%9)]/10%10;    //得票中间位
    ucViewBuff[3] = ucVoterCounter[(ucViewCounter%9)]%10;       //得票最低位
    Bit4Seg8View();                             //调用数码管显示
```

```
    }
}
```

14.3.3　投票系统终端应用代码设计

投票系统终端的工作流程如下：读取当前终端地址，等待开始投票，获得用户输入的选票，等待结束投票，等待中心端来获取投票，如图 14.6 所示。

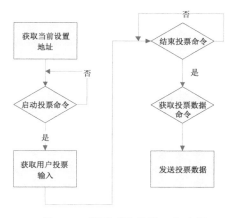

图 14.6　投票系统终端工作流程

投票系统终端的应用代码和中心端的应用代码类似，由以下几个模块组成：

- 拨码开关读取模块：用于读取当前终端设定的地址。
- 串行驱动模块：用于通过串行模块接收和发送数据。
- 蜂鸣器驱动模块：用于驱动蜂鸣器发声，在接收到开始投票命令之后报警。
- 键盘驱动模块：用于接收键盘输入事件并且进行相应的动作。
- 显示模块：用于在八段数码管上显示相应的数据。

1. 拨码开关读取模块

和中心端的拨码开关读取模块类似，同样使用 GetTerminalNum()函数来实现对应的操作，只不过该函数返回的值不再是系统终端的总数目，而是终端的地址，对应的应用代码可以参考例 14-1。

2. 串行驱动模块

终端的串行驱动模块同样用于从串行模块发送和接收数据，由 SerialInit()串口初始化函数、SerialDeal()串口中断处理函数、Send(unsigned char ucSData)字节发送函数和SendPacket(unsigned char ucAadd,unsigned char ucSadd,unsigned char ucCMD,unsigned char ucCMDData)数据包发送函数组成，其相关功能和应用代码设计可以参考中心端相应部分。需要注意的是，由于 MAX491 是半双工的通信系统，同一个时间总线上只能有一个终端在发送数据，所以平时终端的 MAX491 发送控制端必须关闭，等待中心端查询该终端投票结果时才打开。终端的串行驱动模块和中心端串行驱动模块的区别是多了一个用于串口处理的函数 DealRxBuffer()，函数对接收到的串口数据进行判断，然后控制终端进入不同的工作状态。投票终端的工作状态如图14.7所示，也有三个工作状态，使用一个状态 ucWorkState 来表现终端的工作状态。例14-9是串口处理函数 DealRxBuffer()和增加了 MAX491 通信控制的 SendPacket()函数的应用代码。当 DE=1 时，允许 MAX491 使用通信线发送数据，当 RE=0 时，允许 MAX491 使用通信线接收数据，所以在不需要发送的时候将投票终端的 DE 端置 0，只有在需要发送数据的时候才打开。由于 MAX491 打开后需要一定时间来稳定工作状态，所以使用了一个软件延时。DealRxBuffer()函数对接收到的中心端命令进行判断，并且根据命令切换相应的状态。

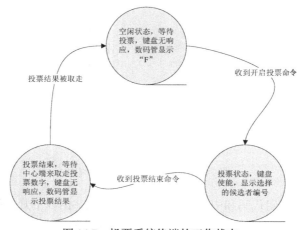

图 14.7　投票系统终端的工作状态

【例 14-9】

```
//发送数据包函数，参数分别为目的地址、源地址、命令字节、命令数据字节
void SendPacket(unsigned char ucAadd,unsigned char ucSadd,unsigned char ucCMD,unsigned char
ucCMDData) reentrant
    {
    unsigned char i;
    DE = 1;
    for(i=0;i<5;i++);                        //用于切换之后延时
    Send(PACKETHEAD);                        //发送数据包头
    Send(ucAadd);                            //发送数据包目的地址
    Send(ucSadd);                            //发送数据包源地址
    Send(ucCMD);                             //发送命令字节
    Send(ucCMDData);                         //发送命令数据字节
    Send(PACKETTAIL);                        //发送数据包尾
    DE = 0;
    for(i=0;i<5;i++);                        //用于切换之后延时
    }
void DealRxBuffer(void)                      //串行缓冲区处理函数
    {
```

```
        if((ucRxBuffer[0]==ucTerminalAdd)||(ucRxBuffer[0]==BROADCASTADD))
//如果是自己的地址或者广播地址
          {
            switch(ucRxBuffer[2])                      //判断命令字节
            {
              case CMDSTARTVOTE:
              {
                ucWorkState = TVOTE;
                FMQAlarm(3,400);                       //蜂鸣器提示音
              }
        case CMDSTOPVOTE:     ucWorkState = TSTAIC;     break;
//停止投票
              case CMDASKVOTE:
              {
                SendPacket(CENTERADD,ucTerminalAdd,CMDANSVOTE,ucVoteNum);
//发送投票结果
                ucWorkState = TIDLE;
//查询投票结果
              }
              break;
              default:{}
            }
          }
        }
      }
```

3. 蜂鸣器驱动模块

投票系统终端的蜂鸣器连接在 51 单片机的 P3.5 引脚上，使用一个 NPN 三极管驱动，用于在中心端启动投票之后发出声音提示用户，并且在用户输入错误的时候发声报警告诉用户，函数 FMQAlarm 用于驱动蜂鸣器发声，并且可以根据参数来调整蜂鸣器发声的频率和发声的时间长度以达到不同的报警声的目的。蜂鸣器驱动模块的应用代码如例 14-10 所示。使用了一个毫秒延时函数来控制发声的频率，使用另外一个 for 循环的参数来控制发声的长度，一般来说这个值在 100～1000 之间比较合适。

【例 14-10】

```
    void DelayMS(unsigned int uiMs) reentrant            //秒延时函数
    {
     unsigned int i,j;
     for( i=0;i<uiMs;i++)
          for(j=0;j<1141;j++);
    }
    void FMQAlarm(unsigned char uct,unsigned int uit)     //蜂鸣器驱动函数
    {
        unsigned char i;
```

```
        for(i=0;i<uit;i++)                                      //蜂鸣器发声长度控制
        {
            sbFMQ = ~sbFMQ;
            DelayMS(uct);                                       //蜂鸣器发声频率控制
        }
        sbFMQ = 0;                                              //关闭蜂鸣器
    }
```

4. 键盘驱动模块

投票终端在单片机的 P2 引脚上扩展了一个 4×4 的行列扫描键盘，使用了其中 0～9 作为候选人的编码，使用按键 A 作为"确定键"。

键盘在投票终端接收到中心端的启动投票命令之后被使能，让用户输入 0～9 中任何一个数字并且按"确定键"后更新投票，如果用户在停止投票命令到来之前重复这个操作，那么投票数据将被更新；如果用户在没有选择编号之前按了确定键，投票终端将无操作，并且通过蜂鸣器提示用户；如果用户没有操作，在停止投票命令到来的时候会被判断为弃权。

键盘驱动模块由三个函数组成，一个是键盘扫描函数 KeyBoardScan()，用于获得当前按键的值，另外一个是按键的处理函数 KeyBoardDeal()，还有一个是把按键编码转换为对应的候选者编号的 TransmitKey()函数。

键盘扫描函数返回的是类似 0x11、0x22 之类的键盘编码，对应 16 个按键值(在终端上只使用其中 10 个)，编码值对应如下，其中 B～F 为无效编码，并不会在终端的扫描中出现。

```
#define KEYOFF  0x00                                   //无按键被按下，直接返回编码
#define KEY1ON  0x81                                   //对应的按键编码，BCDEF 编码无用
#define KEY2ON  0x82
#define KEY3ON  0x84
#define KEY4ON  0x88
#define KEY5ON  0x41
#define KEY6ON  0x42
#define KEY7ON  0x44
#define KEY8ON  0x48
#define KEY9ON  0x21
#define KEY0ON  0x22
#define KEYAON  0x24                                   //确认键
#define KEYBON  0x28
#define KEYCON  0x11
#define KEYDON  0x12
#define KEYEON  0x14
#define KEYFON  0x18
```

KeyBoardDeal()键盘处理函数首先判断是否有键被按下，如果有，则等待按键被释放(为了避免连续触发键盘扫描事件)，然后扫描得到的按键值进行判断；如果是确认键，则判断是否已经按下了数字编码键，如果已经按下，则将该编码键作为投票结果，否则报警

提示错误操作。

　　TransmitKey()函数根据被按下的键的编码，将其转化为对应的候选者编号。例 14-11 是键盘驱动模块的应用代码。使用了一个 ucPreKeyValue 来存放按键被按下的值，然后当按键被释放的时候判断是否有键被按下，如果没有，则对 ucPreKeyValue 的值进行处理，从而避免了连续按键带来的错误。

【例 14-11】

```
unsigned char KeyBoardScan(void)
{
 unsigned char scancode,tempcode;
 P2 = 0x0f;                                            //输出 0x00
 if((P2 & 0x0f) != 0x0f)                               //如果有按键被按下
 {
     DelayMS(300);
     if((P2 & 0x0f) != 0x0f)                           //确认按键被按下
     {
         scancode = 0xef;                              //行输出 = 0
         while((scancode & 0x01) != 0)                 //扫描行
         {
             P2 = scancode;
             if((P1 & 0x0f) != 0x0f)
//如果当前行上有按键被按下
             {
                 tempcode = (P2 & 0x0f) | 0xf0;         //获得按键编码
                 return((~scancode) + (~tempcode));
             }
             else
             {
                 scancode = (scancode << 1 ) | 0x01;
//移位，继续下一个编码
             }
         }
     }
 }
 return(0);
}


void KeyBoardDeal(void)
{
     ucKeyValue = KeyBoardScan();                      //调用键盘扫描
     if(ucKeyValue != KEYOFF)
     {
         bKeyFlg = TRUE;
//如果有键被按下，标志位置位
         ucPreKeyValue = ucKeyValue;
```

//将当前的键盘值存放到 PreKeyValue 中
```
        }
        if((ucKeyValue == KEYOFF) && (bKeyFlg == TRUE))
//如果键被释放，表现为标志位且被置位且现在没有键被按下
        {
        if(ucPreKeyValue==KEYAON)                        //如果是确认键被按下
        {
           if(ucVoteNumBuf != KEYOFF)                     //如果开始已经选择了编号
           {
             ucVoteNum = ucVoteNumBuf;                    //选择的编号即为投票值
             ucVoteNumBuf =    KEYOFF;                    //清除
           }
            else                                         //开始没有选择编号
            {
             FMQAlarm(1,200);                            //蜂鸣器提示音
            }
        }
        else                 //如果是 0～9 被按下，直接送到 ucVoteNumBuf 中缓存等待确认键
        {
           ucVoteNumBuf= ucPreKeyValue;
           //在这个地方需要调用数码管显示函数
}
           bKeyFlg = FALSE;
           ucPreKeyValue = KEYOFF;                       //清除
        }
}
void TransmitKey(void)
//把按键编码转化为对应的候选者编号的函数
{
   switch(ucVoteNum)
   {
     case KEY1ON:   ucVoteNum=1;   break;
//如果是 1 号键被按下，则为 1 号候选者
     case KEY2ON:   ucVoteNum=2;   break;
//如果是 2 号键被按下，则为 2 号候选者
     case KEY3ON:   ucVoteNum=3;   break;
//如果是 3 号键被按下，则为 3 号候选者
     case KEY4ON:   ucVoteNum=4;   break;
//如果是 4 号键被按下，则为 4 号候选者
     case KEY5ON:   ucVoteNum=5;   break;
//如果是 5 号键被按下，则为 5 号候选者
     case KEY6ON:   ucVoteNum=6;   break;
//如果是 6 号键被按下，则为 6 号候选者
     case KEY7ON:   ucVoteNum=7;   break;
//如果是 7 号键被按下，则为 7 号候选者
     case KEY8ON:   ucVoteNum=8;   break;
```

```
//如果是 8 号键被按下，则为 8 号候选者
    case KEY9ON:   ucVoteNum=9;   break;
//如果是 9 号键被按下，则为 9 号候选者
    default:{}
    }
}
```

5. 显示模块

投票系统终端的显示模块很简单，直接用 P1 口驱动了一个共阳极的 8 段数码管，也就是将需要显示的候选者编号送往 P1 口即可完成操作，使用 Seg8View(unsigned char ucViewData)来完成相应的工作，其参数为要显示的数字/字符在字形编码表中的位置。例 14-12 是函数 Seg8View( )的应用代码。使用一个保存在内存中的 SEGtable 数组来存放数码管的字形编码，在需要使用的时候根据偏移量查找到对应的编码并且发送出去。

【例 14-12】

```
void Seg8View(unsigned char ucViewData)           //显示函数
{
    P1 = SEGtable[ucViewData];                     //查表，送显示，共阳极
}
```

14.3.4　终端应用代码综合

例 14-13 是终端的综合应用代码。其中每个函数的具体设计请参考上一小节所示，系统在初始化的时候驱动蜂鸣器发出短暂的提示音，然后进入一个循环状态，键盘扫描只在投票状态下调用，其他时候键盘处于无效状态。

【例 14-13】

```
#include <AT89X52.h>
#include <TMCU.h>
#define TRUE    1                        //真
#define FALSE 0                          //假
#define PACKETHEAD    0xAA               //数据包头
#define PACKETTAIL    0x55               //数据包尾
#define TIDLE         0x01               //空闲状态
#define TVOTE         0x02               //投票状态
#define TSTAIC        0x03               //统计状态
#define BROADCASTADD 0xFF                //广播地址
#define CENTERADD     0x00               //中心端地址
#define CMDSTARTVOTE  0xA1               //启动投票
#define CMDSTOPVOTE   0xA2               //停止投票
#define CMDASKVOTE    0xA3               //获取投票结果
#define CMDANSVOTE    0xB1               //发送选举结果

unsigned char code SEGtable[ ]={0xc0,0xf9,0xa4,0xb0,0x99,0x92,0x82,0xf8,0x80,0x90,0x89,0x91};
//字形编码，0~9，H，Y
```

```
#define    KEYOFF     0x00              //无按键被按下，直接返回编码
#define    KEY1ON     0x81              //对应的按键编码，BCDEF 编码无用
#define    KEY2ON     0x82
#define    KEY3ON     0x84
#define    KEY4ON     0x88
#define    KEY5ON     0x41
#define    KEY6ON     0x42
#define    KEY7ON     0x44
#define    KEY8ON     0x48
#define    KEY9ON     0x21
#define    KEY0ON     0x22
#define    KEYAON     0x24              //确认键
#define    KEYBON     0x28
#define    KEYCON     0x11
#define    KEYDON     0x12
#define    KEYEON     0x14
#define    KEYFON     0x18
bit bVoteFlg=FALSE;                     //开始投票标志
bit bKeyFlg=FALSE;                      //有键被按下标志
sbit DE = P3 ^ 2;
sbit RE = P3 ^ 3;                       //RE 和 DE MAX491 控制引脚定义
sbit sbFMQ = P3 ^ 5;
unsigned char ucTerminalAdd=0x01;       //终端地址
unsigned char ucRxBuffer[4]={0x00,0x00,0x00,0x00};  //缓存，用于存放接收到的数据
unsigned char ucRxCounter=0;            //缓存计数器
unsigned char ucWorkState=TIDLE;        //工作状态参数
unsigned char ucKeyValue;               //按键值
unsigned char ucPreKeyValue;            //前一个按键值
unsigned char ucVoteNumBuf=KEYOFF;      //确定键之前被选择的被选举者
unsigned char ucVoteNum;                //确定键之后确认的被选举者
main()
{
   IOInit();
   SerialInit();
   EA = 1;
   FMQAlarm(4,100);                     //蜂鸣器发声提示系统开机
   Seg8View(10);                        //显示 H
   while(1)
   {
      ucTerminalAdd=GetTerminalNum();   //获取地址编码
      if(ucWorkState == TIDLE)          //空闲状态
      {
         Seg8View(10);                  //无操作，继续显示 H
      }
      else if(ucWorkState == TVOTE)     //处于投票状态
      {
         KeyBoardDeal();                //键盘扫描
      }
```

```
        else if(ucWorkState == TSTAIC)
        {
            Seg8View(11);                                //显示 Y
        }
    }
}
```

实验与设计

实验 14-1　呼吸灯

1. 需求说明

呼吸灯是一种视觉效果，其灯光在 51 单片机的控制之下完成由亮到暗的逐渐变化，感觉像是在呼吸，这种效果广泛被用于数码产品、计算机、音响、汽车等各个领域，能够起到很好的视觉装饰效果。

呼吸灯最先被应用应该是在苹果公司的相应计算机上，其指示标志灯会缓慢地由暗变亮，又逐步地由亮变暗，其过程类似人的呼吸，由两个阶段组成。

- 吸气：灯的亮度曲线上升。
- 呼气：灯的亮度曲线下降。

2. 分析和电路设计

呼吸灯的硬件模块如图 14.8 所示。它由 51 单片机、三极管开关电路、RCL 驱动电路和 LED 构成。

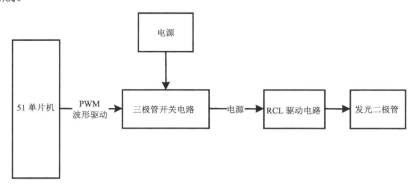

图 14.8　呼吸灯的硬件模块

其各个部分详细说明如下：

- 51 单片机：这是呼吸灯系统的核心控制器。
- 三极管开关电路：受到 51 单片机的 PWM 输出波形驱动，当输出为高电平时，三极管打开，电源给 RCL 电路充电；当输出为低电平时，三极管截止，电源从 RCL 电路上断开，RCL 电路开始放电。

● RCL 驱动电路：利用充放电原理将 51 单片机输出的数字信号转换为模拟信号用于对发光二极管进行控制。

● 发光二极管：发光器件。

呼吸灯实验的硬件电路如图 14.9 所示。51 单片机使用 P2.7 引脚驱动了一个由 PNP 和 NPN 三极管构成的三极管开关电路(Q1 和 Q2)；一个 5V 的电源通过这个开关电路给由 L1、C4 和 R2 构成的 RCL 电路供电，在 R2 上串联了一个用于显示的发光二极管 D1。

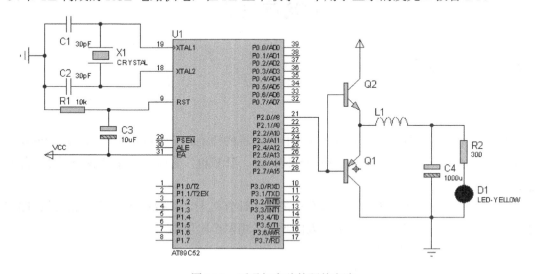

图 14.9 呼吸灯实验的硬件电路

实验的应用代码可以从教学资源下载地址 http://www.tupwk.com.cn/downpage 下载，后同。

实验 14-2 跑步机启停/速度控制模块

1. 需求说明

跑步机是目前最常见的运动器械之一，而跑步机启停/速度控制模块则是对跑步机的工作状态进行控制的模块，给跑步机的用户提供一个相应的控制输入通道。

跑步机启停/速度控制模块需要实现以下功能：

● 启动：启动跑步机，开始跑步。

● 暂停：在跑步过程中暂停跑步机，以便用户进行一些其他操作，如喝水、休息等。

● 继续：从暂停状态启动，继续跑步过程。

● 复位：复位当前的跑步机记录。

● 速度增加：增加跑步机的速度，开始增加的比较慢，然后快速上升。

● 速度减少：减小跑步机的速度，开始减少的比较慢，然后快速下降。

2. 分析和电路设计

跑步机启停/速度控制模块的硬件模块如图 14.10 所示。它由 51 单片机、按键输入模块和显示模块组成。

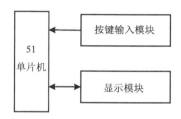

图 14.10　跑步机启停/速度控制模块的硬件模块

其各个部分详细说明如下：

- 51 单片机：这是跑步机启停/速度控制模块系统的核心控制器。
- 按键输入模块：提供用户的输入通道。
- 显示模块：显示跑步机当前的工作状态，包括速度和启停等。

跑步机启停/速度控制模块实验的硬件电路如图 14.11 所示。51 单片机使用 P1.0 扩展了一个独立按键 K1 作为跑步机的启动、停止和暂停控制，使用 P1.4 和 P1.7 引脚扩展了 K1 和 K2 用作速度增加和速度减小的控制；使用 P2 和 P0 引脚分别扩展了两位独立数码管用作速度显示模块，使用 P3.0 和 P3.7 扩展两个发光二极管作为工作状态指示。

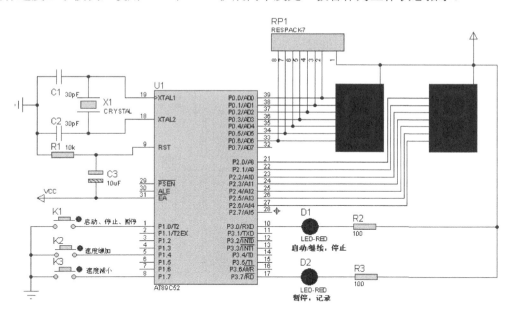

图 14.11　跑步机启停/速度控制模块实验的硬件电路

实验 14-3　简易电子琴

1. 需求说明

简易电子琴是一种简易的演奏乐器，其能在单片机的控制下根据用户的输入发出指定的音乐效果，这种效果可以应用各种提示音、背景音中，可以起到提示或者渲染环境气氛的作用。简易电子琴提供了一系列按键来分别对应基本的自然音，当用户按下了对应的按键的时候发出对应的乐音，并且提供相应的指示。此外为了演示，在简易电子琴内还内置了一首音乐可以完整地供用户播放试听。

2. 分析和电路设计

简易电子琴的硬件模块如图 14.12 所示。它由 51
单片机、演奏和播放按键、演奏指示灯和发声部件构成。

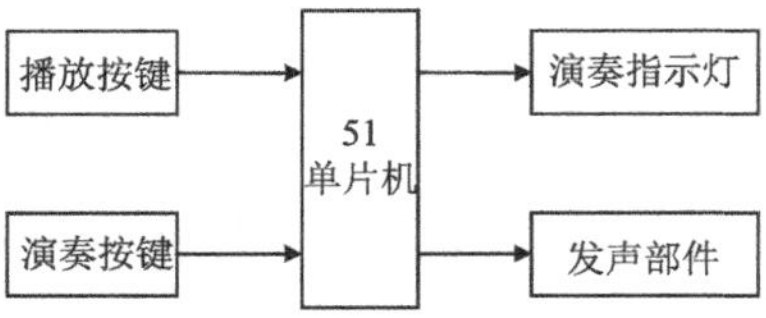

其各个部分详细说明如下：

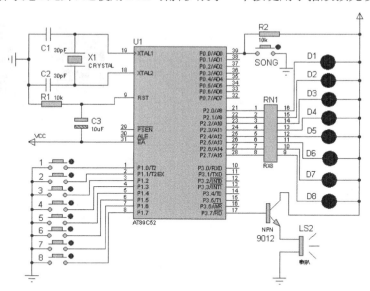

图 14.12　简易电子琴的硬件模块

- 51 单片机：这是呼吸灯系统的核心控制器。
- 播放按键：当被用户按下之后，播放单片机
  内置的音乐。
- 演奏按键：当被用户按下之后，发出对应音符。
- 发声部件：能够根据 51 单片机的驱动，发出对应的声音。
- 演奏指示灯：用于指示当前的按键状态。

简易电子琴实验的硬件电路如图 14.13 所示。51 单片机使用 P1 引脚扩展了 8 个独立按键，分别对应音调"1"～"#7"，使用 P3.7 引脚通过三极管驱动了一个蜂鸣器，8 个发光二极管使用灌电流的方式通过一个 8 位双排阻连接到 51 单片机的 P2 引脚用于指示当前的演奏按键工作状态。此外，还使用 P0.0 引脚扩展了一个按键用于播放预先设置好的音乐。

图 14.13　简易电子琴实验的硬件电路

实验 14-4　手机拨号模块

1. 需求说明

手机拨号模块是用于给需要数字串的应用系统提供输入的扩展模块，其通常用于类似手机、电话、密码门禁系统等应用场合给用户提供相应的输入。

手机拨号模块要求系统接收用户输入的一串数字(通常来说是 0～9，也许还包括"＊"和"＃")，并且还会将用户的输入在屏幕上显示出来，当输入的数据串过长时，会自动清除屏幕显示，其可以用于输入类似"18911233456"这样的手机号码，也可以用于输入"123456"这样的密码。

2. 分析和电路设计

手机拨号模块的硬件模块如图 14.14 所示。它由 51 单片机、数字小键盘和 1602 液晶组成。

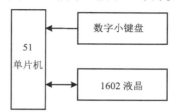

图 14.14　手机拨号模块的硬件模块

其各个部分详细说明如下：

- 51 单片机：这是手机拨号模块系统的核心控制器。
- 数字小键盘：提供 0～9 和"＊"、"＃"供用户输入。
- 1602 液晶：显示用户当前的输入。

手机拨号模块实验的硬件电路如图 14.15 所示。51 单片机使用 P0 端口作为 1602 液晶的数据输入端口，使用 P2.0～P2.2 作为 1602 液晶的控制引脚，并且由于使用 P0 端口作为 I/O 端口，外加了一个电阻排作为上拉电阻；同时 51 单片机使用 P3 引脚以行列扫描连接方式扩展了一个 3×4 的数字小键盘作为输入通道。

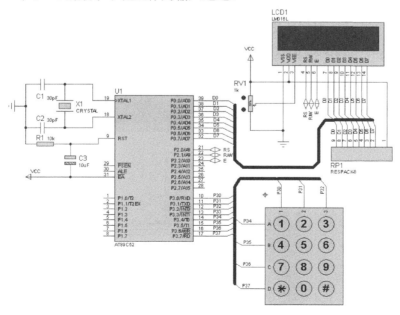

图 14.15　手机拨号模块实验的硬件电路

实验 14-5　简易频率计

1. 需求说明

频率计是一种用十进制数字显示被测信号频率的数字测量仪器,其基本功能是测量正弦信号、方波信号、尖脉冲信号及其他各种单位时间内变化的物理量。频率计的典型参数包括测量范围、测量精度、显示分辨率、采样速率、输入信号类型、输入信号幅度和输入通道数。

简易频率计是一个测量范围为 0~3000Hz,测量精度为 1Hz,显示分辨率也是 1Hz,采样速率为 3000Hz,输入信号为单通道 0~5V 单极性方波信号的频率计。

2. 分析和电路设计

简易频率计的硬件模块如图 14.16 所示。它主要由 51 单片机和显示模块组成。

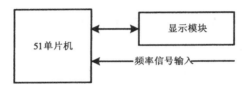

图 14.16　简易频率计的硬件模块

其各个部分详细说明如下:

- 51 单片机:这是简易频率计的核心控制器。
- 显示模块:用于显示频率计的输出。

简易频率计实验的硬件电路如图 14.17 所示。其使用 51 单片机的内部定时计数器来进行输入频率的测量,所以将输入的频率信号直接连接到 51 单片机的 P3.4(T0)引脚上。综合考虑到驱动方便的因素,频率计使用一个 8 位的 8 段共阳极数码管来显示频率值,使用 51单片机的 P0 端口作为数码管的数据交互端口,使用 P2 端口作为数码管的位选择端口。

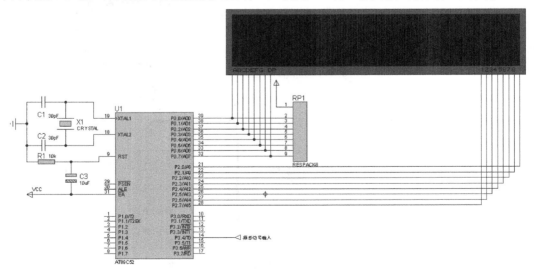

图 14.17　简易频率计实验的硬件电路

实验 14-6　天车控制系统

1. 需求说明

天车控制系统是用于对天车的行进、吊钩的升降进行控制的模块，其用于对起重小车的小车运行机构以及起升机构进行控制。

对小车运行机构的控制精度不要求太高，只需要能控制起重小车在桥梁进行前后位移运送即可，而对起重小车的起升机构的控制要求较为严格，需要让起重小车的吊钩悬停在一个指定的位置，以便操作人员进行下一步的工作。

2. 分析和电路设计

天车控制系统的硬件模块如图 14.18 所示。它主要由 51 单片机、升降执行机构、运动执行结构和用户输入模块组成。

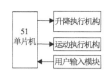

其各个部分的详细说明如下：

图 14.18　天车控制系统的硬件模块

- 51 单片机：天车控制系统的核心控制器，主要功能是根据用户的输入对起重小车的运动进行控制。
- 升降执行机构：控制起重小车的吊钩上升或者下降。
- 运动执行结构：控制起重小车前后运动。
- 用户输入模块：用于控制选择当前的运行状态。

天车控制系统实验的硬件电路如图 14.19 所示。51 单片机使用 P1.0～P1.3 引脚扩展了 4 个独立按键作为用户的输入通道，使用 P2.0 和 P2.1 引脚通过 H 桥扩展了一个直流电机作为起重小车的运动执行机构，使用 P3.0～P3.3 通过一片 ULN2803 扩展了一个步进电机作为起重小车的升降控制机构。

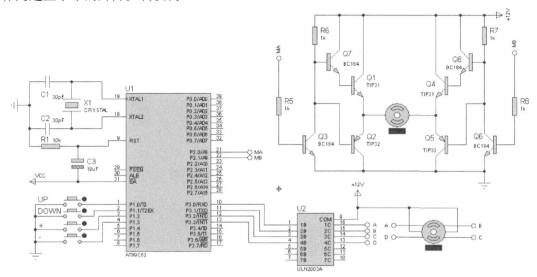

图 14.19　天车控制系统实验的硬件电路

实验 14-7　PC 中控系统

1. 需求说明

在实际应用系统中，常常需要通过 PC 对一些现场量，如灯光、继电器等进行控制，这种类型的应用系统被统一称为基于 PC 的中央控制系统，简称 PC 中控系统。

本实验是一个 PC 通过串口向现场端的 51 单片机应用系统发送不同的控制命令以控制 1 个继电器打开和关闭的实例。

2. 分析和电路设计

PC 中控系统的硬件模块如图 14.20 所示。它由 51 单片机、串行数据通信模块和继电器控制模块组成。

其各个部分详细说明如下：

- 51 单片机：这是 PC 中控系统的核心控制器。
- 继电器控制模块：对继电器的开关状态进行控制的模块。
- 串行数据通信模块：51 单片机和 PC 机进行数据交换的数据通道。

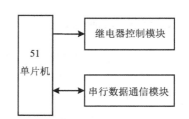

图 14.20　PC 中控系统的硬件模块

PC 中控系统实验的硬件电路如图 14.21 所示。51 单片机使用一片 MAX232 通过一个 COMPIM 接口和 PC 进行数据交互，其 P1.7 引脚通过光电隔离器驱动了一个 12V 的继电器。

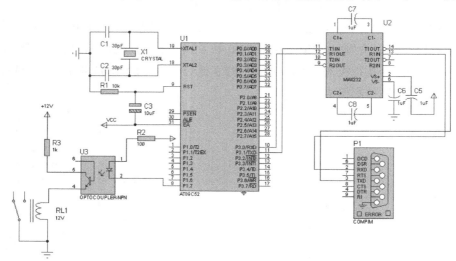

图 14.21　PC 中控系统实验的硬件电路

实验 14-8　负载平衡监控系统

1. 需求说明

在某些对负载平衡性有严格要求的系统中，如大型渡轮中，要求左右两侧的负载重量不能有明显的差异，否则会导致载体侧翻等事故，负载平衡系统则是用于对平衡性进行监控的应用系统。该系统由两个完全相同的模块组成，其能根据当前的负载情况选择 0～80%，最小分辨率为 10% 的负载状态，然后将这个状态通过有线电缆传送到另外一方，同时接收另外一方的负载，当这个本方的负载高于另外一方 20% 的时候，报警发声，当这个负载值相差越大的时候，报警声音越急迫。

2. 分析和电路设计

负载平衡监控系统的硬件模块如图 14.22 所示。它由 51 单片机、RS-422 通信模块、显示模块、报警模块以及负载状态输入模块组成。

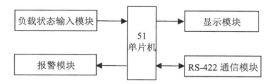

图 14.22　负载平衡监控系统的硬件模块

其各个部分详细说明如下：

- 51 单片机：这是负载平衡监控系统的核心控制器。
- 显示模块：显示远端检测端的负载信息。
- 报警模块：当负载不平衡的时候提供报警信息。
- RS-422 通信模块：负载平衡监控模块之间的数据交互通道。

负载平衡监控系统实验的硬件电路如图 14.23 所示。51 单片机使用 P0 端口扩展了一个 8 位数码管来作为负载状态输入，用 P2 端口扩展了一位 7 段共阳极数码管作为显示设备，使用 P1.7 引脚扩展了一个蜂鸣器作为声音报警的设备，在串行端口上扩展了一个 RS-422 通信协议芯片 SN75179 作为通信芯片。

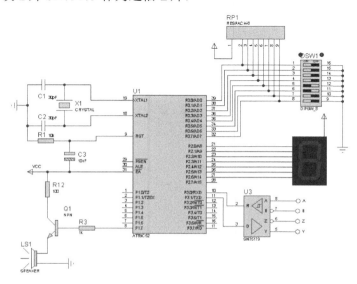

图 14.23　负载平衡监控系统实验的硬件电路

实验 14-9　电子抽奖系统

1. 需求说明

在各种常见庆典、宴会等活动中，为活跃现场气氛通常会穿插一些抽奖过程，又或者在彩票系统中会需要抽取获奖的号码，此时可以使用电子抽奖系统。电子抽奖是摆脱了传统人工收集名片或抽奖券而进行人手抽奖的繁杂程序，而采用智能电子抽奖的方式。本实验涉及的电子抽奖系统是一个可以在操控者的控制下选择一个随机 5 位整数作为中奖号码并且显示出来的应用系统。

2. 分析和电路设计

电子抽奖系统的硬件模块如图 14.24 所示。它由 51 单片机、显示模块和用户输入模块组成。其各个部分详细说明如下：

- 51 单片机：这是电子抽奖系统的核心控制器。
- 用户输入模块：用户启动和停止抽奖，并且给抽奖系统提供相关随机数选择项。

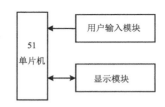

图 14.24　电子抽奖系统的硬件模块

- 显示模块：显示抽奖结果。

电子抽奖系统实验的硬件电路如图 14.25 所示。51 单片机使用 P2 和 P3 端口扩展了 5 个 74HC595 用于扩展数码管显示抽奖结果，使用一个独立按键连接到外部中断 0 引脚上作为启动和停止抽奖的控制，使用 P1 端口扩展了一个拨码开关作为抽奖系统的相应控制参数(提供伪随机数种子的选择)。

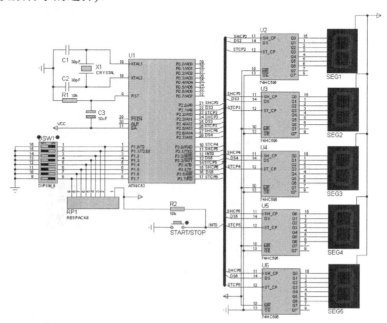

图 14.25　电子抽奖系统实验的硬件电路

实验 14-10　简易波形发生器

1. 需求说明

波形发生器是信号发生器的一种，是可以产生指定波形信号的设备，本实验所设计的简易波形发生器就是一个产生频率固定，最大幅度规定为 5V 的正弦波、锯齿波或者三角波的仪器。

2. 分析和电路设计

简易波形发生器的硬件模块如图 14.26 所示。它由 51 单片机、波形选择通道模块和 D/A 通道芯片模块组成。

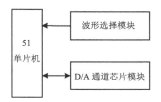

图 14.26　简易波形发生器的硬件模块

其各个部分详细说明如下：
- 51 单片机：这是简易波形发生器系统的核心控制器。
- 波形选择通道模块：提供用户选择通道，用以选择产生的波形。
- D/A 通道芯片模块：用于将相应的数字量转换为模拟量。

简易波形发生器实验的硬件电路如图 14.27 所示。三个单刀单掷开关分别连接到 P1.0、P1.2 和 P1.4 引脚上作为用户的选择输入模块，使用 P2.0 和 P2.1 引脚扩展了一片 I^2C 总线接口的串行 D/A 芯片 MAX517 作为波形发生模块通道。

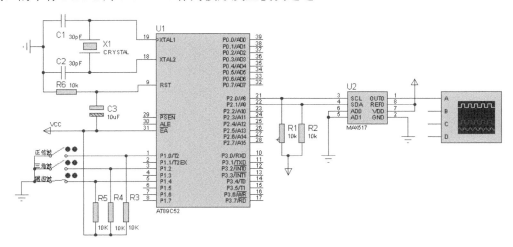

图 14.27　简易波形发生器实验的硬件电路